U0283569

梧竹幽居
苏州园林植物配置与赏析

卜复鸣 著

苏州园林研究 贰

丛书主编 曹光树 茅晓伟

中国建材工业出版社

图书在版编目（CIP）数据

梧竹幽居 ：苏州园林植物配置与赏析 / 卜复鸣著
. -- 北京 ：中国建材工业出版社，2024.2
（苏州园林研究丛书 / 曹光树，茅晓伟主编）
ISBN 978-7-5160-3833-8

I. ①梧… II. ①卜… III. ①园林植物－观赏园艺
IV. ①S688

中国国家版本馆CIP数据核字（2023）第187986号

内 容 简 介

本书从传统文化的角度，以历史为经，实例为纬，通过对苏州园林山水、厅堂庭院、室内空间等植物配置的解读，配以诗文，使读者在了解苏州园林传统植物配置的同时，更加深层地了解其文化含义。本书图文并茂，对形态相近、易于混淆的植物做识别要点说明，使一般读者也能学习到基本的植物分类知识。通过对苏州园林植物配置的系统性研究，在一定程度上填补了这方面研究的空白。

本书适合风景园林、旅游、园艺等专业的师生及爱好者使用，对古典园林保护更新、山水园林城市建设、家庭庭院建设以及园林文化研究等有重要参考价值。

梧竹幽居：苏州园林植物配置与赏析
WUZHU YOUJU : SUZHOU YUANLIN ZHIWU PEIZHI YU SHANGXI

卜复鸣　著

出版发行：中国建材工业出版社
地　　址：北京市海淀区三里河路11号
邮　　编：100831
经　　销：全国各地新华书店
印　　刷：北京天恒嘉业印刷有限公司
开　　本：787mm×1092mm　1/16
印　　张：21
字　　数：400千字
版　　次：2024年2月第1版
印　　次：2024年2月第1次
定　　价：198.00元

本社网址：www.jccbs.com，微信公众号：zgjcgycbs

《苏州园林研究》丛书编委会

本书由苏州旅游与财经高等职业技术
学校园林技术教研室支持出版

邮箱：Szyl_bianjibu@126.com
联系电话：0512-67520628

“苏州风景园林”微信公众号

谈园林研究

《苏州园林研究》系列丛书就要面世了，这是一件非常有意义的事情。苏州园林博大精深、历史悠久、文化深厚、艺术精湛，涵盖了众多学科，不仅是闻名海内外的世界文化遗产，而且历久弥新，绵延不绝，在当代和未来生态文明建设中展现出她的无穷魅力，发挥出她的多重价值和智慧。

苏州园林是一座巨大的宝库，挖掘和研究犹如涓涓泉流，一直没有中断过。历史上就出现了明代计成的《园冶》，被誉为世界最古造园专著，还有同时代文震亨的《长物志》，被誉为“文人园”的结晶，这两部专著都出自苏州人之手，是苏州的骄傲，更是中国园林的骄傲。当代，经过几代人孜孜不倦的研究，也已相继结出了丰硕的成果，如童寯的《江南园林志》、刘敦桢的《苏州古典园林》、陈从周的《苏州园林》、金学智的《中国园林美学》、曹林娣的《姑苏园林——凝固的诗》，以及最近十多年来由苏州市园林和绿化管理局组织编写的《苏州园林风景绿化志丛书》、由苏州市风景园林学会组织编写的《苏州园林艺文集丛》等一大批研究著作，筑起了一座座高山。

随着时代的发展，站在前人筑起的高山上，我们不禁要问：如何再向高峰攀登？历史总是这样回响：“站在巨人肩膀上！”这是继续攀登的不二法则。当前，我们已经跨进了“第二个百年”，踏上了为实现中华民族伟大复兴的中国梦而奋斗的新征程，许多新问题、新课题亟待我们去研究、解决，去创造新的成绩，做出更大的贡献。这就需要我们以问题为导向，加强研究，在新的机遇与挑战中，拿出“真金白银”的理论和对策，正如习近平总书记一再强调的“必须高度重视理论的作用”，“立时代潮头，通古今变化，发思想先声，繁荣中国学术”，“增强工作的科学性、预见性、主动性”。这些重要论述对我们具有很强的指导意义。

那么，我们该如何开展研究？我认为，首先要勤读书。读书，不仅积蓄知识，更是对精神的历练，这方面的中外学者著述可谓汗牛充栋，但要真正潜心读书却并不容易，特别是在当今快速发展的时代，变化太快、诱惑太多，在快节奏、多压力的状态下，很多人抱怨“没有时间和精力读书”。怎么办？这使我想起著名教育家朱永新先生说过的他的读书习惯，即每天早起一小时、晚睡一小时，养成了习惯，收获了知识和能力，生命也多出了“十几年”。这个方法也让我受益匪浅。由此，我希望在苏州园林系统形成良好的读书氛围，读历代经典，读当代精华，读前沿理论，读当下经验，丰富积累知识，真正“站在巨人肩膀上”，避免庸庸碌碌。

其二是善思辨。哲理明辨，这是我们先贤的优良传统，在苏州园林中尤多实例可循，例如造园的哲理中，寒冬腊月的梅花，“梅须逊雪三分白，雪却输梅一段香”，这句诗是意在言外：借雪与梅的争春，告诫我们事物各有所长和相互联系。如果是做人，就须取人之长，补己之短，才是正理。引申到研究上，就是要针对实际，存辩证思维，既要看到事物的表象，也要看到事物的实质；既要看到事物的正面，也要看到事物的反面；既要看到事物的区别，也要看到事物的联系，才能由表及里、由浅入深，在纷繁复杂的变化中，去粗取精、去伪存真，抓住主要矛盾，解决主要问题。这一辩证法既是研究工作必须遵循的法则，更是我们党的优良传统和不断取得胜利的法宝之一，亟待融会贯通到研究和实际工作中去。

其三是重总结。就是把通过学习、思辨而获得的新思想、新观点和在实践中形成的新体会、新经验，通过概括、归纳、总结，形成具有学术价值和借鉴推广价值的研究成果。在这方面，与全国同行相比，总体上讲，我们做得还不够，曾经有人这样说过，中国园林精华在苏州，学术研究水平却在外地。实事求是地讲，在总结提高上，我们的确很不够，例如对苏州古典园林的研究，当代的大家多数不是苏州人；又如，苏州的世界遗产保护工作在多个项目上处于全国领先水平，经验却没有推广出去；再如，苏州是全国第一个全域创建成为“国家生态园林城市群”的城市，这一在经济高速发展中的生态文明建设好经验却“默默无闻”；还有诸如公园城市、湿地城市、园林绿化固碳增汇行动、弘扬苏派盆景艺术、园林特色游园活动等方面的研究也显薄弱，甚至留有“空白”。这些都说明，研究工作何其重要，形成可复制、可推广的学术成果何其重要，必须高度重视！

当然，研究工作的方式方法远不止这些，但我认为勤读书、善思辨、重总结这三点是研究工作的关键环节，缺一不可。不论是做学术研究，还是做行政事务，任何攀登高峰者，都需要具备这三个基本素质。

苏州市风景园林学会（以下简称“学会”）作为苏州园林系统重要的学术团体，自 1979 年成立以来，四十多年间始终把学术研究作为首要工作，取得了一系列成绩，为苏州园林事业做出了很大贡献。如今，学会又在以往研究工作的基础上，策划和编写这一具有学术科研和科普价值的《苏州园林研究》系列丛书，在 2022 年正式推出，成为苏州市园林行业一个可持续出版的学术研究阵地，不断在新时代奋进中发挥学术智囊团和骨干作用，非常可贵。在生态文明建设的新时代，展示园林景区国际一流的窗口形象，建成举世闻名的园林之城，建设城乡绿化一体的公园城市，让举世闻名的园林之城更显魅力，更具活力，可谓适逢其时。我期待学会同仁们群策群力，扎实工作，把这个学术阵地办好，办出成果，多出精品佳作。

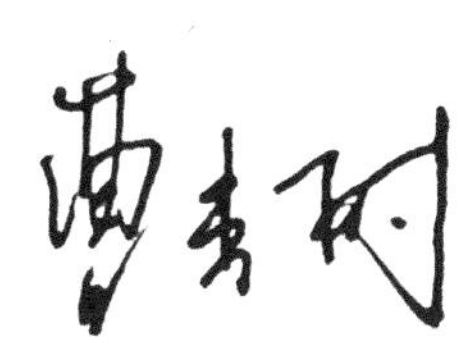

曹光树，苏州市园林和绿化管理局（林业局）党组书记、局长

2021 年 12 月于苏州公园路

引 言

童寯先生说，“苏州园林之称最天下”，究其原因，在于她的历史背景和高雅品味，以及散播于城市及周边的众多园林遗存。苏州是座消费型城市，具有宜人的气候、丰富的水源、便利的交通、玲珑的石材，诗人、画家、官僚，少长咸集，加之两宋以来，造园匠师“无不竭尽才智、苦心经营，相地构园、营厅造轩、种梅植竹，以为怡情享乐之用，进而促成繁荣兴旺之园林”，形成了一座园林之城。

苏州是座山水园林之城，春秋时建于木渎的吴国都城就以山水园林著称。汉代以降，苏州古城则延续了营造山水园林这一文脉，代代因袭。“山水以草木为毛发”，隋唐后，随着植物在造园中地位的增强，园林中的主题逐渐转以植物为观照，表达园林主人的人生价值取向，形成了以写意为特色的文人山水园林。两宋时期，“城市山林”成为苏州园林的代名词。唐代尚态，以牡丹为重；宋人尚韵，以梅花为最，“冰清霜洁。昨夜梅花发。甚处玉龙三弄，声摇动，枝头月”（林逋《霜天晓角》）。苏轼被贬，谪居黄州，寓居临皋亭，在大雪天于东坡筑草屋数间，谓之东坡雪堂，自题对联云：“台榭如富贵，时至则有；草木似名节，久而后成。”植物成景需要一定的时间，而人的名节和草木一样，也需要长时间的养成。

有关园林植物配置，常散见于古代的造园著作、农书、医书，以及类书、方志、诗词歌赋、小说之中。明代文震亨在《长物志》中专辟“花木”一卷，除描述品种形态、特性和栽培外，尤其注重花木的配置形式，如木芙蓉“宜植池岸，临水为佳”；柳“更须临池种之。柔条拂水，弄绿搓黄，大有逸致”；萱花（即萱草）“岩间墙角，最宜此种”；“山松（即马尾松）宜植土冈之上，龙鳞既成，涛声相应”，等等。计成的《园冶》一书，虽然没有花木配置的专门章节，却也有不少精辟阐述，如“院广堪梧，堤湾宜柳”“溪湾柳间栽桃……屋绕梅余种竹”等，更有“雕栋飞楹构易，荫槐挺玉成难”之警句，时时提醒人们保护古树对造园的重要性。明代苏州人周文华的《汝南圃史》将当时的植物分为木本花、草本花、竹木等十二卷，除了描述植物的形态、栽培之法，对植物的名称、产地、民俗、应用等考释，多引经据典，并间以诗词，郑振铎说它“在论园艺的书里，这是一部比较详明的好书”（《西谛书话·汝南圃史》）。如该书“山矾”条说：“叶如冬青，三四月开花，花小而香，四出。一名七里香，一名郑花，北人呼为玚花。玚，玉名，取其白。”再引黄庭坚《山矾花序》《统一志》作考证，最后引明代陆深《春风堂随笔》：“予家海上，园亭中喜种杂花，最佳者为海棠……辛丑南归，访旧至南浦，见堂下盆中有树婆娑郁茂，问之云‘海桐花’，即山矾也。因忆山谷赋《水仙花》‘山矾是弟梅是兄’，但白花耳，却有岁寒之意。”并说“今人家坟墓及园亭多植之”，可见当时江南种植的山矾就是现在的海桐［*Pittosporum tobira*（Thunb.）Ait.］，而不是山矾科的山矾（*Symplocos sumuntia* Buch. -Ham. ex D. Don）。其他如明代王世懋的《学圃杂疏》、张丑（张谦德）的《瓶花谱》以及清代沈三白的《浮生六记》等，都对花木的配置有所阐述。

近代以来，西学东渐，开始引入西方学科概念。被誉为中国近代造园学奠基人的陈植先生早在20世纪30年代就明确指出，造园学是一项综合性的科学，后又提出，造园学是国际共通的综合性的科学和艺术，并出版了《造园学概论》（1935年，商务印书馆）、《观赏树木学》（1955年，上海永祥出版社）等专著，后者则是我国园林植物配置的奠基之作，他在该书序中指出：“观赏树木学虽与普通树木分类学略相近似，而性质迥异，故其分类与普通树木分类学绝不可混为一谈，引用同一体系。”又“植物不论木本、草本，以其均为造园用主要材料，故其选择与处理之方，均应以美观为主、实用为辅。观赏上所用树种，按照审美价值（色彩美、形态美、风韵美）分别选定后，即应因地制宜，妥为配置，发挥特性，以构成美景，而为园林生色”，这也是目前见到的现代最早的有关园林植物配置的阐释；他将观赏树木分为林木类、花木类、果木类、叶木类、荫木类和蔓木类，并于每一树种之下又辟“配植”一节，做专门介绍，这一分类遂为我国园林植物分类之嚆矢。1981年，当时国家城市建设总局科研成果《杭州园林植物配置的研究》一书出版（主持者朱钧珍于2003年又出版《中国园林植物景观艺术》一书），后汪菊渊先生又提出“植物造景”这一概念，徐德嘉著有《古典园林植物景观配置》（1997年，中国环境科学出版社）等书，“植物景观”一词流行于当下。“景观”原为地理学名词，泛指地表之自然景色，流行于当代，其义更为宽泛。

苏州园林的植物配置研究，刘敦桢先生在《苏州古典园林》一书中的“总论”部分专辟“花木”一节，加以阐述，并将苏州园林中常见的花木种类分为观花类、观果类、观叶类、林木荫木类、藤蔓类、竹类和草本与水生植物类；将植物的配置形式分为孤植、同一树种的群植和丛植、多种花木的群植和丛植三种类型。童寯先生在《江南园林志》中提出造园三要素：“一为花木池鱼；二为屋宇；三为叠石”，并罗列明代王象晋《群芳谱》、王路的《花史》，清代陈淏子的《花镜》、查彬的《采芳随笔》等近二十种专论。他在《东南园墅》一书中专列“植物配置”一节，对中外（日本）园林植物配置进行了比较。陈从周先生在《苏州园林》《园林谈丛》等书中则专门讲到树木的布置，他的其他研究文章也多从诗画的角度加以阐述，这给苏州园林植物配置注入了诗画的审美意境。其他如马千英的《中国造园艺术泛论》、杨鸿勋的《江南园林论》、余树勋的《中国古典园林艺术的奥秘》等理论著作以及庞志冲的《苏州园林中植物配置的特点》（《中国园林》，1987 年第 4 期）、叶晔的《苏州古典园林植物的艺术欣赏》（见《中国园林艺术概观》，1987 年）等文则从不同维度对苏州园林植物配置进行了分析探究。孙筱祥（孙晓翔）先生认为中国文人写意山水园林的传统创作方法（过程），首先创造自然美和生活美的“生境”；再进一步通过艺术加工上升到艺术美的“画境”；最后通过触景生情达到理想美的“意境”，而且这三个境界是互相渗透、情景交融的。这对园林的植物配置具有一定的指导意义。

童寯先生在《东南园墅》之“东西方比较”中指出：“万不可忘却，除暴力拆毁，尚有渐微平缓之力，亦即西方景观建筑学。这一当前于中国迅速成为各个学院之时髦课程，正在削弱中国古典园林世代相传却已累卵之基础。倘若懈怠放任，由其自生自灭，中国古典园林将如同传统绘画及其传统艺术，逐渐沦为遗迹。诸多精美园林，若不及时采取措施，即将走向湮灭之境。”梁思成先生在《为什么研究中国建筑》一文中亦说：“重修古建，均以本时代手法，擅易其形式内容，不为古物原来面目着想。”建筑如此，何况植物？因此，本书试图从传统文化的角度，以历史为经，实例为纬，力求既具科普性，又有一定的专业性，通过对苏州园林山水、厅堂庭院、室内空间等典型案例的植物配置的解读，使读者在了解苏州园林传统植物配置的同时，更加深层地了解其文化含义。

文震亨在《长物志》中将“室庐”列为第一，其意旨在于“令居之者忘老，寓之者忘归，游之者忘倦”。拙政园中有“梧竹幽居”一景，以梧竹相配，意在招引凤凰；凤凰食则竹米，栖则梧枝，被视为祥瑞；并谐音吴方言“吾足安居”，以示对美好苏式（舒适）生活的向往，故以《梧竹幽居：苏州园林植物配置与赏析》作为书名，以阐释苏州园林植物配置之要旨。鉴于“植物景观”作为一名词，其义过于宽泛，如自然森林、防护林等均属其范围，没有反映出植物与其他园林要素之间的关系。计成说：“凡园圃立基，定厅堂为主。”古代造园虽“意在笔先”，但在造园过程中常先山池及建筑，后配植。“植物配置”不但阐述了各类植物之间的搭配关系，还阐明了植物与园林中的山水、岩石、建筑、道路等位置搭配关系，以形成一幅幅美丽动人的园林画面。“置”有安排、设计之意，古又通“植”，故本书采用“植物配置”一词，意在积极有为，这对苏州古典园林的保护与更新有着重要价值和现实意义。

目 录

第一章 悉致琪华
——苏州园林的植物种类与配置 1
第一节 苏州园林的植物种类与选用 2
一、土阜园地——陆生植物类 3
二、巨浸小池——水生植物类 11
三、几案清供——盆景、盆栽及插花类 15
第二节 苏州园林的植物配置 16
一、适地适树，收四时之烂漫 19
二、深意图画，蓬山尺树园如绘 22
三、栽花种竹，全凭诗格取裁 25
四、种植禁忌，辟凶趋吉人时授 27
第二章 城市山林
——园林山水空间的植物配置与赏析 35
第一节 相地选址与植物环境 37
一、幽偏可筑，仿佛直与桃源通 38
二、门临委巷，能为闹处寻幽 40
三、山水为上，千岩杂树生云霞 43
第二节 园林山体的植物配置与赏析 46
一、障锦山屏，列千寻之耸翠 46

二、巧施如绘，雅从兼于半土 58
三、随势赋形，自成天然之趣 65

第三节 园林水体的植物配置与赏析 70

一、引蔓通津，疏水若为无尽 71
二、池荷芦汀，还写江南风物 75
三、荫映岩流，溪谷幽深堪入画 82

第三章 梧竹幽居
——园林厅堂及庭院空间的植物配置与赏析 89

第一节 园林厅堂及庭院空间的植物配置与赏析 90

一、深堂宅院，丹桂玉兰发清芬 91
二、庭前画本，眄庭柯以怡颜 94
三、花厅闲庭，竟日淹留佳客坐 118
四、书斋“三宝”：翠竹、芭蕉、书带草 136

第二节 园林庭院的植物配置举隅与赏析 147

一、翠影玲珑，竹枝披拂映沧浪 147
二、海棠春坞，诗里名友称花仙 148
三、枇杷晚翠，美盛东南一树金 150
四、花步小筑，庭院深深深几许 152
五、厅前五峰，仙家风景自清幽 153
六、朵云飞来，满堂空翠如可扫 155
七、古五松园，借得松柏半庭阴 156
八、春风娄尾，数枝芍药殿春迟 157
九、岁寒草庐，奇石一庭间古木 158
十、思嗜轩前，枣生纂纂荫堪藉 159
十一、鹤园丁香，纵放繁枝散诞春 161
十二、嘉堂蜡梅，夺尽人工更有香 163

第四章　景摘偏新
——园林开敞空间的植物配置与赏析　165
第一节　园林开敞空间的植物配置与赏析　166
一、听风邀雨，凡尘顿远襟怀　166
二、递香幽室，但觉清芬暗浮动　170
三、殷斓朱实，香色兼可胜似花　179
四、挺玉难成，摘景全留杂树　190
五、借景偏宜，若对邻氏之花　205
第二节　亭榭廊架的植物配置与赏析　209
一、奇亭巧榭，构分红紫之丛　209
二、曲廊宛转，通花渡壑花木深　214
三、架木为轩，一架藤花满院香　217
四、开径逶迤，莳花笑以春风　221
第五章　四时清供
——园林室内空间的植物布置与赏析　231
第一节　盆景插花的室内布置与赏析　232
一、树石为“绘”，试以盆景当苑囿　232
二、花寄瓶中，萃千林四序于一甄　240
第二节　花草瓜果的室内布置与赏析　249
一、切要四时，随赏案头四季花　249
二、红豆鹤瓢，可供幽斋闲把玩　260
第六章　从雅遵时
——园林花木的雅赏与时序　269
第一节　春天花木的雅赏与时序　270

一、槛逗花信，嫣红艳紫百花春 270
二、元墓看梅，万枝破鼻飘香雪 272
三、玉兰山房，一树繁葩看不足 274
四、谷雨牡丹，能陪芍药到薰风 274
第二节 夏季花木的雅赏与时序 276
一、池荷香绾，遥遥十里荷风 277
二、虎丘花市，帘内珠兰茉莉香 281
三、夏花如灿，庭前能开百日红 282
第三节 秋季花木的雅赏与时序 284
一、九月重阳，东篱菊蕊晚节香 285
二、庭散秋色，凤儿花杂雁来红 289
三、天平秋艳，醉颜几阵丹枫 293
第四节 冬季花木的雅赏与时序 296
一、雪中四友，深苑香冽蕴春讯 296
二、虎丘窖花，腊月已见群花开 301
主要植物索引 305
主要引用书目 310
后 记 313

〔明〕沈周《东庄图》之『菱濠』

第一章

悉致琪华——苏州园林的植物种类与配置

苏州园林中的植物不但美化了环境，形成了优越的微小生境，同时也创造了人类的诗意栖息之地。苏州山温水软，气候宜人，土地肥沃，植物种类丰富，历史上就是著名的花果之乡，是梅花、桂花、枇杷、柑橘、银杏等花果的传统产区。园林中配置的花木以本土的乡土树种或久经栽培的植物为主，春之梅、李、桃、杏、牡丹（图 1-1）、芍药，夏之荷花、栀子、紫薇、木槿、夹竹桃、石榴，秋之菊花、桂花、木芙蓉、雁来红，冬则蜡梅、水仙以及南天竺、冬青、枸骨、枸杞之红果等，繁花杂木，取其四时之不断，皆入图画。并兼及外埠引种一些名贵品种，王世贞在《求志园记》中说："吾吴以饶乐称海内冠……诸材求之蜀、楚，石求之洞庭、武康、英灵壁，卉木求之百粤、日南、安石、交州。"又在记述太仓杨尚英的《日涉园记》中说："太湖、灵壁之石，红鹃、素馨，闽、越、蜀、广之卉，纷错胪列，而不可名记。"园林中的古木花树更使园林之境幽然深远，正如《园冶•题词》中所云："悉致琪华，瑶草、古木、仙禽，供其点缀，使大地焕然改观。"

图 1-1　留园之牡丹

第一节　苏州园林的植物种类与选用

英国哲学家弗兰西斯•培根曾说："万能的上帝是头一个经营花园者。园艺之事也的确是人生乐趣中之最纯洁者。"并说"它是人类精神的最大的补养品，若没有它则房舍宫邸都不过是粗糙的人造品"。因此花草树木对于造园来说至关重要，没有了它，那么园林中的山体也只是一个毛发不存的童山，所以在中国的山水画中常说山"得草木而华”。苏州园林大多是山水园林，因生态环境相对优越，古木繁花，竞相生息，由此产生一种林木葱郁、欣欣向荣的气象（图 1-2）。

图 1-2　水木明瑟（拙政园卅六鸳鸯馆）

一、土阜园地——陆生植物类

苏州地处北亚热带南缘的湿润季风气候区，属季风海洋性气候，四季分明，气候温和，雨量充沛。自然植被以落叶常绿阔叶混交林为主，杂以藤蔓花草。据调查，苏州有木本植物 294 种，以壳斗科的栎属、榆科的榆属、含羞草科的合欢属、漆树科的黄连木属漆树属、鼠李科的枳椇属等高大乔木构成植被主体；藤本植物 59 种；草本植物 387 种；蕨类植物 38 种[1]；苔藓植物 154 种[2]。植物资源极为丰富，给造园者提供了丰富的植物材料。

（一）乔木类

乔木是指树体高大、具有明显主干的木本植物。四季常绿者如白皮松、圆柏、樟树、女贞等；冬季落叶者如梧桐、榉树、玉兰、枫杨等。依据乔木的高度又分为小乔木（5 ~ 8 米）、中乔木（9 ~ 20 米）和大乔木（21 米以上）。

在造园中，乔木是植物景致的主体和骨架，也是构成园林山林景象和形成庭荫的主要元素。苏州园林中的古木及乔木大多为自然生长的乡土树种，如榆、榉、朴、枫杨、枳椇、柿、厚壳树等，有的翠樾千重、荫浓如盖，如土假山之樟树、朴树，足以屏挡视线，

1　宋青 . 苏州城市森林群落结构及优化对策研究［D］. 南京：南京林业大学，2008.
2　王剑等 . 苏州市区苔鲜植物区系分析［J］. 上海师范大学学报（自然科学版），2008（1）.

图 1-3 原沧浪亭大云庵内的古白皮松（茹军摄）

图 1-4 洒金东瀛珊瑚（耦园）

形成山林景象；而广庭之白皮松、榉、榆、梧等，纳荫而足挡炎暑（图 1-3）；有的则姿态古拙、苍翠入画，如庭前之桂，厅山之松。

（二）灌木类

灌木是指那些没有明显的主干、矮小而丛生的木本植物，如迎春、棣棠、月季、瑞香等。如果说乔木植物是构成园林景色的主体和骨架，那么灌木就是副本和肌肉。灌木中有一类为常绿的低矮树木，它在园林植物景致中常作地被植物或基础栽植用，如铺地柏、水栀子、洒金东瀛珊瑚（*Aucuba japonica* Thunb.‘Variegata’，图 1-4）等。而另一类花灌木则常是园林观赏的主要植物，有的还是一园之胜，赏花者如牡丹、杜鹃等；花灌木中还包括一些观果及色叶树种，前者如南天竺、火棘，后者如早春叶红或黄的山麻杆（*Alchornea davidi* Franch.，又称桂圆木，图 1-5）等，秋季或常年叶色殷红的紫叶小檗、红花檵木等。

（三）藤木类

藤木是一些不能直立，缠绕或借助特殊器官攀附于诸如山石、墙垣或棚架之上的木本植物，它是棚架和垂直绿化的好材料，如拙政园相传为明代文徵明手植的紫藤、网师园引静桥侧春天一壁千花的木香和露华馆前庭西侧粉墙上的和平月季（图 1-6），以及一些常见的葡萄、十姊妹、络石、薜荔等。它们或具吸盘，如爬山虎、

（a）铺地柏与山麻秆（留园）

（b）山麻秆早春之红叶（留园）

（c）山麻秆秋季之黄叶（留园）

图 1-5　山麻秆

图 1-6　和平月季（黄和平，网师园）

凌霄；或有卷须，如葡萄；或茎干缠绕，如紫藤、金银花；或茎干上有不定根，如络石、薜荔；或茎干上有钩刺攀援，如蔷薇、十姊妹等，具有较强的依附和攀援能力。

（四）竹类

竹是禾本科竹亚科的木本植物，它“似草非木，似草非草”，以其“虚心密节，性体坚刚，值霜雪而不凋，历四时而常茂”的秀雅灵奇之态（图 1-7），贯穿于中国的造园史，相传西周时的周穆王就种过竹子。“瞻彼淇奥，绿竹猗猗。有匪君子，如切如磋，如琢如磨”，《诗经》“淇奥”篇中把淇水边的竹子和春秋时卫武公的堂堂相貌、华美衣饰和高尚品德的美男形象相比拟，因而淇园之竹是美好事物的象征。它四季常青，陶弘景说“青林翠竹，四时俱备”，而且生长迅速，“移入庭中，即成高树，能令俗人之舍，不转盼而成高士之庐”（李渔《闲情偶寄·竹木》），宋代的叶梦得甚至说：“山林园圃，但多种竹，不问其他景物。”（《避暑录话》卷下）

图 1-7　苏州博物馆新馆墨戏草堂庭院之竹（贝聿铭作品）

北宋蔡襄的《慈竹赋》云：“若夫吴郡名园，王家新第，远阁斜栏，横塘静水……何千竿蓊然而环倚？”历史上的苏州名园均以竹为主要植物景致，如见之记载最早的江南私家园林之一的顾辟疆园就有“好竹”而被誉为“池馆林泉之胜，号吴中第一”。历史上的沧浪亭、狮子林、拙政园、留园等均以竹胜而名闻天下。

【小知识】竹类植物

竹类植物按其地下茎（竹鞭）性状（图 1-8），可分为：单轴散生型竹，如毛竹、刚竹、紫竹等（图 1-9）；合轴丛生型竹，如孝顺竹（慈孝竹）、佛肚竹、凤尾竹等（图 1-10）；复轴混生型竹，如阔叶箬竹、菲白竹、翠竹等；合轴散生型竹，如箭竹等一些高山竹类。

我国是世界竹子分布的中心地区，中华民族利用竹子的历史，可追溯到五六千年前的新石器时代，并广泛应用于建筑、水利、工艺、造纸等领域。

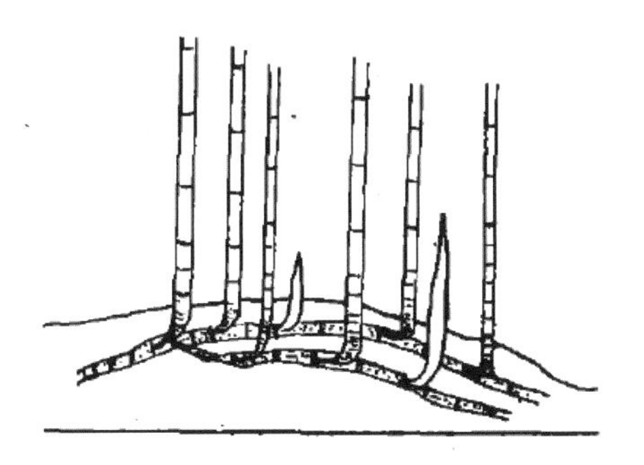

（a）单轴散生型

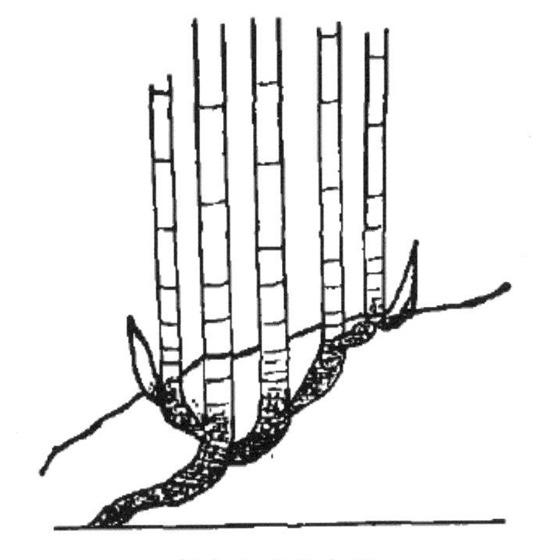

（b）合轴丛生型

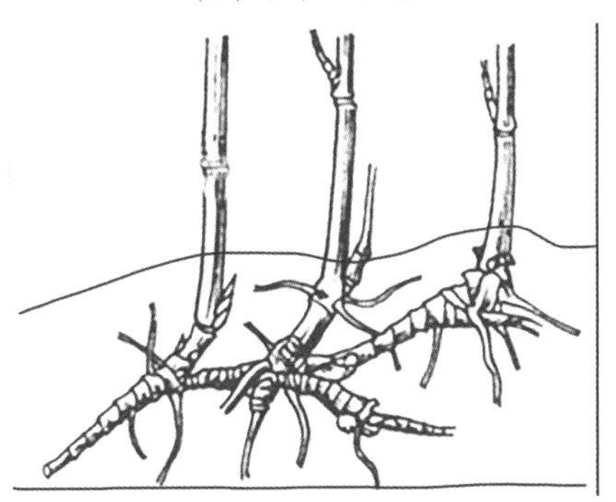

（c）合轴散生型

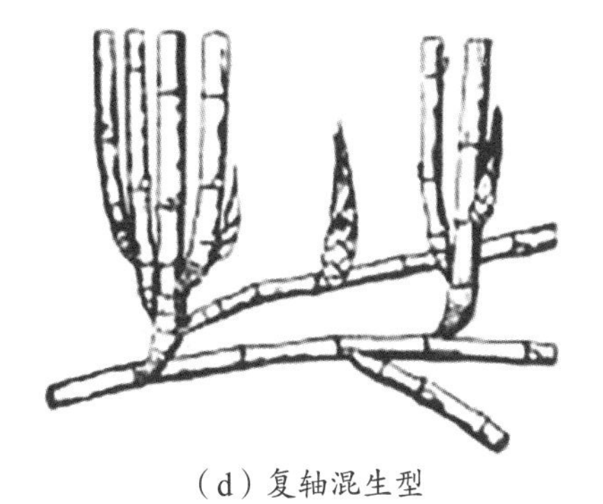

（d）复轴混生型

图 1-8　竹之地下茎（竹鞭）的类型

图 1-9　散生竹类的寿心竹（人面竹、罗汉竹）

图 1-10　丛生竹类之孝顺竹（慈孝竹）

（五）草本植物类

这类植物种类繁多，在苏州古典园林中应用较多的为多年生的宿根类花草，如芭蕉、书带草等，而芍药、菊花、兰花等观赏名种，有的更是园林主人一种身份的象征，如网师园的芍药、沧浪亭的兰花都曾名闻天下。现代园林中则多引进国外的一些如郁金香、风信子等名贵球根、宿根类花卉，近年自然式的花境颇受青睐（图 1-11），也流行在林下配置一些耐阴的草本植物，如石蒜、二月兰［*Orycbophragmus violaceus*（L.）O. E. Schulz，又称诸葛菜］等作点缀或地被（图 1-12）。其实这种配植形式古已有之，如晚明汤传楹在苏州城内西南隅馆娃里的荒荒斋，“庭之东，又一隙地，植梅树三，清阴交加，枝叶相逼……树下皆诸葛草，或云即武侯行军时所蓄菜也，叶可作蔬，其英正紫，二三月时，花发满庭，缛绣可爱”（汤传楹《荒荒斋记并铭》），现拙政园东部等林下亦偶植之。其次为一些藤蔓类的草本植物，如旋花科的羽叶茑萝、槭叶茑萝，茄科的白英等，常攀援于农舍篱墙之上，这也是明清园林中的常用之物。

图 1-11　北京世博园日本园之花境

（六）苔藓蕨类

苔藓是江南地区的常见植物之一，因它喜温暖阴湿之地，所以在难见日光的山岩和庭院中常见，清代诗人袁枚《苔》诗云：“白日不到处，青春恰自来。苔花如米小，

图 1-12　二月兰（天平山）

亦学牡丹开。”正是其形象描写。“苔痕上阶绿，草色入帘青”，则是江南庭院的特色（图1-13）。据调查，怡园、拙政园、艺圃、网师园、狮子林、曲园、耦园、留园、虎丘、东园、沧浪亭 11 座苏州园林内有苔类 3 科 3 属 4 种、藓类 20 科 39 属 86 种，共计 23 科 42 属 90 种；而苏州园林中假山石上有苔藓生长是其一大特色，生长的种类多达 36 种[1]。童寯在《江南园林志》中说拙政园“藓苔蔽路，而山池天然，丹青淡剥，反觉逸趣横生”，在园林中构成了独特的苔藓景观，正如唐诗所云：“每看苔藓色，如向簿书闲。幽思缠芳树，高情寄远山。”（唐包何《同舍弟佶班韦二员外秋苔对之成咏》）

【小知识】苔藓植物

苔藓植物在植物分类上属苔藓植物门（*Bryophyta*），是一类古老而独特的高等植物，是植物界从水生向陆生过渡的代表类群，分属于苔纲（*Hepaticae*）、藓纲（*Musci*）和角苔纲（*Anthocerotae*）。苔与藓均有假根，只是前者茎叶的区别不明显，如地钱（*Marchantia polymorpha* L.）；而后者茎与叶有明显的区别，如细叶小羽藓［*Haplocladium microphyllum*（Hedw.）Broth.］。

蕨类是一类有根、茎、叶分化，并有较原始的维管组织的植物，因它的叶片常为羽裂，似羊齿，所以又称羊齿植物。其形体大者如桫椤树［*Alsophila spinulosa*（Wall. ex Hook.） R. M. Tryon］，高达数米（图 1-14）；近人叶恭绰《五彩结同心》一词中

图 1-13　青苔（东山嘉树堂）

图 1-14　桫椤

1　王剑，曹同，王敏等 . 苏州市区苔藓植物区系分析［J］. 上海师范大学学报（自然科学版），2008，（01）：105-110.

有“好折供、维摩方丈，伴他一树桫椤”咏之，并有注曰：“余新自吴门得桫椤一小株，亦天竺种也。”说明苏州也有栽种桫椤的历史。小者如膜蕨，只有几厘米。据调查，苏州地区有蕨类植物 19 科 28 属 46 种[1]，园林中常用作盆栽观赏的有铁线蕨、肾蕨等，亦有自然生长的如蕨［*Pteridium aquilinum var. latiusculum*（Desv.）］、贯众（*Cyrtomium fortunei* J. Sm.）等蕨类植物，如留园五峰仙馆的厅山、涵碧山房前庭等石隙中都有自然生长的贯众［图 1-15（a）］网师园则配植有肾蕨［*Nephrolepis auriculata*（L.）Trimen，图 1-15（b）］等。

蕨可以食用，《诗经》之《草虫》《四月》诸篇中就有关于它的记载。明代李时珍的《本草纲目》“蕨”释名曰：“蕨处处山中有之，二三月生芽拳，曲状如小儿拳，长则展开如凤尾，高三四尺，其茎嫩时采取，以灰汤煮去涎滑，晒干作蔬。味甘滑，亦可醋食。其根紫色，皮内有白粉，捣烂再三洗澄，取粉作粔敉（似今之馓子），荡皮作线，食之，色淡紫而甚滑美也。野人饥年，掘取治造不精，聊以救荒，味即不佳耳。诗云：‘陟彼南山，言采其蕨。’”蕨菜曾是苏州农家乐的主菜之一，后因其含有一种原蕨苷的致癌物质，所以现在几乎在餐桌上绝迹。皮日休为苏州吴县人徐修矩所作的《二游诗 • 徐诗》云：“东皋耨烟雨，南岭提薇蕨。”薇就是蝶形花科的野豌豆（*Vicia sepium* L.），开花紫红色，结寸许长的扁豆荚，《史记 • 伯夷传》载有伯夷、叔齐不食周粟，采薇

图 1-15（a） 贯众（留园五峰仙馆厅山）

图 1-15（b） 肾蕨（网师园五峰书屋后）

1 彭志．苏州市维管束植物区系和植物资源研究［D］．南京：南京林业大学，2009.

于首阳山，最后饿死的故事。薇与蕨的嫩叶都可以作为蔬菜，在古代常为贫苦者所食。

二、巨浸小池——水生植物类

苏州为江南水乡泽国，在其8488平方公里的面积中，水域面积就有3609平方公里之多，占据了五分之二，水生植物资源丰富。园林之境，得水便佳，景象殊胜，晚明文震亨在《长物志·水石》中说："凿池自亩以及顷，愈广愈胜。最广者，中可置台榭之属，或长堤横隔，汀蒲岸苇，杂植其中，一望无际，乃称巨浸。"并主张"池旁植垂柳，忌桃杏间种"，在岸侧配植荷花，"勿令蔓衍，忌荷叶满池，不见水色"，或者在"阶前石畔，凿一小池，必须湖石四围，泉清可见底。中畜朱鱼、翠藻，游泳可玩。四周树野藤、细竹，能掘地稍深，引泉脉者更佳"，小池则宜水中放养锦鱼，水底配植一些翠藻。王心一在《归田园居记》中自述："池广四五亩，种有荷花，杂以荇藻，芬葩灼灼，翠带柅柅。"可见水生植物在古代园林中有着广泛的应用。明代宣德年间的宫廷画家、吴县（今苏州）人缪辅所画的《鱼藻图》（图1-16）中，藻荇漂浮，茨菇丛生，鲤鱼神态悠闲，群鱼活泼自如，一派生机盎然。

图1-16 〔明〕缪辅《鱼藻图》中的水生植物（北京故宫博物院藏）

水生植物是指常年生长在水中或沼泽地中的植物，大多为多年生的草本植物。由于长期生活在水环境中，所以形成了与之相适应的一些形态结构，如具有发达的通气组织，可以贮藏大量空气，像莲藕的叶柄和藕中的很多孔眼，形成了四通八达的通气管道，从而保证了植株在水中的正常呼吸和新陈代谢，同时也增加了在水中的浮力，保持了植株的平衡。这类植物因长期生活在水中，因此它的表皮一般都很薄，可以直接从水中吸收水分和养分；根系也常常不发达，不像陆生植物那样主要用于吸收水分和养分，而主要是作为固定之用。

（一）挺水植物

挺水植物是根和根茎生长在水底的泥土之中，而茎、叶挺出水面的一类植物。有

图 1-17　荷花

图 1-18　〔清〕冷枚《连生贵子图》（清华大学美术学院藏）

的在水底的泥土中有粗长的匍匐茎，它们一般生长在浅水区和江河湖岸，如荷花、芦苇等。荷花的根茎（藕）肥大，而且多节，横生在水底的淤泥中；叶柄上密生着倒刺，常挺出水面；花单生在花梗的顶端，高托在水面之上，每天早晨开放，晚上闭合，它喜欢相对稳定的静水。荷花有“出淤泥而不染”的高洁形象，适合种在园林中较大的湖泊或水塘之中，也可以用水缸等栽种观赏（图 1-17）。莲因谐音廉、连等，民间常有“一品清廉（莲）”“一路连科”（莲纹搭配鹭鸶）等口彩或图案，如清代宫廷画家冷枚所作的《连生贵子图》（图 1-18 中，将莲花、芦笙、桂树、童子绘于一处，谐音寓意“连生贵子”）。苏州园林中有关荷花的吉祥图案很多，如园林铺地中的“连（莲）年有余（鱼）”（图 1-19）等寓意吉祥的莲藕形象。

（二）浮叶植物

又称浮水植物，是指叶浮于水面的一类水生植物，常生于浅水中。江南常见的如睡莲、菱等。睡莲（*Nymphaea tetragona* Georgi）的根状茎粗短，叶子丛生，有细长的叶柄，浮在水面（图 1-20），花单生在细长的花柄顶端，多为白色。睡莲是长日照植物，栽植场所要有充足光照和良好的通风条件；如用盆缸栽植，则以肥沃河泥为好。菱（*Trapa bicornis* Osbeck）具匍匐枝，根生于水下的淤泥中，喜欢底土较肥沃的

图 1-19　留园铺地中的莲藕图案

图 1-20　睡莲（网师园）

水域；叶漂浮在水面，花白色至粉红色，品种很多；《长物志·蔬果》云：“两角为菱，四角为芰，吴中湖泖及人家池沼皆种之。”可见菱在古代园林中也常种植，以取其实。明代吴宽的东庄有“菱濠”一景（图 1-21），成化二十三年进士、官至南京礼部尚书的吴俨有《菱濠》诗咏之：“菱头初刺人，菱叶已零乱。试问采菱归，作蔬还作饭。”

还有一类漂浮植物，它们的根不生于水池底部的泥地中，而是株体漂浮于水面之上，随波逐流，水葫芦就是其中的一员（图 1-22）。水葫芦的中文学名叫凤眼莲［*Eichhornia crassipes*（Mart.）Solms］，原产巴西，曾作饲料引入我国，因其繁殖迅速，常阻塞水道，是外来入侵物种之一。但可供家庭盆植水养观赏。

（三）沉水植物

沉水植物是指植物体全部沉在水面之下的一类水生植物，叶子大多为带状或丝状，如金鱼藻、苦草等。金鱼藻（*Ceratophyllum demersum* L.）又名松藻，为金鱼藻科的多年生沉水草本植物。茎有分枝，叶轮生茎上，全株呈松针状（图 1-23），多野生于淡水池沼或流速小的河湾中，现苏州园林中常见。

图 1-21　〔明〕沈周《东庄图》之“菱濠”（南京博物院藏）

图 1-22　水葫芦（北京钓鱼台）

图 1-23 〔宋〕赵克夐《藻鱼图》（大都会博物馆藏）

图 1-24 苦草（拙政园）

苦　草［*Vallisneria natans*（Lour.）Hara］，又称扁草，是水鳖科的沉水草本植物。有匍匐茎，叶基生，线形或带形，常生于溪沟、河流及太湖的浅水区，可用于水景或庭院小池中（图 1-24），也常用作鱼、鸭等饲料。

现在苏州古典园林中，多在池底种植金鱼藻、苦草等，以净化水质，取得了良好的效果。此外，还有一些植物能耐湿或短时间内在水中生长，如垂柳、枫杨等。池杉等有膝状根，还能在浅水中正常生长发育。

（四）湿生植物

有些植物适于水边生长，如芦苇［*Phragmites australis*（Cav.）Trin. ex Steud.］常生长于浅水中或低湿的地方（图 1-25），形成苇塘；现代园林绿地中则常在水边配置花叶芦竹（*Arundo donax* L.var. versicolor Kunth），它的秆常具分枝，叶片具有乳白或金黄色的美丽条纹，富于变化（图 1-26）。

图 1-25 〔宋〕佚名《溪芦野鸭图》中的芦苇（北京故宫博物院藏）

图 1-26 花叶芦竹

三、几案清供——盆景、盆栽及插花类

几案清供历来为文人所重视，周瘦鹃先生在《夏天的瓶供》一文中说："凡是爱好花木的人，总想经常有花可看，尤其是供在案头，可以朝夕坐对，而使一室之内，也增加了生气。供在案头的当然最好是盆栽和盆景；如果条件不够，或佳品难得，那么有了瓶供，也可以过过花瘾。"因此盆景、盆栽及插花是室内几案清供的常见式样。

（一）盆景

盆景是以植物、山石、土壤等为素材，经过技术加工和艺术处理以及长期的精心培育，在咫尺盆盎之中，集中而典型地再现大自然的优美景色的一种艺术（图 1-27）。园林是一种可行、可望、可居、可游的玩赏环境，而盆景却是"虽不能至，心向往之"的壶中天地，常能令人作卧游神思，闲情寄兴。明代黄省曾的《吴风录》说："吴中富豪，竟以湖石筑峙奇峰隐洞，凿峭嵌空为绝妙。"（园林）"虽闾阎下户，亦饰小山盆岛为玩"。（盆景）平头百姓无力造园，那只能是将盆景当园林了。

图 1-27　秦汉遗韵
（苏派盆景代表作之一）

（二）盆栽

用盆或器皿栽植植物，都通称盆栽或盆植。盆栽虽然没有盆景那么精致，但正如日本画家东山魁夷所言："一根野草也能显示大自然生命的形态。"在室内陈设之，同样能享受到一份极富自然气息的宁静，使疲劳的身心得以宽慰和放松。苏州园林中陈设的盆栽植物，一类为观叶的绿色植物，如棕竹、虎刺、菖蒲、水竹等；另一类则是著名的观花植物，如春之兰花、夏之荷花（图 1-28）、秋之菊花、冬之水仙等；还有一类就是由热带引种而来的温室植物，如小菖兰（*Freesia refracta* Klatt，又名香雪兰等）、瘤瓣兰（*Oncidium flexuosum* Sims，又名跳舞兰、文心兰，图 1-29）等。

图 1-28　盆栽荷花（留园涵碧山房）

（三）插花

盆景、盆栽是古典园林中点缀或陈设在室内或庭院中的常用之物，而插花主要用于室内的陈设，它们是室外植物景色在室内的延伸。尽管这种艺术形式在中国起源很早，但也主要兴盛于宋代的宫廷和士大夫阶层（图 1-30），并在明清两代进入民间，成为雅俗共赏的植物类艺术，它比盆景在室内的布置更为普遍，沈复在《浮生六记·闲情记趣》中说："喜摘插瓶，不爱盆玩，非盆玩不足观，以家无园圃，不能自植。货于市者，俱丛杂无致，故不取耳。"

图 1-29　瘤瓣兰（沧浪亭清香馆）

图 1-30　〔宋〕李嵩《花篮图》
（北京故宫博物院藏）

第二节　苏州园林的植物配置

清代陈扶摇在《花镜·种植位置法》中说："如园中地广，多植果木松篁，地隘只宜花草药苗。设若左有茂林，右必留旷野以疏之；前有芳塘，后须筑台榭以实之；外有曲径，内当垒奇石以邃之。花之喜阳者，引东旭而纳西晖；花之喜阴者，植北圃而领南薰……因其质之高下，随其花之时候，配其色之浅深，多方巧搭，虽药苗野卉，皆可点缀姿容，以补园林之不足。使四时有不谢之花，方不愧名园二字。"植物以其自身的色、香、姿、韵及其四季的季相变化而成为园林中有生命的主要题材和造景的主题，尤其是木本植物，它通过孤植、对植、丛植、群植等配置种植手法，呈现出多样姿态和观赏特性。

孤植。在苏州园林中如白皮松、黄杨、松树一类常绿乔木常与峰石相配置，树依石而坚，石依树而华，如网师园殿春簃庭院中的白皮松（图 1-31）、梯云室庭院中的黑松和构骨（图 1-32）等更能体现出树木的孤高之美，“一松孤立信豪杰，两槐对植如宾主”（南宋陆游《治圃》）。

对植。常用于园林住宅和一些纪念性园林或寺观园林中，前者如桂花、白玉兰在厅堂前的对植；后者如沧浪亭五百名贤祠、明道堂前对植的白玉兰、圆柏等（图 1-33）。“四松相对植，苍翠映中台”，这是唐代诗人姚合为兵部郑侍郎在省中对植四松所作的《奉和四松》中的诗句。到了两宋时期，在堂前对植松、橘等则更为普遍，如北宋刘安上西斋前的冬青：“得名固不诬，对植近庭庑。叶绿带寒烟，花繁泣微雨。”（《西斋杂咏六首》其四 冬青）蒲瀛所咏海云寺鸿庆院中的山茶：“对植霜天无赖碧，特开金地可怜红。长春比并何妨别，密雪交加有底同。”（《次韵袁升之游海云寺鸿庆院山茶之什》其二）南宋张镃对植的橘树：“对植才两树，颗颗金玉明”（《移石种竹橘》）等等。

苏州园林中的树木对植配置虽不常见，但也不缺乏实例，如拙政园的海棠春坞中对植的垂丝海棠、留园曲溪楼前门洞两侧生长的枫杨（图 1-34）等。

列植。也是园林中植物配置的一种形式。明代王世贞的弇山堂前，在旷朗的平台两侧，“左右各植玉兰五株，花时交映如雪山、琼岛，采而入煎，啖之芳脆激齿。堂之北，海棠、棠梨各二株，大可拱余，

图 1-31　网师园殿春簃庭院中孤植的白皮松

图 1-32　网师园梯云室庭院中孤植的构骨与太湖石峰

图 1-33　明道堂前对植的圆柏

繁卉妖艳，种种献媚……每春时，坐二种棠树下，不酒而醉。”（王世贞《弇山园记》）堂前列植白玉兰，堂后列植海棠、棠梨，春天花时宛若仙境，令人心醉；夏日浓荫，酷暑自解。现在拙政园远香堂前就有三株广玉兰列植的例子（图 1-35），不过这是 20 世纪受西方园林影响的结果。而苏州园林中在池岸列植垂柳的例子亦不在少数。

丛植。苏州园林中因庭院或空地面积相对较小，因此常为三五株配植，亦能分阴借绿，或弥望成趣（图 1-36）。明汤传楹荒荒斋，因“苦逼窄，亦不能杂植嘉树，砌上惟牡丹数种，旁丛桂四株，大不逾檐，杂花几色，点缀曲槛”（汤传楹《荒荒斋记并铭》）；晚清潘遵祁在光福邓尉山筑香雪草堂，因藏有宋扬无咎的《四梅图》，又筑四梅阁，在庭前种植四株梅花，以名符实。“翰飞鸳别侣，丛植桂为林”（唐窦牟《寄上翰林四学士中书六舍人》），现在网师园的小山丛桂轩、怡园金粟亭等都以丛植配置桂花而名。

群植。园林中有诸如梅圃、杏林等称谓，即将某种植物数十株或百株进行群植，《长物志•花木》说梅“另种数亩，花时坐卧其中，令神骨俱清”；杏“宜筑一台，杂植数十本”等等。清乾嘉年间的查世倓在光福所筑的邓尉山庄，在平坦的小坡上，“蜿蜒而西，种梅数十本，曰‘索笑坡’，坡上小筑三间，曰‘梅花屋’。花时，君（查世倓）每拥炉读史于此”（张问陶《邓尉山庄记》）。“群植拟孔林，曲池方兰亭”（明顾璘《谒

图 1-34　留园曲溪楼门洞前对置的枫杨

图 1-35　拙政园远香堂南列植的广玉兰

图 1-36　寒山寺庭院一角丛植的黑松

岳麓书院》）。群植可以是选择单一树种配植，也可以是选择多种树种杂植成林（图 1-37），它们或以不同的色彩构成瑰丽多彩的景色，或以不同的姿态组合成优美的林冠线，创造出幽邃生动的不同意境。同时植物还和其他园林要素如建筑、峰石等相配合，形成生意盎然的如诗画面（图 1-38）。

图 1-37　杂植成林（拙政园东部）

图 1-38　留园亦不二亭圆洞门框景

一、适地适树，收四时之烂漫

植物生长和发育主要受气候（光照、温度、水分、空气）和土壤（土质、通透性、酸碱度、肥力）两大因素的影响。园林环境有阴阳、高卑之分，有的喜欢充足的阳光，在充足的阳光下才能正常地生长发育；有的则喜欢阴湿，在阴湿环境生长才会旺盛。明代苏州人周文华在《汝南圃史·种植十二法》中说："珊瑚、虎刺、翠云草、秋海棠、山茶、菖蒲皆喜阴，遇日色多枯槁，宜遮益之。杜鹃尤不宜日，置之树阴深处，则苍翠可爱。"而植物寿命之长短、生长之快慢、根系之深浅、发育之迟速、耐寒抗旱之强弱等各有差异，《花镜·种植位置法》云："故草木之宜寒、宜暖、宜高、宜下者，天地虽能生之而不能使之各得其所，赖种植时位置之有方耳。"又说："苟欲园林璀燦，万花争荣，必分其燥、湿、高、下之性，寒、暄、肥、瘠之宜，则治圃无难事矣。"苏州园林常以水池为中心，环境低卑潮湿，所以在自然环境下常生长着柳、柘、枫杨、榔榆等乡土树种，这也是枫杨在原来园林中生长较多的原因，如沧浪亭、拙政园等现在尚遗存有上百年的古枫杨，拙政园则有"柳荫路曲"一景。现在拙政园荷风四面亭西侧尚遗存有一株柘树（图 1-39）。柘树［*Cudrania tricuspidata*（Carr.）Bur. ex Lavallee］是桑科的落叶小乔木或灌木，适应性强，能在荒山荒地、埂堤边坡等生长，是灌木植被中的优势树种。《说文·木部》曰："柘，柘桑也。"叶可饲蚕（柘可养蚕，汉上林苑中有柘馆，为嫔妃所居之所），材可制弓，汉代应劭《风俗通义·卷二》

（a）柘树（拙政园）

（b）柘树之果（拙政园）

图 1-39　拙政园之柘树

说：“乌号弓者，柘桑之林，枝条畅茂，乌登其上，下垂著地，乌适飞去，后从拨杀，取以为弓，因名乌号耳。”苏东坡有诗云：“传云古隆中，万树桑柘美。”乌鸦之类的鸟登在柘树枝条上，因其柔软，柘枝会下垂着地；但当它飞去时，柘枝会迅速反弹复位，因而乌鸟登在枝上不敢飞，便号呼其上，所以用柘枝制成的弓就叫“乌号之弓”。

苏州园林大多园小垣高，因此在植物配置上常能因地制宜，适地适树。在墙角少阳阴寒之地，常植以耐阴耐寒植物，如留园的花步小筑、怡园玉延亭南的墙角的南天竺（图 1-40）；牡丹香花，向阳斯盛，须植于主厅之南；芭蕉分翠，忌风碎叶，所以常栽于墙根屋角（图 1-41）。

对于面积较大的空旷园地，则多植大树，并辅以常绿树种，如留园西部之枫林，间以常绿之樟树（图 1-42）；或片植辟以小圃，栽植一种花木，以形成园林特色，如怡园之梅圃、沧浪亭之竹园与闲吟亭西片植的梅花（图 1-43）等。小园则宜植落叶树

图 1-40　南天竺（怡园）

图 1-41　芭蕉（网师园）

图 1-42　留园西部假山配植的鸡爪槭及香樟等

图 1-43　沧浪亭片植的梅花

种，尤以桂花、梅花、槭类等树身相对较小而姿态古拙的植物为多，正所谓以疏救塞，取其空透；以密补旷，则旷处有物。

花分四季，树各有姿，花各有态，园林栽花，如运用得当，则能做到四季有花可观，如晚清吴嘉淦在井仪坊巷的退园，“园中花木，四时备具。每至春日，则繁英璨然，如入桃源。鼠姑（即牡丹）数丛，天香馥郁。若游《穆天子传》所谓群玉之山，不知为尘世矣。入夏则方池荷花荡漾绿波翠盖间，红日朝霞，掩映可爱。秋月皎洁时，丛桂著花，芬郁袭人。冬日将尽，腊梅飘漾，缟袂仙人若招我于罗浮山顶也”（《退园续记》）。春天有梅、桃繁花璨然，牡丹天香馥郁；夏日有方池荷花，花似朝霞，映衬于绿波翠叶之间；秋有丛桂，冬有腊梅，四季花木，皆备于我。

对于园林树木的种植，我们不妨读一下柳宗元的名文《种树郭橐驼传》，文中所描写的郭橐驼的种树技术，“视驼所种树，或移徙，无不活，且硕茂，早实以蕃。他植者虽窥伺效慕，莫能如也”，究其原因，其实也很简单，就是“顺木之天，以致其性”，只要顺应树木的天性，即生长发育规律，“不害其长”“不抑耗其实”，细心观察，反复实践，“凡植木之性，其本欲舒，其培欲平，其土欲故，其筑欲密。既然已，勿动勿虑，去不复顾。其莳也若子，其置也若弃，则其天者全而其性得矣”。用现代语言来说，就是种树根要舒展，培土要均匀，回土要用原来树木生长的土，并要捣土结实。已经种好了，就不要再去动它、多虑，就像对待自己的子女一样，不要“旦视暮抚”，过分溺爱反而不利于成长；如果这样，树木的天性就能得以保全，满足它的生长习性。

“虽无纪历志，四时自成岁”（陶潜《桃花源记并诗》），苏州园林中，春有花，秋为实，或乔木参天，或虬枝拂地，“木欣欣以向荣”，放眼皆成美景，尽“收四时之烂漫”（《园冶·园说》，图 1-44）。

图 1-44　拙政园西部园林景象

二、深意图画，蓬山尺树园如绘

童寯先生在《江南园林志》中说：“惟吾国园林，多依人巧天工，有如绘画之于摄影，小说之于史实。”又说：“昔人绘图，经营位置，全重主观。谓之为园林，无宁称为山水画。”历史上，苏州园林的造园者多精于绘画，如计成、周秉忠等。明代王心一在《归田园居记》中说：“余性有丘山之癖，每遇佳山水处，俯仰徘徊，辄不忍去，凝眸久之，觉心间指下，生气勃勃，因于绘事，亦稍知理会。”从自然山水中汲取精华，可谓“外师造化，中得心源”，又因精通绘画，而知造园，“诸山环拱，有拂地之垂杨，长大之芙蓉，杂以桃、李、牡丹、海棠、芍药，大半为予所植”。他亲植花木，玉兰如雪，山茶如火，丛桂参差，梅竹互映，正如文震亨《长物志·花木》所云：“四时不断，皆入图画。”周秉忠为徐氏东园（即现留园）所造的石屏假山上，“为垒怪石作普陀、天台诸峰峦状。石上植红梅数十株，或穿石出，或倚石立，岩树相得，势若拱遇”（江盈科《后乐堂记》），袁宏道评价道：“石屏为周生时臣所堆，高三丈，阔可二十丈，玲珑峭削，如一幅横披山水画，了无断续痕迹，真妙手也。”石屏假山现虽只存遗迹，然而现今留园中部园林山水，却是溪山明瑟，重开图画，童寯先生评之为“老树荫浓，楼台倒影，山池之美，堪拟画图”（图 1-45）。

园林以山水胜，山水以入画胜。清代何焯在《题潬上书屋》一文中记述位于木渎灵岩山和天平山之间上沙村、由吴江人徐白（字阶白）所筑的潬上书屋中，在方池岸处栽植木芙蓉，名木芙蓉溆，“土冈之下，池岸连延，暑退凉生，芙蓉散开，折芳搴秀，宛然图画”。清代画家恽寿平在康熙二十一年（1682 年）秋天曾客居拙政园，“秋雨长林，致有爽气，独坐南轩，望隔岸横冈叠石峻嶒，下临清池，磵路盘纡，上多高槐、

图 1-45　留园明瑟楼

柽柳、桧柏，虬枝挺然，迥出林表。绕堤皆芙蓉，红翠相间，俯视澄明，游鳞可取，使人悠然有濠濮间趣”“自南轩过艳雪亭，渡红桥而北，傍横冈，循栏道，山麓尽处，有堤通小阜，林木翳如。池上为湛华楼，与隔水回廊相望，此一园最胜地也”（《瓯香馆集·卷十二》），以画人之笔，记名园之景，虽不见其图画，却似画中之游。

苏州园林各建筑物之间常常留出好多大小不一的空间，在这些空间中的植物配置讲究姿态，并注重植物之间的搭配，且要能“入画”，在配植上常借鉴画理。清代龚贤在其《画识》中针对树木的配置时说：“二株一丛，必一俯一仰，一欹一直、一向左一向右。”强调的就是对立统一，如苏州博物馆新馆中的黑松与圆柏配植就是这一理论的实践（图 1-46）；而古典园林中则常采用传统的诸如松竹梅，或丛篁怪石进行配植，一丛数株，大小顾盼，使其浑然一体，恰似绘画中之笔墨，如网师园看松读画轩东南廊角处的黑松和红梅配植（图

图 1-46　苏州博物馆新馆的黑松与圆柏配植

1-47），所以陈从周先生在《说园》中总结道："窗外花树一角，即折枝尺幅；山间古树三五，幽篁一丛，乃模拟枯木竹石图。"

苏州园林建筑以江南的粉墙黛瓦为基调，"墙面刷白，充当'映印'植物阴影之用，或作为一峰叠石、一棵奇树之背景。白粉之墙、灰瓦之顶，绿树浓荫，涂漆木构，决定园林之主体色调"（童寯《东南园墅·装修与家具》）。在园林营造上，有意识地在走廊的粉墙之上大片"留白"，以受日月之光影（图 1-48），或竹影迷离，或树荫湛湛，随日月循墙而走，宛如一幅流动的画卷，此时你若能闲咏晚唐温庭筠的《赠知音》词："星汉渐移庭竹影，露珠犹缀野花迷"，抑或南宋袁去华的《兰陵王》："听虚阁松韵，古墙竹影，参差犹记过此驿。"从中或许亦可参透出世事之代谢、日月之轮回。

因此，无论是掇山、造屋，还是移竹当窗、槐荫当庭，计成在《园冶》中再三强调要"深意图画，余情丘壑"；要"境仿瀛壶，天然图画"；要师法绘画大师的笔意，"仿佛片图小李"或"参差半壁大痴"，或"小仿云林，大宗子久"，"小李"即唐代画家李昭道，"云林"为"元四家"之一的倪瓒（号云林），"大痴""子久"即"元四家"之一的常熟黄公望（字子久）。无独有偶，英国的风景园林设计师胡弗莱·雷普顿（Humphry Repton，1752—1818 年）也主张风景园林的设计要由画家和造园家来共同完成。而晚明至清初的苏州造园技艺之所以能达到中国园林史上的巅峰，也正是匠师的文人化和文人的匠师化带来的结晶。中华人民共和国成立后，百废待兴，20 世纪 50 年代相对集中地对苏州的传统园林进行了修缮，通过文人、专家与园林匠师的合作配合，开创了继明末清初由文人的匠师化与匠师的文人化造园活动的又一次艺术高峰，成为中国古典园林的典范之作，日后被列入了世界文化遗产名录。修复和营造苏州园林的"苏州香山帮传统建筑营造技艺"亦被联合国教科文组织列入《人类非物质文化遗产代表作名录》。通过对古代园林的修复，不但总结出古典园林的造园理论，

图 1-47　网师园看松读画轩前的松梅配植

图 1-48　留园西部园林院墙夕照

而且也培养了一大批造园能工巧匠，为改革开放后的造园运动打下了一个坚实的基础。

三、栽花种竹，全凭诗格取裁

明末陈继儒在《小窗幽记·卷七》中说："栽花种竹，全凭诗格取裁。"园林中的植物要以作诗的法则去进行配置，注重植物的象征意义和意境生成，即所谓的诗情。英国的园林学者 Rory Stuart 女士说："让西方人吃惊的是，中国园林设计者会忽视他们国家丰富的植物物种，而一直栽种传统的树木和花卉，只因这些植物承载着几百年来中国诗词绘画中所蕴含的深层意义。"孔丘与兰、陶渊明与菊、王徽之与竹、周敦颐与莲，植物与人一样是有性格与品德的，"自有渊明方有菊，若无和靖即无梅"（辛弃疾《浣溪沙·种梅菊》）。

北宋理学家邵雍在《善赏花吟》一诗中说："人不善赏花，只爱花之貌。人或善赏花，只爱花之妙。花貌在颜色，颜色人可效。花妙在精神，精神人莫造。"文人赏花不在于花的美丽芬芳的外貌，而在于它所传达出来的精神内涵，即它的象征含义，如元倪瓒的《六君子图》中所描写的江南秋色，坡陀上只有松、柏、樟、楠、槐、榆六种树木，虽气象萧疏，却树姿挺拔，神韵气骨非凡（图 1-49），黄公望题其画诗云："远望云山隔秋水，近看古木拥坡陀，居然相对六君子，正直特立无偏颇。"

图 1-49 〔元〕倪瓒《六君子图》（上海博物馆藏）

君子比德是中国审美文化的特征之一。所谓比德，《毛诗正义》："比者，比方于物也。"《说文解字》："德，外得于人，内得于己也。"在中国文化中，人通过对植物的观照，可显现出特有的品格。孔子说：

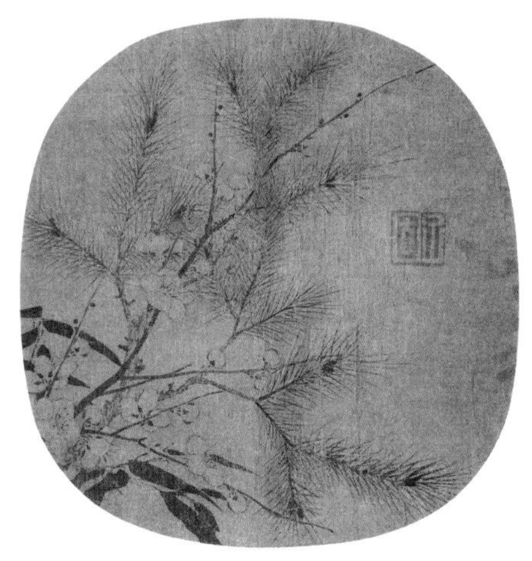
图 1-50 〔宋〕赵孟坚《岁寒三友图》（上海博物馆藏）

图 1-51 蕙兰（拙政园玉兰堂）

图 1-52 留园之白皮松

“岁寒，然后知松柏之后凋也。”（《论语•子罕》）松柏被赋予了坚贞不屈的性格。屈原“以芷兰而自比，鸾凤以托君子”（王逸《离骚经序》），他在《离骚》中常将善鸟香草以配忠贞，恶禽臭物以比谗佞，如“扈江离与辟芷兮，纫秋兰以为佩”，芷幽而香，兰秋而芳，扈佩之以象德；“朝饮木兰之坠露兮，夕餐秋菊之落英”，晨饮木兰上的露滴，晚用菊花残瓣以充饥，以表达自己不与世同污的修身洁行。古人常借植物或言志，或比德，或寄情，松、竹、梅乃“岁寒三友”（图 1-50），梅、兰、竹、菊合称“四君子”，兰、菊、水仙、菖蒲则称作“花草四雅”。北宋黄庭坚品花，有“花十客”；南宋曾慥取友于花，有“花十友”：兰为芳友、梅为清友、瑞香为殊友、莲为净友、栀子花为禅友、蜡梅为奇友、菊为佳友、桂为仙友、海棠为名友、荼蘼为韵友。甚至植物中也有“三教”：“植物中有三教焉，竹、梧、兰、蕙（图 1-51）之属，近于儒者也；蟠桃、老桂之属，近于仙者也；莲花、詹蔔之属，近于释者也。”（清张潮《幽梦影•卷下》）詹蔔即栀子花之别称。

苏州园林的植物配置常以诗文突出造园主题，以体现园林或建筑物的性质和功能，如留园在清代为刘恕的寒碧山庄，他在《寒碧庄记》说：“拮据五年，粗有就绪，以其中多植白皮松，故名寒碧庄。”（图 1-52）荷花具有出淤泥而不染的高洁形象，又是夏秋季节开花的水中观赏植物，所以苏州园林中的主厅多为荷花厅，如拙政园的远香堂、怡园的藕香榭等。

园林中的景名、匾额、对联、石刻等不单单反映出造园者的内心独白以及他们的价值取向，而且还为游园者提供了审美意趣和对园林意境的理解，如沧浪亭的瑶华境界、拙政园的听松风处、留园的缘溪行等。狮子林西部在假山上有一座问梅阁，其名取自“马祖问梅”的禅宗公案，阁内有“绮窗春讯”一匾，出自唐代王维的《杂诗》：“君自故乡来，应知故乡事。来日绮窗前，寒梅着花未？”游人至此，定能在质朴平淡的询问口吻之中带着几分思念的乡愁；看着阁前的寒梅含苞欲放，在这梅花枝头透露出了春的讯息；小诗在这一吟一咏中散发着浓浓的无限情意，更添悠扬不尽之致。留园的五峰仙馆有一副清末苏州状元陆润庠撰写的对联：“读《书》取正，读《易》取变，读《骚》取幽，读《庄》取达，读《汉文》取坚，最有味卷中岁月；与菊同野，与梅同疏，与莲同洁，与兰同芳，定自称花里神仙。”上联写读书之乐趣，下联言赏花之闲适；读书与赏花同样是一种修行，读书之隙闲赏花，花品即人品；石林小院有对联曰：“曲径每过三益友；小庭长对四时花。”孔子将正直、信实和见闻广博的三种人称益友。苏轼赞文与可梅竹石：“梅寒而秀，竹瘦而寿，石丑而文，是为三益之友。”（《鹤林玉露》卷五）每过曲径，梅竹湖石相伴，亦人生之三益友了；长赏四时之花，则可陶冶性情。

童寯先生在比较了中西园林之后指出：“然数千年来东西因文化之不同，哲学观点之悬殊，加以生活习惯之差异，吾国旧式园林与诗文书画，有密切之关系，而自成一系统，固不可与另一系统，作不伦之比拟也。”（《江南园林志·杂识》）园林与诗文书画结合是苏州文人山水园林的典型特征之一。

四、种植禁忌，辟凶趋吉人时授

中国人的居住文化讲究风水，清代林牧谷所辑的《阳宅会心集》云：“村乡之有树木，犹人之有衣服。稀薄则怯寒，过厚则苦热，此中道理，阴阳务要中和。”树木就好似乡村的“衣服”，要讲究阴阳中和。树木花草是地之血气生发的反映，“然则曷谓地之美者，土色光润，草木之茂盛，乃其验也”（程颐《葬说》），植物生长的繁茂与否反映着环境的优劣与质量。明代高濂在《遵生八笺·起居安乐笺》中引北宋年间的《地理心书》说：“人家居止种树，惟栽竹四畔青翠郁然，不惟生旺，自无俗气。东种桃柳，西种柘榆，南种梅枣，北种奈杏为吉。”又云：“宅东不宜种杏，宅南北不宜种李，宅西不宜种柳。中门种槐，三世昌盛；屋后种榆，百鬼退藏。庭前勿种桐，妨碍主人翁。屋内不可多种芭蕉，久而招祟。堂前宜种石榴，多嗣大吉。中庭不宜种树取阴，栽花作阑，惹淫招损。”（图 1-53）并引《阴阳忌》云：“庭心种树名闲困，长植庭心主祸殃。大树近轩多致疾，门庭双枣喜加祥。门前青草多愁怨，门外垂柳更有妨。宅内种桑并种槿，种桃终是不安康。”这是古代社会对住宅的一种植物风水。

图 1-53 〔南宋〕鲁宗贵《吉祥多子图》（石榴橘子葡萄）（波士顿美术馆藏）

图 1-54 《榆图》中的榆钱

中国自古以来就是个农耕社会，植物及植物的生长与人们的生活息息相关。据统计，我国第一部诗歌总集《诗经》中的《国风》就涉及植物七十余种，以榆为例，《诗经 • 唐风 • 山有枢》有：“山有枢，隰有榆。”枢即刺榆，有针刺如柘，其叶如榆。榆（*Ulmus pumila* L.）又称白榆、家榆，春天开花，翅果（又称榆荚）形似小铜钱，故别称榆钱（图 1-54），榆荚及树皮等均可食，用榆荚和面加糖或盐等做成的蒸糕，叫榆钱糕，清人富察敦崇《燕京岁时记 • 榆钱糕》：“三月榆初钱时，采而蒸之，合以糖面，谓之榆钱糕。”榆树适应性强，曾是苏州地区农村的四旁（宅旁、水旁、村旁、路旁）绿化树种之一，唐代施肩吾《戏咏榆荚》诗云：“风吹榆钱落如雨，绕林绕屋来不住。”有时榆树遇雨，还能枯而复生，据《晋书 • 五行志》记载，晋成帝咸和九年（334 年）五月甲戌，“吴县吴雄家有死榆树，是日因风雨起生，与汉上林断柳起生同象”。榆属金，故宜西方。而住宅的北面，一般阴气较重，榆为春天取火之木，是火之诞生的源头之一，以阳克阴，所以百鬼退藏。明代杨循吉在他所编写的《吴邑志》中说：“榆，人家门前多种，多阴又坚寿也。”可见也常种植于门前取其绿荫，又寓意强健长寿。

在古代常将榉树［*Zelkova serrata*（Thunb.）Makino］配植于庭院之中，“种榉”与“中举”谐音，以求吉利。科举制度是我国隋唐以来封建王朝设科取士而定期举行的中央或地方级考试，明清科举制，一般每三年举行一次，“朝为田舍郎，暮登天子堂”，读书可以改变人生，因此人们以种榉来祈求美好的前程。沧浪亭明道后庭以及位于可园西侧的正谊书院学堂前庭中（图 1-55），现在均对植有榉树，其意不言而喻。另有一种槐树（*Sophora japonica* L.），又称国槐、守宫槐等，为蝶形花科槐属落叶小乔木，小枝绿色，羽叶互生，花黄白色，初秋开花，荚果呈念珠状。它是公卿的象征，同时也是怀念故人、决断诉讼的象征。唐代赴长安赶考的举子，六月后落第者不回乡，多借居在京，习业作文，到七月再献上新的文章，称过夏，此时恰逢槐树开花，故有“槐花黄，举子忙”的谚语。明代乡试在秋季八月，故又称秋闱。乡试考中的称举人，俗称孝廉，第一名称解元。唐伯虎乡试第一，故称唐解元。所以古人说“树之能为荫者，非槐即榆”，作为优质的庭荫树种，“人多庭前植之”（《花镜》）。

《长物志·花木》说：“他如石楠、冬青、杉、柏，皆丘垅（即坟墓）间物，非园林所尚也。”清代袁景澜在《吴郡岁华纪丽·卷十二》中记载：“坟丁岁晚，折松柏之枝，副以石楠、冬青，扎成小把，分送城中巨室，为插檐送灶之需。巨室必酬以钱米，俗称为冬青柏枝，又名送灶柴。乡人或担往街头售卖，以供比户之用。”每年的农历腊月二十四是送灶日，以祭祀灶神；坟丁就是古代给大户人家看坟的看坟人；这从一个侧面可以看出，作为送灶柴的石楠、冬青多植于坟地。石楠（*Photinia serratifolia*

图 1-55　正谊书院（可园）庭院中对植的榉树

Lindl.）为蔷薇科石楠属的常绿灌木或小乔木，春末开白花，梨果秋季成熟时呈亮红色；浙人称之为坟头树，南朝梁任昉《述异记》卷下载："曲阜古城有颜回墓，墓上有石楠树二株，可三四十围，土人云'颜回手植'"，可见其作为墓地树种由来已久，原杭州岳坟、虎丘山断梁殿后上山路之两侧等均有栽植应用（现虎丘山已改植桂花）。而这里的"冬青"是指女贞，《本草纲目》卷三十六"女贞释名"条说，女贞又名贞木、冬青，"苏彦颂序云：女贞之木，一名冬青，负霜葱翠，振柯凌风，故清士欽其质，而贞女慕其名是矣。别有冬青与此同名，今方书所用冬青，皆此女贞也。"（图 1-56）又说："女贞、冬青、枸骨三树也。女贞即今俗呼蜡树者，冬青即今俗呼冻青树者，枸骨即今俗呼猫儿刺者。东人因女贞茂盛，亦呼为冬青，与冬青同名异物，盖一类二种尔。"三者易于区分。虽说女贞不宜园林中栽植，但晋苏彦《女贞颂》说："女贞之树，一名冬生，负霜葱翠，振柯凌风，故清士钦其质，而贞女慕其名，或树之于云堂，或植之于阶庭。"（唐欧阳询《艺文类聚》卷八十九）这里的"云堂"一般是指僧众设斋吃饭和议事的僧堂，亦指华美的殿堂，如梁武帝《江南弄•龙笛曲》云："美人绵眇在云堂，雕金镂竹眠玉床。"苏州园林中的大型土假山、池岸以及绿地中都种植有女贞（图 1-57）。

【小知识】女贞、冬青、枸骨

女贞（*Ligustrum lucidum* Ait.）为木樨科女贞属常绿乔木，乔柯凌风，负霜葱翠。单叶对生，全缘。初夏于枝端开圆锥花序的小白花，果实成熟时呈蓝黑色。

冬青（*Ilex chinensis* Sims）是冬青科冬青属的常绿乔木。单叶互生，

图 1-56　女贞之果

图 1-57　拙政园池岸处的女贞

叶缘有钝齿。聚伞花序腋生于幼枝上，淡紫红色。浆果状核果球形，秋冬呈紫红色（见图 4-28）。

枸骨（*Ilex cornuta* Lindl.et Paxt.）又称鸟不宿等，为冬青科冬青属的常绿灌木或小乔木。叶缘具刺齿 5 枚，叶端向后弯。花小，黄绿色，簇生于叶腋，核果秋冬季节鲜红色（见图 4-25）。

但园林毕竟与住宅有所不同，现代好多学者都将园林庭院混淆于住宅庭院（天井），住宅庭院的空间相对狭小，在内庭、中庭中栽植大树会影响到采光，花草过于艳俗会分散人的安宁，影响人的睡眠、起居，而诸如桑音同丧，柳、桃等寿命短，且易遭虫害，所以均不宜种植于住宅庭院之中。明代汪伟《拔蕉赋》云：“爰有妖草，生庭之侧。干大庇牛，叶广如席。独翳日月之光，偏承雨露之泽。阴幽秽浊，招致鬼蜮……青青类麦，时挟风雨喧嚣翕赫，使予寝惊梦愕，心悸神惕。”住宅中种植芭蕉，因它会影响采光，容易“招致鬼蜮”，而且叶大，受风吹雨打会发出喧嚣之声，惊人睡眠，以致“枕前泪与阶前雨，隔个窗儿滴到明”，因此住宅中不宜种植芭蕉。但在苏州园林中，芭蕉则是常见之物。柳、桃在园林中栽植亦多，仿学陶渊明的桃花源，如明代王氏拙政园中的桃花沜、留园的缘溪行等；仿学陶渊明《五柳先生传》植五柳者，如北宋山阴丞胡稷言在临顿里（现拙政园址）有五柳堂；清代乾隆、嘉庆年间的石韫玉在金狮巷内有五柳园（即城南老宅），“所居之南，有水一池，池上有五柳树，皆合抱参天，遂名之五柳园”（石韫玉《城南老屋记》）。明代吴宽的东庄中就有“桑州”（图 1-58）一景。中国古代是农耕社会，《孟子》曰：“五亩之宅树之以桑，五十者可以衣帛矣。”男耕女织、耕读持家乃是农耕文明的主要特征。如果说东庄是座庄园式园林，有“桑州”一景尚不足为凭，那么位于仓米巷的半园（亦称南半园，与白塔东路陆氏半园即北半园相区分），旧有枯桑，常有双鹰栖其上，因以双鹰为名，后改为“双荫轩”。

图 1-58　〔明〕沈周《东庄图册》之桑州（南京博物院藏）

然而有关阳宅的风水必然会影响园林的风水，如在对植物的选择上，也常受到传统风水的影响，如石榴含有多子多福的祥兆，庭院中植枣树（如网师园琴室前），喻早得贵子，凡事快人一步。玉兰、海棠、牡丹、桂花相配，称玉堂富贵；而棠棣之华，象征兄弟和睦，其乐融融。紫荆（*Cercis chinensis* Bunge）贴树生花，若紫衣少年（图 1-59），苏州荆园之名，取“西汉田真三兄弟分产业，堂前有紫荆树一株，议破为三，荆忽枯死。兄弟相感，不复分产，树亦复荣”的典故，寓意兄弟和睦［香港特别行政区区花紫荆花为苏木科羊蹄甲属的树种，又名红花羊蹄甲（*Bauhinia blakeana* Dunn），与本种同科不同属，图 1-60］。另有一种白花紫荆（*C. chinensis* f. alba Hsu），苏州园林中偶有栽培（图 1-61）。

梅树对土壤的适应性强，花开五瓣，清高富贵，其五片花瓣有“梅开五福”之意，古人认为对家居的福气有提升作用。“橘（桔）”与“吉”谐音，象征吉祥，果实色泽呈红、黄，充满喜庆，盆栽柑橘是人们新春时节家庭的重要摆设，而橘叶更有疏肝

（a）紫荆（天平山庄）

（b）紫荆之花

图 1-59　紫荆

图 1-60　红花羊蹄甲（紫荆花）

图 1-61　白花紫荆（拙政园）

解郁的功能，能够为家中带来欢乐。相传月中有桂树，桂花又即木樨，桂枝可入药，功能为驱风邪、调和作用。初唐宋之问《灵隐寺》诗云：“桂子月中落，天香云外飘。”桂花象征着高洁，秋季桂花芳香四溢，是天然的空气清新剂。灵芝性温味甘，益精气、强筋骨，有观赏作用，是长寿之兆，自古被视为祥物，鹿口或鹤嘴衔灵芝祝寿，是吉祥图的常见题材。“合欢蠲忿”“萱草忘忧”（图 1-62），皆益人情性之物；“临轩树萱草，中庭植合欢”（西晋嵇含《伉俪诗》）。苏东坡《于潜僧绿筠轩》云：“可使食无肉，不可居无竹。”竹是高雅脱俗的象征，无惧东南西北风，更可以成为家居的风水防护林。但是也有古人认为，房前不宜种竹。

无患子（*Sapindus mukorossi* Gaertn.），听其名就知道它是一种辟邪的植物，西晋崔豹《古今注》记载：“昔有神巫，曰宝（实）眊，能符劾百鬼，得鬼则以此木为棒投之。世人相传以此木为众鬼所畏，竞取为器，用以却厌邪鬼，故号曰‘无患也’”。它是无患子科无患子属的落叶乔木，《酉阳杂俎•续集》卷十：“无患木，烧之极香，辟恶气，一名噤娄，一名桓。”它的叶为偶数羽状复叶，互生；圆锥花序，花小而黄色；核果橙黄色，干时变黑，可作手串。李时珍说无患子“俗名为鬼见愁，道家禳解方中用之，缘此义也。释家取为数珠，故谓之菩提子”（《本草纲目》卷三十五下）无患子在苏州园林如怡园等以及绿地中多有种植，其秋叶金黄，为园林增色不少（图 1-63）。

此外，由于中国古代建筑多为木构架，容易遭受火灾或虫蛀，受传统阴阳五行思想的影响，因水能克火，常把一些水生的动植物或与水有关的符号应用到建筑装饰中去。如藻为水草，具有厌辟火灾的象征作用，北宋陆佃在《埤雅》一书中说：“说者以为藻，取其文。盖藻非特为取其文，亦以禳火。今屋上覆橑，谓之‘藻井’，取象于此。”又引《风俗通》曰：“殿堂宫室，象东井形刻作荷菱。”荷与菱也是水草，所以厌火于此。

（a）〔清〕恽寿平《花鸟草虫八开》中的萱草（藏处不详）

（b）萱草（留园）

图 1-62　萱草

图 1-63　怡园中配植的无患子

图 1-64　汉墓壁上描绘的盆栽景天（戒火）

中国古代宫殿或寺庙建筑中的藻井，则取之于象，即以水克火。网师园万卷堂前门楼上的“藻耀高翔”，则出自南朝刘勰《文心雕龙·风骨》中的“唯藻耀而高翔，固文笔之鸣凤也”，即“取其文”。再如景天，东汉时期将盆栽放置于屋面，以起到戒火的作用。据《神农本草经》记载：景天一名戒火，又有慎火、水母、火母、救火、据火等名，“案陶宏景云：今人皆盆养之于屋上，云以辟火”，南北朝诗人范筠的《咏慎火诗》有注曰：“《南越志》曰：广州有树，可以御火，山北谓之慎火，或谓之戒火，多种屋上。”河北望都出土的汉墓壁上描绘有汉代“戒火”形象（图 1-64），即在一瓦盆中，植有花叶六茎、红花绿叶的景天，被盆景界视为中国盆景起源的例证。南宋王十朋《书院杂咏·慎火草》诗云：“禁殿安蚩尾，骚人逐毕方。何如栽此草，有火自能防。”说的是宫殿上安装的蚩尾和慎火草（景天）都能预防火灾。

第章

城市山林——园林山水空间的植物配置与赏析

〔明〕吴幻鸥《西庐八景》之媚涟亭（局部）

“万家前后皆临水，四槛高低尽见山”（唐张祜《偶登苏州重玄阁》），是苏州这座山水园林城市的整体风貌。苏州园林“以‘城市山林’之局，为主人提供摆脱尘嚣俗累之庇所，亦可铺陈园主于文化社会之角色，闲适阶层之地位。即使一国之君，虽有权势，亦时有意欲从宫廷大内逃逸而出，以求在某处皇家园林别业内，得享片刻犹如乡绅之闲适生活”（童寯《东南园墅•园林与文人》）。

“城市”与“山林”原本是两个相对的哲学概念，“花光泉响不相参，城市山林难两兼”（南宋杨万里《题张坦夫腴庄图》）。然而从晋唐开始，“城市”与“山林”逐渐融为一体，在城市中营造山林，形成了“城市山林”这一对立统一的词组，并成为江南园林的代名词（图 2-1）。晋末的名士戴颙在父兄殁后，因足疾从今天浙江的桐庐移居到了苏州，“桐庐僻远，难以养疾，乃出居吴下，士人共为筑室，聚石引水，植林开涧，少时繁密，有若自然”（《宋书•隐逸》）。“聚石引水，植林开涧”就是在文士的参与下，道法自然，营造城市山林。而“有若自然”则成为之后评判一座园林的审美标准。明代计成则作了进一步的阐述，即“虽由人作，宛自天开”，这是中国园林美学的最高境界。

北宋的米芾在评说朱长文的乐圃时说“筑室乐圃，有山林趣”（《吴郡志》卷二十六）；当时苏州閶邱坊内有哲宗孟皇后之兄孟忠厚的藏春园，宋高宗尝书“城市山林”

图 2-1　城市山林景象（拙政园）

四字赐之。元代维则和尚的狮子林则是“人道我居城市里，我疑身在万山中”（维则《师子林即景》六首其一），这是名副其实的城市山林。“开门山林在城市，湿绿如云亚群竹”（沈周《雨夜宿吴匏庵宅》），这是明代沈周对吴宽园林的印象。嘉靖年间的袁祖庚在现在的艺圃址上建醉颖堂，在门楣上署以“城市山林”匾额。城市园林以道法自然为本，绝尘隔凡，营造城市山林，以实现“知者乐水，仁者乐山”的山水审美与比德思想（图 2-2）。在《尚书大传·略说》中，子张问孔子“仁者何乐于山也”时，孔子解释道：“夫山，草木生焉，鸟兽蕃焉，财用殖焉。生财用而无私为焉，四方皆伐焉，每无私予焉。出云气以通乎天地之间，阴阳和合，雨露之泽，万物以成，百姓以飨。此仁者之所以乐于山者也。”山是草木生长的地方，在这里鸟兽得以繁衍生息，并无私地赋予人类的财用。有了山林，自然会生成云雾，飘浮于天地之间，沟通了阴阳，降下了雨露，万物得以生长，百姓得以享用。这就是仁者特别喜欢山的原因。

图 2-2　可园“近山林”匾额

第一节　相地选址与植物环境

南朝谢灵运在《山居赋序》中说：“古巢居穴处曰岩栖；栋宇居山曰山居；在林野曰丘园；在郊郭曰城傍。”山居就是据山筑室而居（图 2-3），它可以利用天然的山水条件，以营构“杂树参天，楼阁碍云霞而出没；繁花覆地，亭台突池沼而参差”（《园冶·相地》）的园林之境。正因如此，所以计成把“山林地”列为相地造园的首选，“园地惟山林最胜，有高有凹，有曲有深，有峻而悬，有平而坦，自

图 2-3　〔清〕王翚《林和靖山居图》（藏处不详）

成天然之趣，不烦人事之工”。明代赵宧光的寒山别业、清代毕沅的灵岩山馆就是这类山地园林（墓庐园林）的代表；前者“凿池开径，盛植松竹，遂成胜地”（徐树丕《识小录》卷三）；后者则借山营池，钟秀灵峰，画船云壑，长松夹道，梅花压磴，有对联云：“莲嶂千重，此日已成云出岫；松风十里，他年应待鹤归巢。”

然而山居毕竟离城市远，会带来生活上的不便，所以陈继儒在《许秘书园记》中说：“士大夫志在五岳……于是葺园城市，以代卧游。”计成把“城市地”列为第二，只要选址得当，营造有法，“窗虚蕉影玲珑，岩曲松根盘礴。足征市隐，犹胜巢居，能为闹处寻幽，胡舍近方图远？得闲即诣，随兴携游”，城市隐居，犹胜隐迹山林，又何必舍近求远呢？他在《园冶·相地》中又提出“园基不拘方向，地势自有高低。涉门成趣，得景随形，或傍山林，欲通河沼”，园址的选择主要是“傍山林”“通河沼”，既得交通之便利，又有山水之趣，随地势之高低构建园景，如北宋苏舜钦的沧浪亭“草树郁然，崇阜广水……并水得微径于杂花修竹之间”（苏舜钦《沧浪亭记》），从而成为一代名园（图 2-4）。

图 2-4　面水而筑的沧浪亭

一、幽偏可筑，仿佛直与桃源通

古人造园，选址至为关键。计成在《园冶·园说》中说：“凡结林园，无分村郭，地偏为胜。”凡是营造园林，不论城市村郭，以选择幽偏之地为胜，在于取一个“静”字。

在城市地块上营造园林，“必向幽偏可筑，邻虽近俗，门掩无哗。开径逶迤，竹木遥飞叠雉；临濠蜓蜿，柴荆横引长虹。院广堪梧，堤弯宜柳”（《园冶·城市地》）。选择幽静而又偏僻的地方，自然可以远离闹市的喧杂；小道曲折逶迤，可以透过径竹树林，隐隐地看到远处的城墙；房舍（柴荆指村舍）临近蜒蜿的城濠，有桥横跨水上；庭院宽敞，可以栽植梧桐；堤岸弯弯，适宜栽植柳树。临近城濠的幽偏之地一般林木生长繁茂，人迹也较为稀少，因此选择在此造园，不但可以营造静幽的园林环境，而且交通也更加便利。明代韩雍在城东葑门的葑溪草堂，“竹木丛深，市井远隔。中有方池，周二百步，溪流自东南来，注其中。予爱其幽僻，足以为佚老之区，命子文芟夷修浚”（韩雍《葑溪草堂记》）；在方池之北建堂，堂前植幽兰数本，左右栽植老桂两株，并有竹林、桃李梅杏以及杂树百余株；池溪东南，夹岸有古梅五株，再栽植有柑橘、林檎、樱桃、枇杷、银杏、石榴、宣梨、胡桃、海门柿等三百余株；西南另有一小池，在小池与围墙之间又种植桑、枣、槐、梓、榆、柳等二百株，既有可以供给家用的枇杷、桃、梨等水果，又有四季观赏的梅、莲、菊、桂，真可谓“四时佳境不可穷，仿佛直与桃源通”（唐何敬《题吉州龙溪》），虽称草堂，实则是一座园林式的庄园。桃花源是一处与俗世相隔绝的隐蔽之地，是古代文人向往躲避尘嚣世界的隐居之所，因此桃花源也是中国园林的另一个潜台词。拙政园的“别有洞天”一景就是想构筑陶渊明的《桃花源记》所描绘的一个无忧无虑田园牧歌式的园林仙境，“不知有汉，无论魏晋”，既有屋舍，又“有良田、美池、桑竹之属。阡陌交通，鸡犬相闻”。现在的留园西部园林中有“缘溪行”一景，“缘溪行，忘路之远近。忽逢桃花林，夹岸数百步，中无杂树，芳草鲜美，落英缤纷”。吴融、吴宽父子的东庄，李东阳《东庄记》说：“苏之地多水，葑门之内，吴翁之东庄在焉。菱濠汇其东，西溪带其西，两港旁达，皆可舟而至也。”吴翁即吴融（字孟融），其址即现在葑门内苏州大学的本部，当时有折桂桥、竹田、桃花池诸景；“又作亭于桃花池，曰‘知乐之亭’，亭成而庄之事始备，总名之曰‘东庄’，因自号东庄翁”。沈周为吴宽所作的《东庄图册》共有二十一景，其中“东城”一景（图 2-5），城堞高耸，堞楼半隐，石桥下舟楫匆匆，前景中杂树成林，筑室其中，“幽偏可筑”的田园生活情景油然而生；无锡人邵宝《匏翁东庄杂咏》之“东城”诗云：“有圃城东偏，石梁度幽径。隐然见东城，不见东山胜。”沈周笔下的这段城堞应该是现在相门与葑门之间的城墙，显然是写实。

而文徵明为王献臣所作的《拙政园卅一景图》之“若墅堂”显然是这种“幽偏可筑”的城堞图式的继承（图 2-6），无论其诗题“若墅堂在拙政园之中，园为唐陆鲁望故宅，虽在城市而有山林深寂之趣，昔皮袭美尝称鲁望所居‘不出郛郭，旷若郊墅’，故以为名”，还是其题诗中的“会心何必在郊坰，近圃分明见远情”“绝怜人境无车

图 2-5 〔明〕沈周《东庄图册》之东城（南京博物院藏）

图 2-6 〔明〕文徵明《拙政园图咏》中的若墅堂

马，信有山林在市城”，“幽偏可筑”可以不出城市而能享受到郊外的山林深寂之趣，领会大自然的情趣。

然而城市之地毕竟有限，因此在城市中营造园林，除了选址，关键还在于园林的布局和景物的布置。正如东晋简文帝入华林园，顾谓左右曰：“会心处不必在远，翳然林水，便自有濠、濮间想也，觉鸟兽禽鱼自来亲人。”（《世说新语•言语》）林木蔽空，山水掩映，自然会产生濠水、濮水上那样悠然自得的想法，觉得鸟兽禽鱼自己会来亲近人。位于古城西北的艺圃虽处“商贾阛阓之区，尘嚣湫隘”（汪琬《姜氏艺圃记》），却能“隔断城西市语哗，幽栖绝似野人家”（汪琬《再题姜氏艺圃》），正是“邻虽近俗，门掩无哗”（《园冶•城市地》）的实例之一。

二、门临委巷，能为闹处寻幽

苏州园林之入口，多为狭窄的小巷，究其意味，终究是仿学陶渊明的桃花源，“初极狭，才通人。复行数十步，豁然开朗。土地平旷，屋舍俨然，有良田美池桑竹之属”。城市虽为商贾喧嚣之地，但能借助小巷逼仄，形成曲径通幽的意境，明末王心一在拙政园之东筑“归田园居”，“门临委巷，不容旋马，编竹为扉，质任自然。入门不数武，有廊直起，为‘墙东一径’，友人归文休额之也。径尽，北折为‘秫香楼’”（王心一《归田园居记》）。原拙政园的入口大门即在远香堂南侧的假山前，正所谓“峭石当门”，门前有一段较长的夹天小巷。古人在设置园林入口通道时，还强调了一番入园情趣，如童寯先生所说：“为扩大园之域野，园林入口刻意采用反差，力求不甚显眼，低调寻

常，以便访客不拘礼节，犹如悄然潜入。”（《东南园墅·园林与文人》）

园林入口与厅堂等建筑之间要有一定的距离，因此要“开径逶迤”（《园冶·城市地》）。明代的求志园，“入门而香发，则杂荼蘼、玫瑰，屏焉，名其径曰‘采芳’，示吴旧也。径逶迤数十武而近，有廷廓如，名其轩曰‘怡旷’，示所游目也”（王世贞《求志园记》）。求志园以入门杂植一些攀援植物荼蘼、玫瑰作为掩蔽过渡，并以春秋时期吴王的采芳径为名，曲径逶迤数十步，再到达怡旷轩。同样王世贞在太仓的弇山园，“入门，则皆织竹为高垣，旁蔓红白蔷薇、荼蘼、月季、丁香之属，花时雕缋满眼，左右丛发，不飔而馥，取岑嘉州语，名之曰‘惹香径’”（王世贞《弇山园记》），通过曲折的小径，以红白蔷薇、荼蘼等香花植物作为过渡、屏障，起到造景上“欲扬先抑”的功能。明代常熟钱岱的小辋川，“门内有陌，广二丈，纵二十余丈，夹以绿槐数十株，颜之曰‘小辋川’。入辋川门，石砌数丈，傍池植高槐”（屠隆《小辋川记略》）。同样，清初姜实节的艺圃，汪琬在《艺圃后记》中说：“艺圃纵横凡若干步，甫入门，而径有桐数十本，桐尽得重屋三楹间，曰‘延光阁’。”以数十株青桐小径作为入园的铺垫，然后来到延光阁，这些植物的应用均有隐逸高洁之意，而且作为进入园林的过渡，体现了一种深邃幽远的意境。现在的艺圃，则似明代求志园的采芳径，入口为一曲折过道，过道两侧的粉墙上植以蔷薇、十姊妹、凌霄等攀援植物（图 2-7），似花屏逶迤，花时姹紫嫣红，香浮四邻，已成为当今网红打卡之地。反观现在的苏州博物馆新馆，因入口局促而受人诟病，也不无道理。

图 2-7　艺圃入口过道两侧配植的十姊妹等攀援植物

【小知识】蔷薇、十姊妹、七姊妹、木香

蔷薇（*Rose multiflora* Thunb.）攀援灌木，小叶 5 ~ 9 枚，叶缘常为尖锐单锯齿；托叶篦齿状，大部贴生于叶柄。圆锥状伞房花序，花瓣白色，先端微凹，花柱结合成束，比雄蕊稍长（见图 2-76）。果近球形，红褐色或紫褐色，有光泽，无毛，萼片脱落。

十姊妹（*Rose multiflora* Thunb. cv. Platyphyllq）是蔷薇的品种，为蔷薇科蔷薇属藤本，枝有皮刺，羽状复叶互生，叶较大，篦齿状托叶与叶柄合生。花也较大，重瓣，伞房花序，着生于新枝梢端，少者五六朵，多者可达十五六朵，花色有大红、朱砂红、粉红等色。明高濂《遵生八笺》："十姊妹，花小而一蓓十花，故名。其色自一蓓中分红、紫、白、淡紫四色，或云色因开久而变。有七朵一蓓者，名七姊妹云。"袁宏道《戏题十姊妹花》："缬屏缘屋引成行，浅白深朱别样装。却笑姑娘无意绪，只将红粉闹儿郎。"

木香（*Rosa banksiae* Ait）是蔷薇科蔷薇属的落叶或半常绿攀援灌木（图 2-8），小枝绿色，细长而少刺。托叶线形，早落，这是与其他蔷薇植物的区别。花白色或黄色，单瓣或重瓣，芳香。

今留园入口处，即为当时延客所设的沿街大门。清道光三年（1823 年）园主为接待宾客、方便游园，不得不在沿街设置大门，入园过道在两道高墙间穿行，古代匠师们为了打破狭长过道的沉闷感，便巧妙地随势曲折，布置了两个蟹眼天井，使得窄廊的两侧忽左忽右出现了透亮的露天小空间，从而构成了丰富多变的空间组合，使本来沉闷的夹弄富有生机而意趣无穷，在狭小的小空间内配植山茶（图 2-9）、丛竹（图 2-10）。

图 2-8　木香（网师园）

图 2-9　留园入园过道及空窗中的山茶

入园通道的第二重小院作为过厅，该院落设计者根据角隅空间和庭院的整体关系进行立意，在庭之西南角隅的花坛中，用桂花（木樨）品种金桂作为观赏主体景物，再用白玉兰相配来强调四季的时序变化（图 2-11）。春来玉兰一树千花，冰清玉洁；夏日兰桂绿树成荫；秋季桂花花似金粟，香飘云天之外；冬天则玉兰叶落，金桂绿树相衬。二者相配，堪称佳偶天成，俗称“金（桂）玉（兰）满堂”。而其下的花池假山，又点衬出了“桂树丛生兮山之幽”（《楚辞•招隐士》）和“小山则丛桂留人”（庾信《枯树赋》）的深邃意境。

图 2-10　留园入园过道空窗中的孝顺竹

图 2-11　留园过厅配植的桂花与白玉兰（金玉满堂，茹军摄）

三、山水为上，千岩杂树生云霞

《长物志•室庐》云：“居山水间者为上，村居次之，郊居又次之。”晚明王时敏在太仓的乐郊园（即东园），“出东郭数十武。入南偏舍一门，度小石桥，历松径，繇平桥，启扉得廊。廊左修池，宽广可二三亩……右石径后，多植竹，竹势参天”（明张采《娄东园林志•东园》）。现在的沧浪亭则是一座面水园，沿岸黄石叠砌，池水弥漫，池上有曲桥入园，桥侧古树参天，景色幽绝，犹如古村落之风水树（图 2-12）。

郊园如位于天平山下的范长白园，“园外有长堤，桃柳曲桥，蟠屈湖面，桥尽抵园，园门故作低小，进门则长廊复壁，直达山麓”（明张岱《陶庵梦忆》）。范长白园（明代园主范允临号长白）就是现在的天平山庄（清称高义园），园外有一泓方池，叫十景塘。山庄得水成景，景物益显鲜活，远望如蓬瀛仙岛。“碧潭春濯锦”“桥犹名宛转”（明陈子龙《晚春游天平》），桥名宛转，即曲折之意。池上曲桥蟠屈，使得水平如镜的池面更加生动宜人，并能与池南的桃柳长堤互为呼应。入园以桥为渡，山光物态，高下远近，自多情趣（图 2-13）。

唐宋以降，中国园林向着文人山水园林方向发展，至明清，中国的写意山水园林

图 2-12　沧浪亭入口的曲桥与糙叶树

图 2-13　天平山庄前的宛转桥与枫香

已极度成熟。然而，由于封建时代以小农经济形态为主，生产力尚不发达，人们改造自然的能力受到一定的制约，因此在造园上多利用自然地形加以整理改造。苏州地区湖泊众多，城内河道纵横，地下水位高，造园得水较易，加上附近的洞庭西山出产造园所用的太湖石，以及尧峰山出产上品的黄石，叠石取材也较为容易，因而大多园林以水池为中心，结合叠石，植物生长繁茂，形成了水木明瑟的水墨园林景象（图 2-14）。明代王献臣的拙政园，“在郡城东北界娄、齐门之间，居多隙地，有积水亘其中，稍加浚治，环以林木……凡为堂一，楼一，为亭六，轩、槛、池、台、坞，涧之属二十有三，总三十有一，名曰‘拙政园’”（文徵明《王氏拙政园记》）。原来在娄门、齐门之间有一片水面，王献臣筑园时，在山水的布局上只是稍加浚治，种上树木花草，其三十一景，与植物有关的就有二十五景之多，如繁香坞、柳隩、听松风处、芭蕉槛、蔷薇径等。现在拙政园的主要建筑大多面水而筑，

图 2-14　艺圃园景

而且将其景物沿着水面展开，犹如一幅山水绘画长卷。

“何处是吾庐，城西数亩余。坊存前哲号，屋贮古人书”（张适《乐圃林馆》其一），元末张适筑室于朱长文乐圃旧址，名曰乐圃林馆（即现在的儿童医院址）。他在《乐圃集》中说：“余旧业在城西隅乐圃，朱先生之故基也。树石秀丽，池水迂回，俨有林泉幽趣。”这里原是五代时期广陵王钱元璙第三子钱文恽的金谷园址，张适有《乐圃林馆》（《甘白先生张子宜诗集·卷之一》）七律十首纪其景色，“园池虽市邑，幽僻绝尘缘。水活元通港，荷稀不碍船”（其二），园虽在市邑，却环境幽绝，是远离尘俗的城市山林，一方水池与外港相通，还生长有稀松的荷花；“结屋浑依水，为扉半是柴。雨红花落槛，地碧藓铺阶”（其三），建筑临水而筑，红花落槛，苔藓铺阶，景色又是那么的令人迷恋；“方池居圃右，幽隐足游观。叠石花成岸，涂丹曲作栏”（其四），一方池水，叠石为岸，以花覆石，红栏掩映，足证林木之幽深。高启、倪瓒、陈麟、谢恭、姚广孝等有赓和十咏，倪云林赞之“相与荫茂树”（《十六日新凉喜呈甘白》），“城郭似幽林”（《宿乐圃林居》）。而“叠石花成岸”则是苏州园林植物配置的主要形式之一（图 2-15）。

苏州园林中除了一泓池水之外，尚有多种形态，如狮子林的瀑布、网师园的槃涧等，而沧浪亭园内则有深潭一泓，幽岩灵湫，涧水如流玉，四周草树蒙幂，光景澄澈，冬则菲白竹影，红果印潭，别具佳趣，这也是苏州园林中不多的山潭之例证（图 2-16）。夏秋游之，颇具文徵明《玉女潭山居记》中的宜兴玉女潭之趣：“上有微窍，日正中，流影穿漏，下射潭心，光景澄澈。俯挹之，心凝神释，寂然忘去。”

图 2-15　留园活泼泼的叠石花岸

图 2-16　沧浪亭园内池潭周边的植物配置

第二节　园林山体的植物配置与赏析

《园冶·立基》说：“高阜可培，低方宜挖。”就是利用自然地形进行地貌改造，使得高阜堆土而成为山，挖其低洼之地而成池，以地势高差营造出山水相依的园林景象。“开土堆山，沿池驳岸。曲曲一弯柳月，濯魄清波”，由于江南多雨，自然土坡容易遭雨水冲刷，因此常沿池岸用山石进行驳岸，曲折的柳湾，明月相照，远处飘来阵阵花香，自是人间仙境。明代王氏拙政园有柳隩（今有柳阴路曲）一景，“春深高柳翠烟迷，风约柔条拂水齐。不向长安管离别，绿阴都付晓莺啼”（文徵明《拙政园图咏》），暮春时节，青烟般迷漫的柳枝轻拂着水面，绿荫中晓莺鸣啼（图 2-17），这里远离尘嚣，抒写着作者辞去翰林院待诏回到苏州的“漫仕而归”的心境。而到了秋天，柳叶鲜黄，“西风吟露冷银塘，菰叶萧疏柳叶黄。秋水不知时色老，藕花犹学少年妆”（宋末黄庚《秋池》），红藕香残，柳叶灿灿，别具一番风致（图 2-18）。

图 2-17　拙政园之春柳景色（缪立群摄）

图 2-18　拙政园池岸之秋柳景色

一、障锦山屏，列千寻之耸翠

苏州园林内的山水常作为全园的主要观赏景物。山水空间的营造一般将它布置在厅堂等建筑的对面，互为对景。假山上种树栽花，形成幽美的山林景色，以达到虽身居城市，却能享有山林之趣。正如晚明造园家张南垣所主张的那样：假山上“树取其不雕者，松、杉、桧、栝，杂植成林；石取其易致者，太湖、尧峰，随意布置。有林泉之美，无登顿之劳”（吴伟业《张南垣传》）。在用太湖石或尧峰黄石布置的假山上，植以姿态自然的松、杉、桧、栝，杂植而天然成林，极具造化之趣。松、杉、桧、栝都是常绿树种，经冬不凋，能很好地遮挡视线，以形成山林氛围。

苏州园林中山林的布局方式主要有对景布置、角隅布置、侧旁布置、中央布置和周边布置等法。通过掇山后提升高度，再在假山上栽植树木，得以遮蔽视线、分隔空间，构成“城市山林”景致，并形成良好的天际线。

对景布置法。拙政园、艺圃等采用对景布置法，即在临水的厅堂或轩榭的池对面布置假山，形成山林主景。艺圃清初为姜埰的敬亭山房，后又称艺圃，“方池二亩许，莲荷蒲柳之属甚茂。面池为屋五楹间，曰‘念祖堂’，主人岁时伏腊祭祀燕享之所也，堂之前为广庭”，与主厅念祖堂隔池相对的是对景假山，“中间垒土为山，登其颠稍夷，曰‘朝爽台’。山麓水涯，群峰十数，最高与念祖堂相向者，曰‘垂云峰’”（汪琬《艺圃后记》）。从清初王翚的《艺圃图》中可以一窥当时的园景（图 2-19）：假山右前临水而筑的为乳鱼亭，亭前平弧形石桥即为乳鱼桥。念祖堂堂东为旸谷书堂和爱莲窝，这里是姜埰长子姜安节的读书之处；爱莲窝突出于水面之上，读书之余，近可观水赏荷，远可眺望隔水的山林景象。后庭则修竹成林，环境幽寂，正是读书的好去处。念祖堂后则为四时读书楼和香草居，原是次子姜实节的书塾。念祖堂西是敬亭山房，堂房之间为红鹅馆和六松轩，施闰章《六松轩》诗云：“乔柯作偃盖，清阴周四壁。自具虬龙姿，风涛声戛击。执卷坐中庭，晴空微露滴。”它是姜实节成年后的书房。敬亭山房西为响月廊，山房前有度香桥。整个园林池光山色辉映，树木葱茏，环境幽僻。

图 2-19 〔清〕王翚《艺圃图（局部）》（藏处不详）

现在的艺圃在布局上已发生变化，在水池北岸原来的念祖堂、敬亭山房一线，临

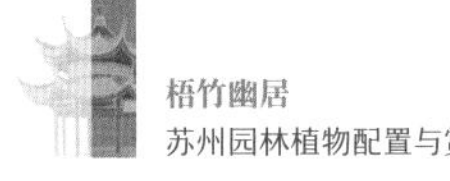

水而筑了一座很长的水榭延光阁；在池南先堆叠假山，抬高地形，形成断崖式的山水景观，在断崖和南端高深的围墙间堆土植树，以朝爽亭为视觉中心，配植高大的白皮松、朴树、榔榆、南枳椇等乔木作为山林主体骨架，衬以蜡梅、鸡爪槭、南迎春等小乔木或灌木，以及岩隙中点缀书带草，形成山林野趣，以达成“隔断城西市语哗，幽栖绝似野人家”（汪琬《再题姜氏艺圃》）之效果（图 2-20）。

图 2-20　艺圃假山上的植物配置

图 2-21　艺圃假山上的山径及植物配置

图 2-22　拙政园雪香云蔚亭前的梅花与乔木

朝爽亭后，由东向西筑以蹬道山径，两侧乔柯参天，南方枳椇、月桂、桂花、鸡爪槭、山茶、丛竹等花木掩映，置身其中，犹似身处山林之中（图 2-21）。

拙政园中部的假山为典型的对景布置法，它以远香堂为主要堂构，其北隔池相对的是两座平远型岛山，即雪香云蔚亭和待霜亭假山，它们和西侧的荷风四面亭构成了池中三岛，犹似“一池三山”中的蓬莱、瀛洲、方丈二座仙岛，它们是战国、秦汉时期帝王为追求长生，在宫苑太液池中所筑的山岛，也称三壶，“三壶，则海中三山也。一曰方壶，则方丈也；二曰蓬壶，则蓬莱也；三曰瀛壶，则瀛洲也”（《拾遗记》卷一）。《园冶•屋宇》说：“境仿瀛壶，天然图画。意尽林泉之癖，乐余园圃之间。一鉴能为，千秋不朽。”这两座岛山是以土山为主的带石土山（又称土包石），只在山脚或山的局部适当用石，以固定土壤，有一条或数条蹬道盘纡其中，因这种类型的假山土多石少，所以榆、榉、朴、枫等杂树参天，水木明瑟，形成了林木蔚然而深秀的山林景象。这两个小岛与荷风四面亭所摹写的正是苏州近郊的太湖名胜风光。雪香云蔚亭（图 2-22）是冬季赏梅的胜处，雪香是指白色之花，这里专指梅花，苏州西郊邓尉山有香雪海，花时满山盈谷，香气四溢，势若雪海。梅花的原始性状多为粉白色，有淡淡的香气，余怀《板桥杂记·丽品》记载：秦淮名妓李十娘所居的曲房秘室，“中构长轩，轩左种老梅一树，花时香雪霏拂几榻”。云蔚是指茂盛之貌，北魏郦道元《水经注·溱水》有“交柯云蔚，霾天晦景”之句。此处片植梅花，交柯连理，花时香雪霏拂，望之蔚然；亭内有匾：“山花野鸟之间”，春深则岩畔花发，莺雀相呼，“野鸟深藏但闻语，山花半开初有香”（北宋李复《伊川道中》）。山上榆、朴等落叶乔木中杂植着圆柏、丛竹等常绿植物，若到了夏秋季节，蝉噪云树，鸟鸣香林，正如其对联所云：“蝉噪林逾静，鸟鸣山更幽。”

雪香云蔚亭的东边为待霜亭一岛，景名沿用了明代王献臣拙政园的旧名，“待霜亭在坤隅，傍植柑橘数本，韦应物诗云：‘洞庭须待满林霜’，而右军《黄柑帖》亦云：‘霜未降，未可多得。’”（文徵明《王氏拙政园记》）柑橘（*Citrus reticulata* Blanco.）为芸香科柑橘属常绿小乔木，又名木奴、隽客等，花白色，秋天果熟，橙黄或橙红（橘俗作桔，所以也称桔子，清初屈大均《广东新语》卷二十五“木语”云：“又有桔，亦与柑类……曰松皮桔者，皮红不粘，肉微酸。”）。苏州郊外的洞庭东、西山自古以来就盛产柑橘，柑橘入秋结实，初绿后黄，霜降后开始泛红，被称为洞庭红；北宋丁谓《橘花》一诗中有“香于栀子细于梅，柳絮梨花过后开”“莫怪主公相看好，举家新自洞庭来”句。现待霜亭周边也种植若干本柑橘，高大的榔榆、朴树等形成了优美的天际线，一亭翼然于林木之中（图 2-23），景色幽深而秀丽。为了突出秋天的景色，还在其东侧的叠石岸处点补红枫等一二秋色叶树种（图 2-24），澄漪如镜，红叶染水，溪桥远映，“恰稻华香送，秋家稼千顷。红叶溪桥，黄华篱落，又是重阳节近，斜阳半岭。对极目澄鲜，更添游兴，为语幽人”（清端木埰《齐天乐》），令人遐想。

图 2-23　拙政园待霜亭前配植的柑橘

图 2-24　拙政园待霜亭东配植的临水红枫（左彬森摄）

远香堂南则为小池及黄石对景假山，用虎皮石铺地，并列植着三株广玉兰。池对岸假山上种植有黄杨、榔榆、朴树、桂花等树种，岩隙间点缀有南天竺、书带草等，络石、薜荔攀附于山石之上（图 2-25），极富野致。《吴门逸乘》记载：“远香堂前亦有一小池，有三曲石桥一，围以铁栏，昔年亦种芙蕖，据云曾蓄金鱼，今则无矣。某岁之秋，桂花盛放，落于水面，远望之，宛如淡淡秋阳，颇足玩赏。”这是一座障景假山，位于拙政园原入口大门与主厅远香堂之间，俗称“开门见山”；有研究者认为，《红楼梦》中的大观园有拙政园的影子，其第十七回写大观园入口布局与拙政园如出一辙：贾政“遂命开门，只见迎面一带翠嶂挡在前面。众清客都道：‘好山，好山！’贾政道：‘非此一山，一进来园中所有之景悉入目中，则有何趣。’众人道：‘极是。非胸中大有邱壑，焉想及此。’说毕，往前一望，见白石崚嶒，或如鬼怪，或如猛兽，纵横拱立，上面苔藓成斑，藤萝掩映，其中微露羊肠小径。贾政道：‘我们就从此小径游去，回来由那一边出去，方可遍览。’”拙政园的这座障景假山虽山体不大，然其山林气息浓厚，面南而坐于远香堂内宛如置身山林之中。

狮子林的园林部分位于祠堂、住宅之西，园内主要建筑揖峰指柏轩、水壂风来花篮厅、得真亭、暗香疏影楼等建筑位于大假山、水池之北一线，大致采用了建筑与山水互换的对景布局。揖峰指柏轩可看作是自成院落的对景假山布置（图 2-26），其西由曲廊、见山楼、假山、水道等与山水园相隔，而假山部分通过西侧水道上的石梁等相通相接，与西部假山连为一体。揖峰指柏轩前的大假山以卧云室为中心，山势围护，洞壑幽深，局部有上、中、下三层，山道回环曲折，旧有“桃源十八景”之说。山上奇峰林立，尤多古柏（圆柏）、白皮松，杂以朴树、女贞、黄杨、石榴等，山林气息浓厚。假山上至今还遗存着一些圆形、五边形、六边形的禅窝遗址，禅窝内生长着夹竹桃等一些植物（图 2-27）。

图 2-25　拙政园远香堂前假山上的植物配置

图 2-26　揖峰指柏轩的对景假山布置与植物配置

（a）〔明〕徐贲《狮子林十二景图》之禅窝

（b）狮子林禅窝遗存中生长的夹竹桃

图 2-27　狮子林禅窝

花篮厅临水而建，池对岸的大型假山平面上为一座岛形大假山，假山上以白皮松（图 2-28）为主要树种，与古柏、老榆、朴树等杂植成林，缀以西府海棠、鸡爪槭等少量花木，形成蔚然而深秀的山林景象，确有“人道我居城市里，我疑身在万山中”之境。

角隅布置法。环秀山庄山林则采用角隅布置法，在园之东北角掇山，如张南垣之“若似乎处大山之麓，截溪断谷”，形成断崖，内藏洞谷，山后与高墙间则堆以厚土，其上生长着高大朴树，幽谷森严，荫翳蔽日，形成高林大壑景象，“若似乎奇峰绝嶂，累累乎墙外”（吴伟业《张南垣传》），似乎假山之外有重峦叠嶂（图 2-29）；同时与园西之楼台相呼应，起到分隔园林空间、遮挡视线的作用。徘徊于主厅“环秀山庄”四面厅前，水随山转，自成曲折，正如西晋张华《赠挚仲治诗》所云：“君子有逸志，栖迟于一丘。仰荫高林茂，俯临渌水流。”

假山主峰下的西北侧有一株黑松飞舞而出（图 2-30），敢向危崖探天巧，犹似黄山断崖上的舞松（又名探海松），呈云龙探海之势。这里原为一株紫薇（图 2-31），

图 2-28　狮子林大假山上的白皮松

图 2-29　环秀山庄假山上生长的朴树

图 2-30　环秀山庄太湖石假山崖壁上的黑松

图 2-31　环秀山庄太湖石假山崖壁上的紫薇（引自刘敦桢《苏州古典园林》）

后枯死，便仿照原有姿态而补植黑松，这不失为对古典园林保护更新的一种较好的方法。而山体上野生的一些诸如何首乌［*Fallopia multiflora*（Thunb.）Harald.］、薜荔之类的攀援植物只要稍加整理，既可弥补假山的不足之处，又可丰富色彩和层次，使假山整体更富生机，更具野致，否则远观如穿似蚁穴，全无自然之趣。因此，对于这类植物必须有选择性地保留或剔除。

侧旁布置法。留园的山水空间的设计想要在有限的空间内营造出既有崇山峻岭的诗情画意，又使得园林的空间不至于逼仄，便采用了“主山横者客山侧”的侧旁布置手法，将山林布置于水池的北、西一区，并与东、南一区的建筑互置，苍郁的山林气氛与参差错落的楼馆亭轩形成鲜明的对比，这样既可从楼榭中欣赏到对岸的山崖树木，又可从山林景象中越过清澈的池水遥望对面高低错落的建筑，以收到良好的对比效果。在池北与池西的两山相交会的犄角之处，用竖向的岩层结构构筑了峡涧，即绘画中所谓的“水口”，作为联系过渡（图 2-32）。

留园中部的山水主景园首先映入眼帘的是假山上三株高大的古银杏，构成了山林景致的骨架。池北为主景假山，原为明代徐氏东园的土垄，当时著名的瑞云峰就伫立其上。现在则为典型的石包土平远型假山，中为积土，山顶及四周全用石包；以可亭为视觉中心，树种以二三百年的古银杏以及朴树、光皮梾木（原误定为南紫薇）、木瓜等构成山林主景，点衬一二桂花、黑松等常绿小乔木，杂以木瓜、丁香之属，春英夏荫，秋毛冬骨（图 2-33），树石相依，林疏而有秀意，石老而有古态。临水处配植枝条下垂又耐水湿的榔榆等落叶乔木，以协调山与水之间的关系，达成视觉美感。

图 2-32　留园中部假山“水口”

图 2-33　留园中部池北假山的植物配置（冬）

【小知识】紫薇、南紫薇、大花紫薇、光皮梾木

紫薇、南紫薇、大花紫薇均为千屈菜科紫薇属落叶树种，夏季开花，圆锥花序，顶生。

紫薇（*Lagerstroemia indica* L.），常为小乔木，树皮灰色或灰褐色，光滑，以手抓之，彻顶摇动，所以又称痒痒树或猴刺脱树，小枝四棱状；单叶对生或近对生，全缘，近无柄；花淡红色或紫色、白色［图 2-34（a）］。分布较广。

南紫薇（*Lagerstroemia subcostata* Koehne.），树皮灰白色或茶褐色，小枝圆筒形；叶比紫薇大；花白色［图 2-34（b）］。产长江中下游及其以南地区。

大花紫薇（*Lagerstroemia speciosa* （L.）Pers.），又称大叶紫薇，树皮灰色，平滑；叶大，有短柄；花淡红色或紫色。热带地区多栽培，华南有分布。

光皮梾木（*Cornus wilsoniana* Wanger.）为山茱萸科梾木属落叶乔木，树皮薄片状状剥落，光滑，青灰色（图 2-35）。单叶对生，主脉在上面稍显明，下面凸出，侧脉 3 ～ 5 对，弓形内弯。花白色，顶生圆锥状聚伞花序，5 ～ 6 月开花，宁沪杭一带有栽培，留园的光皮梾木树龄达 330 余年。

池西假山则以假山之巅的闻木樨香轩为视觉中心，以香樟和山岩间片植的桂花等常绿树种为主，适当点缀一些秋色树种，这样便隐去了池西假山的最高点，使处于高

图 2-34（a） 紫薇

图 2-34（b） 南紫薇

图 2-35 光皮梾木

位的闻木樨香轩若隐若现，从而突出了以落叶树为主的池北假山的主体地位，临水处则点缀云南黄馨几丛，以护假山之脚（图 2-36）。每逢秋时，丹桂飘香，满园皆闻。闻木樨香轩之名取自南宋和尚晓莹所撰的《罗湖野录》卷一：黄庭坚（山谷）从黄龙山晦堂和尚参禅，以为没有学到什么东西，晦堂便举《论语·述而》中孔子对弟子所说的“二三子以我为隐乎？吾无隐乎尔。吾无行而不与二三子者，是丘也”（你们这些学生以为我对你们有什么隐瞒不教的吗？我对你们是没有什么隐瞒的。这就是我孔丘的为人），请山谷诠释。尽管山谷作了多

图 2-36 留园中部池西假山的植物配置

种诠释，但晦堂还是不满意，《论语》是读书人的必读书，山谷自然是“怒形于色，沉默久之。暑退凉生，秋香满院。晦堂乃曰：‘闻木樨香乎？’公曰：‘闻。’晦堂曰：‘吾无隐乎尔。’公欣然领解。”闻到桂花香了吧？闻到了。我对你有隐瞒吗？佛性正如木樨香无处不在。禅门悟道，不立文字，直指人心，见性即佛，正所谓“千年暗室，一灯即明”（《紫柏尊者全集》）。禅宗讲究顿悟，一念觉悟，业障顿消。轩有对联曰：“奇石尽含千古秀，桂花香动万山秋。”上联出自晚唐罗邺《费拾遗书堂》之“怪石尽含千古秀，奇花多吐四时芳”，咏轩的四周山岩之美；下联用明谢榛《中秋宴集》之“江汉先翻千里雪，桂花香动万山秋”诗句，写出桂花香时，万山皆秋。此轩在明代徐氏东园时名桂馨阁，唐郑巢《送省空上人归南岳》诗云：“谁伴高窗宿，禅衣挂桂馨。”香之远闻者称馨，馨又比喻声誉流芳后世。南宋王十朋《双桂》：“先人植双桂，馨德满吾庐。不老儿孙长，联芳合似渠。”家园中种植桂花，正如桂花的馨香品德，可以在家族中传承，世泽绵长。

三株年逾百寿的高大古银杏或耸立于假山之巅，或伫立于水际，云冠巍峨，荫翳庇天，深秋时节，其叶色金黄，正与西部枫林的醉红之枝相错如绣，秋林黯淡，得此而改观。

中央布置法。耦园假山采用的是一种中央布置法，拟构造全景式山水景观或山体景观，以在不同的观赏点而能产生“三远”山水的观赏效果。其布局以山为主，以池为衬，作为城曲草堂主景陆山正面（北面）的主山上，以女贞、黄杨、圆柏等常绿树种，配以石榴、紫薇、山茶等为主的四季观赏花木（图 2-37），形成山林气象；山顶山后的敷土处疏植朴树、黄杨等，绝壁处斜出冠盖于受月池上的偃松老朴，与壁缝间所生长的悬葛垂萝交相映衬，更增添了山林的自然气息（图 2-38）。山池的东南与西南则用筠廊和樨廊来联系和划分景区，交汇于池南观赏山水的“山水间”水榭，景色清新活泼。

沧浪亭山林亦可看作中心布置法的一例。它的原貌是“崇阜”，即高冈，也就是比较高的土墩。北宋苏舜钦在《沧浪亭记》一文中说：“一日过郡学，东顾草树郁然，

图 2-37　耦园假山植物配置

图 2-38　耦园假山绝壁上的黑松

崇阜广水……其地益阔，旁无民居，左右皆林木相亏蔽。访诸旧老，云钱氏有国，近戚孙承祐之池馆也。坳隆胜势，遗意尚存。”这里本是一片山林别境。明代沈周说：“土冈延四十丈，高逾三丈，上有古栝乔然十寻，其枝骸髬深翠，数百年物。”沧浪亭原构亭于水边。到了清代康熙年间，江苏巡抚宋荦见沧浪亭已是“野水潆洄，巨山颓仆，小山蕞翳于荒烟蔓草间，人迹罕至”，于是把沧浪亭改移到了假山之巅，并得文徵明隶书“沧浪亭”三字，揭诸楣枋（现亭额，为俞樾所书），并有联云：“清风明月本无价；近水远山皆有情。”现在的沧浪亭山林呈东西走向，略呈如意状，亭敞而临高，老树葱芜，参差交映，离立挐攫。四周山脚及山中蹬道曲径等砌以叠石，东段叠以黄石，应该是清初时期的作品，西段则杂以太湖石，并有山洞，为晚清补缀而成，这是典型的石包土假山；蹬道两侧，丛竹环砌，因此显得林木森郁，别具风韵（图 2-39）。

图 2-39　沧浪亭带石土山上的山林景象

沧浪亭山林以位于东侧的沧浪亭为视觉中心，山脊上叠以蜿蜒山径，两侧点补有太湖石峰，乔木参天，丛竹苍郁。树种以香樟、女贞等常绿乔木，杂以榆科的榔榆、朴树、糙叶树以及臭椿、槐树等落叶乔木，作为上层林冠，具有亚热带北缘落叶常绿阔叶混交林的植物群落特征。同时点缀一些瓶兰以及黄杨、紫藤、蜡梅、洒金珊瑚、迎夏等小乔木或花灌木，山石岩隙中则以片植的阔叶箬竹为主，与引进的鹅毛竹（*Shibataea chinensis* Nakai）组成山体地被植物（图 2-40），显得苍润而极富生机。

图 2-40　沧浪亭假山上配植的鹅毛竹

现沧浪亭假山的东端因正对着园林入口处，并与西侧游廊相接，观赏距离较近，因此在植物配置上适当点缀一些诸如山茶、金钱松等名贵树种，以便近观赏玩。苏州园林中配植的山茶品种，早花者如冬红山茶（*Camellia uraku* Kitamura），俗称美人茶，或杨妃茶（图 3-41），常能看到雪中开着一树红花的美丽景象，《长物志·花木》云：“又有一种名醉杨妃，开向雪中，更可自爱。”《学圃杂疏·花疏》说：“杨妃是淡红，殊不能佳，为是冬初花。当具一种耳。”耦园城曲草堂前的假山及沧浪亭此处配植的均是美人茶（见图 2-37），每当冬天来临之际，胭脂轻染，红香盈树，“曾将倾国比名花，别有轻红晕脸霞。自是太真多异色，品题兼得重山茶”（明张新《杨妃茶》）。

图 2-41　沧浪亭假山西侧配植的美人茶

金钱松 [*Pseudolarix amabilis*（Nelson）Rehd.] 为松科金钱松属落叶乔木，它的叶片因在短枝上簇生呈圆形如钱，故而得名，为我国特产。它是子遗植物，也是世界著名的五大观赏树种之一。它的树枝轮生，树形端直美丽，新春叶色鲜嫩，及深秋之时则叶色金黄，为山林增色（图 2-42）。

图 2-42　沧浪亭假山上配植的金钱松

二、巧施如绘，雅从兼于半土

土壤是陆生植物生长的基础，它是由岩石分化为母质，再在生物等的参与下，逐渐演化为土壤的。成土母质与土壤形成有着密切关系，不同的母质影响着形成的土壤性质。苏州园林中的早期假山多为太湖石假山，而太湖石则是一种石灰岩，其所形成的土壤多为中性或微碱性的钙质土，这也是苏州园林假山上生长的大多是榆科的榆、榉、朴、糙叶树以及桧柏、白皮松、野生的构树等这一类喜欢在钙质土上生长的缘故。植物的自然生长离不开土壤，因此要使园林形成山林气息，必然在堆叠假山时渗入土壤，《园冶·掇山》说："雅从兼于半土。"又说："欲知堆土之奥妙，还拟理石之精微。山林意味深求，花木情缘易逗。有真为假，做假成真。"假山的雅致，一半在于叠山理石的精深微妙，一半则来自堆土的奥妙。堆土而形成的山林野致，意味无穷，其生长的花木也是逗人喜欢。苏州园林中的大型假山多数为土石参半，山体核心为土，主要观赏面叠以山石，山上又缀以山石作为过渡，因此置身其中，宛如在山林中，而远望则如见山林远映，如西园寺的黄石假山，是典型的石包土假山。它以堆土为骨架，在四周叠以黄石，似驳坎，山巅筑有云栖亭，并以此为山林构图中心，蹬道逶迤其间，四周又以叠石覆盖大部土壤，显得山石嶙峋。山上樟树、朴树、榉树、桂花、女贞等如生长在山岩间，乔柯参天，蔚然成林（图 2-43），下层灌木则以云南黄馨、蜡梅、南天竺等花灌木为主，披散于岩石之间，为山林增色。

即使是纯粹以太湖石或黄石堆叠的假山，在施工时就常留有植物种植穴，或在悬崖峭壁上形成"倚崖松偃盖"的崖松景观，如环秀山庄假山、留园五峰仙馆前厅山上的黑松（图 2-44）；或古木偃伏，如网师园云冈黄石假山上原多古木。

朱长文在《乐圃记》中说："景趣质野，若在岩谷。"质朴自然是山林景致的趣

图 2-43　西园寺假山的植物配置

图 2-44　留园五峰仙馆前厅山上的黑松

味所在，乐圃的西圃有草堂，“草堂西南有土而高者，谓之西丘。其木则松、桧、梧、柏、黄杨、冬青、椅桐、柽柳之类，柯叶相蟠，与风飘飏，高或参云，大或合抱，或直如绳，或曲如钩，或蔓如附，或偃如傲，或参如鼎足，或并如钗股，或圆如盖，或深如幄，或如蜕虬卧，或如惊蛇走，名不可以尽记，状不可以殚书也。虽雪霜之所摧压，飙霆之所击撼，槎枒摧折，而气象未衰。其花卉则春繁秋孤，冬晔夏蒨，珍藤幽花，高下相映。兰菊猗猗，蒹葭苍苍，碧藓覆岸，慈筠列砌，药录所收，雅记所载，得之不为不多”。园林中的冈丘土山最大的优点就是乔木参天，冠盖如幄，营造出一种山林气象。明代造园大师张南垣不但掇山技艺高超，而且在掇山时注重植物的配置，“初立土山，树石未添，岩壑已具，随皴随改，烟云渲染，补入无痕，即一花一竹，疏密欹斜，妙得俯仰”（吴伟业《张南垣传》），加上杂卉嗣繁，烂熳流芳，一派生机。如杜鹃花一名岩笑，《长物志•花木》说：“杜鹃花极烂漫，性喜阴畏热，宜置树下阴处……另有一种名映山红，宜种石岩之上。”它因花开于二三月份的杜鹃鸟鸣时，故而得名，“杜鹃花里杜鹃啼，浅紫深红更傍溪”（唐杨行敏《失题二首》其二）。春天，正是杜鹃花开映山红的季节，在江南则花开于农历的三四月份间，《学圃杂疏•花疏》：“花之红者杜鹃，叶细、花小、色鲜、瓣密者，曰‘石岩’，皆结数重台。”它常自然生长于山岩隙地，故又有石岩的别称（图 2-45）。杜鹃花是现在拙政园的特色花木之一，在林下的山岩间适当点缀一二，花时明似彩霞（图 2-46），堪得其配植之神理。

李渔和沈复都是土假山的推崇者，前者在《闲情偶寄•山石》中说：“用以土代石之法，既减人工，又省物力，且有天然委曲之妙，混假山于真山之中，使人不能辨者，其法莫妙于此。”后者在《浮生六记》中的“闲情记趣”里则介绍：“又不在地广石多，

图 2-45　园林中山岩间配植的杜鹃

图 2-46　拙政园林下山岩间配植的杜鹃花

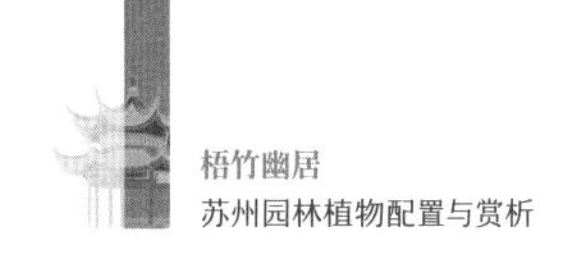

徒烦工费。或掘地堆土成山，间以块石，杂以花草，篱用梅编，墙以藤引，则无山而成山矣。”土山利于植物生长，能形成自然山林的景象，极富野趣，但因江南多雨，易受冲刷，故而多用驳石护坡。

留园西部景区是以积土大假山为主景而形成的山林景致。在清代，这里曾是一个叫桃花墩的土冈，袁学澜《乙丑四月初二日偕吴丈清如潘子麐生泛舟游寒碧庄》诗云：“依旧桃花发满墩，刘郎游迹渺前度。”并有诗注曰：“寒碧庄（即留园前身）在阊门外下岸花埠，其地有桃花墩。”当时桃花墩尚未归寒碧庄所有，直到盛康建留园，才将其纳入园内。其植物配置多有变化，山上多丛竹，漫山枫林，杂以香樟，点级亭台一二，秋时醉红撼枝，层林尽染（图 2-47），与一墙之隔的中部银杏黄叶相映成趣，互为借景（图 2-48）。山南环以曲水，遍植桃、柳，仿晋人武陵桃源，使人有世外之感，童寯先生在《江南园林志 • 现况》中评价道：“西部有丘陵小溪，便于登临，富有野趣。”

苏州园林中规模比较大的假山也常辟有山中蹬道。留园西部土石大假山蹬道的两侧乔木参天，点缀灌木竹丛，或花树数株，曲径香转，高树莺啭，自生幽兴（图 2-49）。在蹬道的叠石处多点缀一二花木，如金钟花（图 2-50）、金丝桃（图 2-51）、锦鸡儿（图 2-52）等，花时灿若披锦，“虽然冷落山林下，也向东风静笑春”（元末陶安《野花》）。

图 2-47　留园西部大假山的枫林

图 2-48　留园中部银杏与西部枫林色彩对比

图 2-50　留园西部假山蹬道旁配植的金钟花（茹军摄）

图 2-49　留园西部假山蹬道的植物配置

图 2-51　金丝桃（留园）

图 2-52　锦鸡儿（留园）

【小知识】金丝桃、金丝梅、锦鸡儿

金丝桃（*Hypericum monogynum* L.）为藤黄科金丝桃属的半常绿灌木，小枝圆形，红褐色；单叶对生，无叶柄；顶生聚伞花序，花色金黄，雄蕊与花瓣几等长。

金丝梅（*Hypericum patulum* Thunb. ex Murray）与金丝桃的区别是：叶具短柄，花常单生枝端，雄蕊比花瓣短。

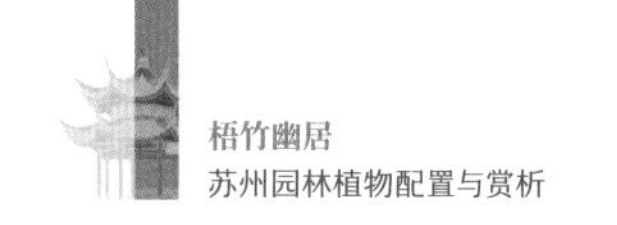

锦鸡儿［*Caragana sinica*（Buc'hoz）Rehder］，苏州称其为铁皮金雀，是蝶形花科锦鸡儿属的落叶灌木，树皮深褐色；小枝有棱，成针刺；小叶2对，羽状，上部1对常较下部的为大，花单生，花冠黄色，稍带红色。

狮子林西部堆土大假山不但体量大，而且其高度远高于中部的池山。这是民国年间园主贝润生将浚池挖出的土壤堆叠于此形成的假山，沿池叠以驳岸，临水园路蜿蜒。为防土壤被雨水等冲刷，同时使土山显得高耸，因此在近水的土坡上用太湖石驳坎，远望能与中部池山风格混为一体，并能营造出起伏多变、连绵不断的山脉势态，群山成岭。假山以问梅阁为中心（只是体量太大，与环境不甚协调），以高大的银杏、香樟以及女贞、圆柏、木瓜等杂树成林，问梅阁周边植以梅花。土山上高大的古银杏，秋时叶色鲜黄，在香樟、女贞、桂花等常绿树种的映衬下，显得格外地引人入胜（图2-53）。问梅阁旁的人工瀑布，是现在苏州园林中仅存的孤例，旁有飞瀑亭，与池中的观瀑亭（湖心亭）是观赏瀑布的佳处。

拙政园绣绮亭是一座中小型的土石假山，山体以古枫杨、圆柏、朴树等高大乔木为骨架，古木参天，周围杂树参差（图2-54），南齐谢朓《往敬亭路中》诗云："绿水丰涟漪，青山多绣绮。"亭前缓坡蹬道两侧丛竹当阶，春有牡丹、紫藤花繁，夏有紫薇花开，冬有蜡梅枝横，山岩间络石覆地，极为茂盛。以前还栽植有海州常山（*Clerodendrum trichotomum* Thunb.），俗称臭梧桐，为马鞭草科赪桐属（大青属）落叶灌木或小乔木，单叶对生，有臭味；七八月开花，白色或带粉红色，花萼紫红色；

图2-53　狮子林西部假山上的银杏和女贞

图 2-54　拙政园绣绮亭周边的植物配置

核果蓝紫色。鲁迅在《辛亥游录》中说：“离堤不一二十武，海在望中。沿堤有木，其叶如桑，其华五出，筒状而薄赤，有微香，碎之则臭，殆海州常山类欤？”

绣绮亭原名绣漪亭，南宋吴文英《醉桃源·芙蓉》：“艳妆临水最相宜。风来吹绣漪。”荷花临水，风吹清波，绣出一片涟漪，这里本来也是赏荷之所。现绣绮亭北碧池中，夏有荷花亭亭，景色绣绮。清初陈之遴时的拙政园曾种植山茶名品“宝珠山茶”，《吴门逸乘》记载，曾听邑中耆老说，“宝珠山茶在枇杷园前，远香堂左，绣漪亭之下。抗战前根株尚存，其时邑中爱好园艺者，拟迁往他所，未果。今则并根株亦不可迹矣。”山茶作为历史的见证，本可以供后人凭吊，只是遗株不存，徒嗟遗篇留园史了。

拙政园东部有两座土假山，分别位于秫香馆之南和东侧。馆南假山以放眼亭为构图中心，四周环以河道。山上圆柏、臭椿、女贞等古木生长茂密，后又人工栽植了桂花、红枫等花木，杂竹丛生，颇具野趣（图 2-55）。民国时取名补拙亭，现名则取自明末王心一归田园居中紫逻山上的亭名，王心一《放眼亭观杏花》诗云：“浓枝高下绕亭台，初染胭脂渐次开。遮映落霞迷涧壑，漫和疏雨点莓苔。低藏双燕人前舞，密引群蜂花底回。安得庐山千树子，疗饥换有谷如堆。”可见原放眼亭周种植有杏花，每当花时，娇姿丽色，胭脂万点，占尽春风，“杏花春雨江南”，这是诗歌图卷里的江南定格，曾引得多少诗人骚客梦牵魂绕。只是现在的假山上杂树成林，完全将亭郁闭，登亭已难以放眼观赏远近之景；因此应对土山上的杂树进行调整，并加以修剪，留出一定的空间。现放眼亭南配植了日本樱花等植物（图 2-56），景致虽美，然缺少了杏花，多少有些美中不足。应该在土坡或山麓处增加杏树配植，凭栏或远眺，或近观，花木扶疏，风景洵美，则志清意远；而从远处观看，有亭翼然而临于杏花春泉之上，则意境深远。

图 2-55　拙政园放眼亭假山上的植物配置

图 2-56　拙政园放眼亭前配植的樱花

苏州园林中假山上的植物配置，常根据其功能，巧施如绘，或云林遗韵，或石田笔意。陈从周先生在《苏州园林概述》一文中分析道："今日苏州园林中之山巅栽树，大别有两种情况：第一类，山巅山麓只植大树，而虚其根部，俾可欣赏其根部与山石之美，如留园与拙政园的一部分。第二类，山巅山麓树木皆出丛竹或灌木之上，山石并攀以藤萝，使望去有深郁之感，如沧浪亭及拙政园的一部分。"并认为前者是师法元代倪瓒（云林）的清逸之风，即所谓的"幽亭秀木，自在化工之外，一种灵气"（清恽寿平《南田论画》），后者则是效法明代画家沈周（石田）的沉郁风格了，苔点苍古，秀润丰厚。沧浪亭林下多箬竹，它是苏州土生土长的乡土植物（图 2-57），大凡荒山丛林都可见到它的身影，苏州风景区及园林中常残存着部分，如虎丘山东侧、拙政园的枇杷园和西部土山等都有生长。现在的园林管理者做了些人工干预，引进了一些如鹅毛竹、菲白竹（图 2-58）等矮生地被竹种。

图 2-57　沧浪亭假山林下之阔叶箬竹　　图 2-58　沧浪亭池侧的菲白竹

三、随势赋形，自成天然之趣

苏州园林常四周围以高垣，面积各不相同，假山亦有各种不同的类型。计成在《园冶》中将假山分为：园山、厅山、楼山、阁山、书房山、池山、内室山、峭壁山以及山石池、金鱼缸、峰、峦、岩、洞、涧、曲水、瀑布等诸多叠石类型，山之体势不同，或一峰独峙，或两山相映；或高山峻岭，或平岗远屿，若寸草不生，则了无生趣，所以李渔说："土多则是土山带石，石多则是石山带土。土石二物原不相离，石山离土，则草木不生，是童山矣。"（《闲情偶寄•山石》）顾文彬筑怡园，叠假山，他的体会是："假山石新立，嫌其骨出如飞龙，今以花树环植，如裸体人得衣，一望郁葱，大有生色。"（《过云楼日记》卷六）假山体量较大者，榆、樟、松、柏之类无所不宜，但倘若园小山低，宜近观者，则务求树木姿态虬枝入画，或盘根依阿，或树形苍古。中小型园林如怡园，其假山上原以桂花、黄杨及白皮松等姿态古拙而树身较小、生长缓慢的树种，杂以松、梅等，以符合空间尺度（图 2-59）；现在山体上则三角枫、朴树、枇杷等杂生，颇具山林之趣。

园山的植物配置。计成在《园冶•掇山》之"园山"条中说，在园林中堆叠假山不是一般人能做的事，因为它需要有非常强的见识和鉴赏能力，堆叠园山要任其自然，布置要疏落有致，这样才能创造出优美的境界，而一般人也只能在厅堂前堆叠一壁之山，或楼阁前叠以三峰而已。常熟燕园在三蝉娟室和五芝堂南分别叠有"七十二石猴"太湖石假山和燕谷黄石假山，两山横亘于园中，气势非凡。燕谷假山为清代叠山名家戈裕良所掇，其东端山巅原有自然生长的朴树、女贞、梧桐等乔木，云南黄馨、书带草以及野生的薜荔、何首乌等灌木披散或垂挂山岩之间，颇具山林野致（图 2-60）；山南山麓处则配置杜鹃花花坛，花时一片锦绣；西端假山上则配植有鸡爪槭、白皮松、

图 2-59　怡园假山之植物配置

图 2-60　燕园燕谷假山东端山巅原有植物景象

石榴以及日本五针松、金丝桃等植物，临池处云南黄馨花时点点黄花缀锦（图 2-61），为山林增色。

池山的植物配置。《园冶•掇山》之“池山”说：“池上理山，园中第一胜也。若大若小，更有妙境。”网师园彩霞池北的云冈假山属于小型假山，清王鸣盛《云冈》诗云：“千仞振衣来，白云蓊然合。莫讶蹒跚人，时时劳步屧。”可见云冈假山之险峻。原假山上古木葱郁，从池对岸的竹外一枝轩望去，山南的小山丛桂轩时隐时现（图 2-62），引人入胜。现山巅、山麓则配置有鸡爪槭（青枫）、蜡梅、紫薇等观花、观叶小乔木，以与云冈山体相协调（图 2-63），然而枝条直生的紫荆与形体向西有回怀之势不甚协调。假山西侧原有二乔玉兰一株，年龄已有 200 年左右，姿态虬曲，苍劲古朴，斜展于假山之侧，俯瞰着水面；三月开花，花瓣下紫上白，或内白外紫，色彩夺目，妖娆多姿（图 2-64）；可惜于 2005 年 9 月遭 15 号台风“卡努”侵袭，造成部分枝折，后致死亡。网师园假山布局本是一组由云冈假山与竹外一枝轩的对景布局，后在彩霞池的东岸堆

图 2-61　燕园燕谷假山西侧的植物配置

图 2-62　网师园云冈假山旧貌
（引自刘敦桢《苏州古典园林》）

图 2-63　网师园云冈假山上的植物配置

图 2-64　网师园云冈假山上原有的二乔玉兰（左彬森摄）

叠了一座石屏式假山，以适当遮蔽高大的粉墙，从而与云冈假山互为犄角，中有夹涧，形成了侧旁布置法。

计成说：“凡掇小山，或依嘉树卉木，聚散而理。或悬岩峻壁，各有别致。”（《园冶·掇山》）彩霞池西的黄石石壁假山，恰似云冈向东北方逶迤延伸的一脚余脉。计成说：“蔷薇未架，不妨凭石。”对于蔷薇类攀援植物，不一定要支以棚架，不妨依栏凭石。今石壁上，紫藤攀援而上，横卧其间，花时紫英婉垂，繁花映潭，幽美无比（图 2-65）。山下有踏步到达水边，此处为叠石驳岸的最精彩处。

石壁假山属于假山中的一种类型，前面所讲到的、周秉忠参照普陀和天台二山诸峰峦所堆叠的明代徐泰时东园的“石屏”假山（图 2-66），就是这种假山类型的典型。假山上植以姿态各异的梅花，而且能岩树相得，宛如一幅横披山水画，不愧为造园掇山之高手。仿写自然界的真山真水是中国造园的主要特征之一，故而陈从周先生说：

图 2-65　网师园池东石壁假山上的紫藤

图 2-66　王学浩《刘恕园图》（引自刘敦桢《苏州古典园林》）

“山林之美，贵于自然，自然者，存真而已。”［《说园》（四）］又说：“移山宿地，为造园家之惯技，而因地制宜，就地取材，择景模拟，叠石成山，则因人而别，各抒其长。环秀山庄仿自苏州阳山大石山，常熟燕园模自虞山，扬州意园略师平山堂麓，法同式异，各具地方风格。”（《园林谈丛·苏州环秀山庄》）

书房山的植物配置。书房的庭院空间一般较小，苏州园林中书房前常堆叠小型假山，或花坛假山，如留园揖峰轩前花坛假山，中置一峰，此峰因刘氏移置寒碧庄十年之后，即嘉庆十二年（1807年）冬才从东山老家移来，所以名之曰晚翠，周边用湖石错落驳砌，植以牡丹数本，芳姿丽质，超逸万卉（图2-67）。庭院东、西两侧则配植蜡梅、丛竹、绣球花等植物，西南角更有一株百年罗汉松，这本是刘恕石林小院旧物，古人对名人手植常怀敬仰崇敬之情，正如明罗洪先见南宋杨万里（号诚斋）手植罗汉松，所赋《忠节祠前诚斋先生手植罗汉松》诗云：“移根自祇苑，遗爱为诚斋。曾借琴书润，犹当俎豆阶。地灵人自美，风古色逾佳。剪伐宁须戒，伊人众所怀。”故应倍加珍惜。

网师园看松读画轩南的花坛假山，既可看作是书房山，又可看作为濯缨水阁的对景假山，是网师园山水空间的一部分。今存古柏一株（图2-68），相传为南宋史正志手植，古木参天，老根盘纡于苔石之间，树冠顶端的枝干虽已枯死，却形成了不朽的舍利干，呈现出近千年的风霜共雕之姿，洵画本也；只是现今长势日趋衰弱，半枯半荣，有待进一步保护。原来还有罗汉松一株，惜已枯死。现为黄石叠砌的牡丹花坛，中有黑松一株，姿态屈曲，偃盖如云，与左右之苍松古柏相映成景，堪比图画（图2-69）。

图2-67　留园揖峰轩牡丹花坛假山

图2-68　网师园看松读画轩前花坛假山中的白皮松和古柏（右）

由于书房庭院空间大多较小，因此在理山方面，多采用峭壁山，以粉墙为纸、以山石为绘，借墙壁而堆叠假山。或用自然式沿边花坛假山，如拙政园海棠春坞。计成则认为书房山或以理山石池更具幽趣，他在《园冶·掇山》中说："书房中最宜者，更以山石为池，俯于窗下，似得濠濮间想。"如柴园水榭（书房）之侧、拙政园玲珑馆之后（图 2-70）等均以山石池（潭）的形式进行设计布置，尤其后者，池边芭蕉丛桂，景色幽绝。

楼阁山的植物配置。《园冶·掇山》云："阁皆四敞也，宜于山侧，坦而可上，便以登眺，何必梯之。"位于楼阁之前的假山，"坦而可上"，也就是隐于楼阁之侧用叠石形成的"云梯"，如狮子林见山楼前假山（图 2-71），山林献之于栏槛，花气而入于窗牖。留园明瑟楼侧云梯假山，则峰石高耸，登楼远眺山色，高树危竦，令人心旷神怡；假山之中，配植有石榴一株，使得狭窄逼仄的小小空间顿生绿意；夏时榴花葳蕤，绿叶摇风（图 2-72）；秋冬则榴实累垂，更是令人神往（图 2-73）。

图 2-69　网师园看松读画轩前花坛假山中配植的黑松

图 2-70　拙政园玲珑馆后（听雨轩前）山石池

图 2-71　狮子林见山楼周边的植物景致

图 2-72　留园明瑟楼云梯假山配植的石榴（夏）

图 2-73　留园明瑟楼云梯假山配植的石榴（冬）

第三节　园林水体的植物配置与赏析

中国古代多以“池亭”“园池”等称园林者，以“筑山穿池”为造园之术。可以说，水这一要素，在中国造园中具有主体地位和核心作用。水“因器而成形”，故有曲池方沼，形态各异，“山脉之通，按其水径。水道之达，还拟山形”（清笪重光《画荃》）。山与水这两种造园要素在中国园林中历来都是相辅相成的，“水随山转，山因水活。溪水因山成曲折，山蹊随地作低平”（陈从周《说园》），正如桂林山水之“江作青罗带，山如碧玉篸（簪）”（唐韩愈《送桂州严大夫同用南字》）。

水是苏州园林之魂，也是园林中生物赖以生存的物质基础，它给园林中的动植物提供了滋养与活力，同时也是园林微小生态系统中的主体。晚明文震亨说：“石令人古，水令人远。园林水石，最不可无。”明代竟陵派代表人物钟惺在《梅花墅记》中说：“乌乎园？园于水。水之上下左右，高者为台，深者为室；虚者为亭，曲者为廊；横者为渡，竖者为石；动植者为花鸟，往来者为游人，无非园者。”可谓得水者皆为园（图 2-74），如拙政园、网师园，皆因水成园，建筑面水而筑，而各美其美。

在水池周遭配置植物，不但能形成园林景致，而且还能为鱼类的生活提供优良的

图 2-74　因水成园的拙政园水际生长的植物

生态环境，避免鱼群受到伤害。明黄省曾《鱼经》“二之法”云：“池之傍树以芭蕉，则露滴而可以解氿；树楝木，则落子池中，可以饱鱼；树葡萄架子于上，可以免鸟粪；种芙蓉岸周，可以辟水獭。”也就是说，在池畔种植芭蕉，它的露滴可以防止鱼的浮头；种植楝树，它的果实落于池中，可以喂鱼；在池上搭葡萄架，可以避免鸟粪落于池中污染环境；在池岸周边种植木芙蓉，可以驱除水獭对鱼的偷食。水獭是鼬科的一种哺乳动物，常穴居在河岸边，昼伏夜出，善于游泳和潜水，以鱼类和青蛙、水鸟等为食，明代昆山人郑文康有诗云：“水獭荷花下，鹭鸶荷叶边。渔舟更数罟，谁为小鱼怜。”（《画册四景》其二）躲在荷花下的水獭和荷叶边的鹭鸶的偷食，再加上人为的捕捉，有谁来可怜那些被捕食的小鱼呢？自然界就是那样弱肉强食，物竞天择。

一、引蔓通津，疏水若为无尽

在山水园林的营造中，最讲究的是“山贵有脉，水贵有源”，在乎气脉贯通，所以计成说：“卜筑贵从水面，立基先究源头，疏源之去由，察水之来历。”否则会成为一潭死水。因此造园理水中尤其讲究留有水口，清代唐岱《绘事发微》：“夫水口者，两山相交，乱石重叠，水从窄峡中环绕湾转，是为水口。”又说：“一幅山水中，水口必不可少。”因此上佳的园林假山作品，必定缩地有法，曲具画理。

苏州园林中对水口的处理，常常是在叠石岸临水处形成若干凹穴，使水面延伸其中，而其植物配置则常用藤萝掩映于池岸，有水源不尽之意，如网师园云冈假山叠石岸、

图 2-75　留园冠云沼驳岸处生长的薜荔

留园可亭假山的临水处以及东部园林冠云沼的驳岸处（图 2-75）等。

苏州园林中水池驳岸处配植的披散性花灌木主要以云南黄馨、迎春、蔷薇（图 2-76）、棣棠等植物，有时也配植一些枝条柔软下垂的灌木，诸如夹竹桃（图 2-77）、柽柳（图 2-78）等，以弥补和遮蔽驳岸的不足，加强山石与水面

图 2-76　蔷薇（拙政园东部园林）

图 2-77　夹竹桃（拙政园东部园林）

图 2-78　柽柳（太仓南园）

的过渡联系，如网师园之樵风径、留园中部水池西南角和清风池馆等叠石岸处。水从灌丛中出，更具弥漫之感。另一类则为攀援类附石植物，多以薜荔、络石为主，不但能使池岸山石显得苍古多致，而且野趣横生，如留园池北主假山河岸处、环秀山庄假山小桥处（图2-79）、网师园云冈假山叠石岸和引静桥周边等。

图 2-79　薜荔（环秀山庄）

【小知识】络石、薜荔

络石［*Trachelospermum jasminoides*（Lindl.）Lem.］是夹竹桃科络石属的常绿木质藤本植物，以其包络石木而生，故名络石（图 2-80）。单叶对生，叶有二型，一类叶如指甲，贴石而生；另一类则叶大，初夏开花，腋生聚伞花序，花白色，呈风车状，芳香而饶有幽趣（图 2-81），常盆栽观赏。

薜荔（*Ficus pumila* Linn.）则是桑科榕属的攀援或匍匐灌木，古称荔。茎叶有乳汁；单叶互生，叶与络石一样有两型。其花为隐头花序，如无花果。李时珍说："木莲缘树木，垣墙而生，四时不凋，厚叶坚强，大于络石，不花而实，实大如杯，微似莲蓬。"其果如馒头，故称鬼馒头，又称木莲（图 2-82）。

图 2-80　络石（艺圃）

（a）络石之秋叶

（b）络石之花

图 2-81　络石之秋叶和花

（a）薜荔

（b）薜荔之果

图 2-82　薜荔

图 2-83　狮子林假山石壁涵洞口配植的蜡梅

狮子林玉鉴池水假山东侧的石壁下叠有一涵洞式样的水口，在水口处配植蜡梅一株，枝叶斜展，将洞口遮去了大半（图 2-83），水从中流出，有不尽源泉崖壁生之感。“行寻梅洞跻危石，笑指荷峰数近岑”（元末刘崧《长律十四韵送彭公权教授还永新》），若值蜡梅盛开，倒影池中，莹净可鉴。

二、池荷芦汀，还写江南风物

苏州园林的水池形态多以静态为主，有水则鱼、莲生长生活其中，舟梁渡其上，舫榭依其涯。水面较大者，如拙政园的池水几占五分之三，因此在理水上采用的是聚分结合的手法，聚则水面辽阔，一望无涯，有水乡弥漫之感；分则萦回环抱，与崖壑、花木、建筑相互掩映，构成幽曲闲静的景色。苏州园林大多面积有限，因此多以聚水为主，如留园、艺圃、网师园、怡园等的园林主景区以围绕水池而构筑园景和安排建筑（图2-84）。

图 2-84　怡园水池周边的植物配置

苏州园林中栽植的水生植物尤以荷花为多，这是因为荷花是江南水乡的代表性植物之一，花期长、观赏性高的缘故。古乐府《江南曲》云："江南可采莲，莲叶何田田。"自古人们就采莲挖藕，不但能食用，成为凶年主粮，而且还用于养身（南朝陶弘景说其根入神仙方）。苏州是贡藕的生产基地，唐代赵嘏《秋日吴中观贡藕》诗云："野艇几西东，清泠映碧空。褰衣来水上，捧玉出泥中。叶乱田田绿，莲馀片片红。"描写了当时苏州农人在清凉寒冷的季节里，撩起衣裳，下到藕田，从河泥中挖出洁白如玉的藕来，以上贡的情景。《唐国史补》卷下："苏州进藕，其最上者名曰伤荷藕，或云：'叶甘为虫所伤。'又云：'欲长其根，则故伤其叶。'近多重台荷花，花上复生一花，藕乃实中，亦异也。有生花异，而其藕不变者。"荷叶甘甜，才会遭虫啃食，说明它的藕品质好，是上佳的贡品。所谓的重台荷花就是花上再生一花的荷花品种，

图 2-85　文徵明《拙政园图咏》中的水花池

这是由于植物的雌蕊发生变异而形成的，如梅花品种中就有台阁梅。在审美上，荷花亭亭物表，出淤泥而不染，有花中君子之誉，故园林凡有水面者，都植以荷花。明代王氏拙政园有水花池（图 2-85），水华（华通花）是荷花的别名，西晋崔豹《古今注 • 草木》云："芙蓉，一名荷华，生池泽中，实曰莲。花之最秀异者，一名水芝，一名水花。"文徵明《王氏拙政园记》记载当时拙政园"水尽别疏小沼，植莲其中，曰水花池"。现有荷风四面亭。远香堂侧的南轩，旧有清代俞樾题写的匾额曰"听香深处"，其跋云："吴下名园以拙政园为最，其南一小轩，花光四照，水石俱香，尤为园中胜处。"虽不值荷花花期，亦能感受到开花的那种意趣。

园林栽荷常根据水池的大小栽植相应的荷花品种，明代大仓人王世懋在《学圃杂疏 • 花疏》中说："莲花种最多，唯苏州府学前种叶如伞盖，茎长丈许，花大而红，结房曰'百子莲'，此种最宜种大池中。"现在的拙政园即为大面积栽植荷花的例子（图 2-86）。而留园、艺圃等一些面积相对较小的水池，栽荷则常限制在一定的水域范围内，最宜偏于一隅或"宛在水中央"，正如《爱莲说》所云："可远观而不可亵玩焉。"花时更富韵致。同时留出一定的水面，还能形成倒影，使得景物更加生动。若任其生长，蔓延全池，则了无意趣。因此，从前园林水池栽种荷花，多植之于水缸，埋入池底（现在则多在池底筑以种植槽，以控制荷花蔓延生长），以留出一定的水面，此法大约始于宋代，《花史左编》云："宋孝宗于池中种红白荷花万柄，以瓦盎别种，分列水

图 2-86　拙政园香洲之荷花（左彬森摄）

底，时易新者，以为美观。”这种栽植手法在园林中一直沿用至今。不但花时亭亭玉立，莲叶田田，宛在水之中央，更能体现其出淤泥而不染的高洁形象，而且还能使水面有浩淼之感，并构成池中倒影，形成美丽如画的景色。

以前的苏州园林水池中，不分大小都以栽植荷花为主，只是池小者栽植一些小种荷花，如艺圃的度香桥，位于水池西南，桥为三折曲桥，晚清时，池中栽种的小种小桃红，清人评之为“醲而不妖，丽而不俗，艳占榴先，香披桂后，百日间，花不暂歇”（杨钟宝《缸荷谱》），人渡池上桥，满溢荷花香。或者将荷花植于一隅，花时亦甚可观（图2-87）。现在池小者则多植睡莲，如网师园的彩霞池（图2-88）、虎丘山的白莲池等，叶伏波面，花缀其间，蕃茂于碧水沦漪之上，别具情趣。

苏州园林中所栽植的荷花品种很多，艺圃池内就曾植有四面观音莲、小桃红、白花重瓣湘莲等荷花品种。顾文彬在《过云楼日记》卷七中说：“香严（即园主李鸿裔）招往网师园观荷。荷系新栽者，叶已满池，花犹繁茂。中开一莲，未开时，其形如钵盂，放足时，外层莲瓣，中层如牡丹，莲蓬内出，花如芍药，乃异种也。询之种花人，就不知其何来。香严请顾若波绘图，复作四绝句以张之。”不知顾沄（字若波）所绘的网师园荷花图是否还在人间。

苏州园林中水际的植物配置相对较少，《吴门逸乘》“拙政园”条中记载：“园中有三曲石桥三：一在远香堂前；一在远香堂右；一在见山楼前。石桥下芦苇丛生，每届深秋，白头摇曳，高如成人，宛如小桥之眉。”现在仅存荷风四面亭之北的水湾一角，于黄石矶隙之处，配植芦苇几丛（图2-89），景象自然生动，颇具江南水乡之韵，也体现出了江南园林的自然野趣。刘敦桢先生在《苏州的园林》一文中说：“池北以土石成二山，西侧者稍大，上构雪香云蔚亭；东侧者略小，于山后建六角亭，藏而不露，

图 2-87　可园将荷花植于一隅

图 2-88　网师园彩霞池配植的睡莲

（a）拙政园配植的芦苇

（b）拙政园的芦苇景色

图 2-89 拙政园配植的芦苇

亦我国园林中常用之手法。此二山树葱翠，芦苇丛生，极富江南水乡风光，亦为园中最佳风景之一。”

芦苇［*Phragmites australis*（Cav.）Trin. ex Steud.］和荷花一样也是个广布植物，常生于有水的地方，江南水乡尤其是太湖周边地区常见。《诗经·秦风·蒹葭》中的“蒹葭苍苍，白露为霜。所谓伊人，在水一方”，更是耳熟能详，蒹、蘼、葭都是芦苇的别称。园林中栽植芦苇至少在唐代就已出现，唐薛能《使院栽苇》诗云：“戛戛复差差，一丛千万枝。格如僧住处，栽得吏闲时……”这是在官署中栽植芦苇；而唐王贞白的《芦苇》一诗则写出了古代高士在庭院中栽植芦苇的闲情雅趣：“高士想江湖，湖闲庭植芦。清风时有至，绿竹兴何殊。嫩喜日光薄，疏忧雨点粗。惊蛙跳得过，斗雀袅如无。未识笆篱护，几抬笻竹扶。惹烟轻弱柳，蘸水漱清蒲。溉灌情偏重，琴尊赏不孤。穿花思钓叟，吹叶少羌雏。寒色暮天映，秋声远籁俱。朗吟应有趣，潇洒十馀株。”

通过庭院中栽植的芦苇表达出高士的江湖之思、庭院之美、园居之适。从芦苇的初栽到成长，日光、雨点、惊蛙、鸟雀，几番风雨，几度夕阳，作者植芦及溉灌之辛、呵护之心跃然纸上。然而它给作者带来的持琴把酒、漫步穿花、摘叶吹歌、秋声远籁等足慰其江湖之心。

南唐的李中在《庭苇》一诗中将芦苇与竹相比：“品格清于竹，诗家景最幽。从栽向池沼，长似在汀洲。玩好招溪叟，栖堪待野鸥。影疏当夕照，花乱正深秋。韵细堪清耳，根牢好系舟。故溪高岸上，冷澹有谁游。”芦苇常被比作“水中之竹”，野鸥栖息，秋花素净，在夕阳照耀下别具韵味。吴宽在《记园中草木二十首》中抒发了他对园中之“芦”的情思：“江湖渺无际，弥望皆高芦。芦本水滨物，久疑平陆无。移根偶种植，沟浅土不污。纵横忽遍地，叶卷多葭莩。白花可为絮，长干须人扶。每当风雨夕，萧萧亦江湖。宛如扁舟过，榜人共歌呼。浩然发归兴，岂为思莼鲈。”在江南渺弥无际的江湖中，满眼都是高高的芦苇，诗人把它移植到了心爱的园林中，它不但能净化水土，而且给诗人带来了恬静的生活享受，由此而产生了归思。

在园林水体营造中，岸与水的交界轮廓也就是水体形象，因此水际池岸的构成及其处理就成为塑造水体形象的关键及重要手段，正所谓“杨柳岸，晓风残月”，池岸的植物配置，如明代王氏拙政园有芙蓉隈、柳隩、桃花沜等植物景致。

水际植柳，是江南风景园林中常用的配植方式，垂柳“临池种之，柔条拂水，弄绿搓黄，大有逸致”（《长物志•花木》）。现在拙政园有“柳阴路曲”一景，其他园林如艺圃、狮子林、可园等湖岸处也多有种植（图 2-90）。桃红柳绿，芦汀蓼渚，是典型的江南风光景物。苏东坡诗云：“溶溶晴港漾春晖，芦笋生时柳絮飞。还有江南风物否？桃花流水鲎鱼肥。”（《和文与可洋川园池三十首》之寒芦港）鮆即刀鱼。一湾曲水，芦苇嫩芽初生，柳絮片片，桃花艳红，正是刀鱼肥时。江南的春色离不开桃红柳绿，夏则荷花满池，秋时洞庭橘红，冬日梅香如雪，苏州园林常能将典型的江南风景写仿其中，如拙政园中部之景物。

除池岸植柳外，《学圃杂疏•花疏》说：“芙蓉，特宜水际，种类不同，先后开，故当杂植之。大红最贵，最先开，次浅红，常种也，白最后开。有曰三醉者，一日间

图 2-90　可园池岸配植的垂柳

（a）木芙蓉

（b）木芙蓉之花

图 2-91　木芙蓉

凡三换色，亦奇。客言曾见有黄者，果尔，当购之。芙蓉入江西俱成大树，人从楼上观，吾地如秦荆状，故须三年一斫却。”木芙蓉（*Hibiscus mutabilis* Linn.）又名芙蓉花、拒霜花，为锦葵科木槿属落叶灌木或小乔木，晚秋开花，花大，白或淡红色（图 2-91），一日三变者称醉芙蓉。《长物志·花木》云：“芙蓉宜植池岸，临水为佳。”故有“照水芙蓉”之称。明代吴宽东庄有曲池一景，邵宝有《曲池》一诗咏之：“曲池如曲江，水清花可怜。池上木芙蓉，红映池中莲。”（《匏翁东庄杂咏九首》其九）秋天池上的木芙蓉与水中的荷花交相辉映，妩媚为邻。明代王献臣拙政园的西南方也有一水弯曲处，临水植木芙蓉，文徵明《王氏拙政园记》：“逾小飞虹而北，循水西行，岸多木芙蓉，曰芙蓉隈。”（图 2-92）现东部芙蓉榭池侧即配植木芙蓉（图 2-93）。

图 2-92　〔明〕吴宽东庄之曲池上的木芙蓉（沈周《东庄图册》，南京博物院藏）

图 2-93　拙政园东部园林池侧配植的木芙蓉

明末王时敏在太仓筑有乐郊园、南园，晚年又筑西田别墅。乐郊园有芍药花数亩，修堤广陂，其标峰置岭均摹自荆浩、关仝、倪瓒、米芾诸家笔意；南园则梅花千树，四周植以丛桂。吴令（号幻沤）为王时敏绘有《西庐八景》，其中的媚涟亭一景（图2-94），水际筑小亭，两岸修竹檀栾，正所谓“成韵含风已萧瑟，媚涟凝渌更檀栾”（唐王睿《竹》）。而木芙蓉繁条花艳，晴笑岩隈，娇影媚波，明初高启《东池看芙蓉》诗云：“东家喜有木芙蓉，几树繁开依绿沼……天公似厌秋冷淡，故发芳丛媚清晓。”在池岸将修竹与木芙蓉相配置，也是我国古代文人的一种雅好，明代历五朝、任首辅二十一年的杨士奇有《简胡学士索木芙蓉栽》诗二首：“牡丹芍药皆姱丽，总怯风霜不耐秋。只好芙蓉伴修竹，清华晚映北窗幽。”“闻种拒霜遮水槛，春前分乞数枝栽。总知宋玉才情绝，会约花时作赋来。”修竹当窗，景自幽绝；芙蓉临水，诗兴即发。

水池作为一种园林景色，除了给人宁静致远之感外，还能通过其他造园要素的水面倒影，自能生成一种淡墨生香之味。苏州园林水池周边无论是叠石岸还是土岸，常以落叶乔木为骨干，点缀几株岸侧，或树冠外倾于池面之上，往往能构成婀娜多姿的优美景象（图2-95）。

网师园的月到风来亭在清代乾隆年间叫花影亭，曾是“曲水镜明花四照”（石韫玉《彭苇间太守招集网师园分韵得微字》），光华四照的花倒影在如镜的水面中，不但增加了垂直方面的景深，而且宛如一首朦胧的诗歌、一幅水墨的江南（图2-96）。在炎热的夏季，有乔木树林和池塘所形成的流动气流，产生微风，正是古诗所云“疏林积凉风”（东晋孙绰《秋日诗》）。唐代高骈《山亭夏日》诗云：“绿树阴浓夏日长，楼台倒影入池塘。

图2-94　〔明〕吴幻鸥《西庐八景》之媚涟亭

图2-95　拙政园东部园林池岸景色

图 2-96　网师园彩霞池周边的建筑、植物倒影成景

水精帘动微风起，满架蔷薇一院香。”夏日炎炎，酷暑难熬，正因为有了荫浓的绿树，有了满架的蔷薇花，有了楼台边的池塘，当微风起时，池水带来了清凉，又送来了满院的花香，楼台的倒影在水里轻轻地摆动，从触觉到嗅觉到视觉，给人一种全身心的清凉。

三、荫映岩流，溪谷幽深堪入画

苏州园林中，除了聚水成池之外，尚有幽涧、溪谷、瀑布等理水手法，开石通涧，常配植乔柯疏林，或藤萝丛竹，“闭门一寒流，举手成山水”（明钟惺《游梅花墅》），形成了自然山水中的溪涧之景。

留园中部的池北主景假山与西部辅山之间有夹涧，作以两山之间的过渡，涧流曲折，两侧配植落叶的榔榆、朴树等乔木，并点缀蜡梅、麻叶绣线菊（*Spiraea cantoniensis* Lour.）等，林木蔽亏，野芳发而幽香，颇具深山涧谷之幽趣（图 2-97）。刘敦桢先生评价道：“溪谷幽深，衬以树木，自南北望，隐约见山后回廊，直堪入画。”而其西部园林土石大假山南设计一道黄石山涧，形同峡谷，从山顶逶迤而下，直到山南活泼泼地小溪边。《园冶•掇山》云：“假山以水为妙，倘高阜处不能注水，理涧壑无水，似有深意。”山涧虽无水，但亦能使人感到意味深远，而值大雨滂沱之时，又具泄水功能。山涧两侧乔木成林，箬竹遍野，苍润青翠，秋时枫叶殷红，林壑尤美（图 2-98）。活泼泼地前的小溪取陶渊明《桃花源记》“缘溪行，忘路之远近。忽逢桃花林，夹岸数百步，中无杂树，芳草鲜美，落英缤纷”句意，名缘溪行（图 2-99）。小溪之水似从活泼泼的水阁处流出，由南西折，过石桥再折南，现小溪两侧花树杂锦，岸草芳美，春则桃花、海棠等风摇则繁英似坠红雨，秋则岸树倒影于碧溪之中（图 2-100），微风轻拂，树影参差，若人行其上，正如辛弃疾《生查子》词云：“溪边照影行，天在清溪底。天上有行云，人在行云里。”而人行桥上，则也许又有“溪桥架木度人行，人影溪中步步生。真水真山皆旧识，时来时去几关情”（宋程垣《夏日下闻溪渡》）之慨。

（a）留园中部夹涧一侧配植的麻叶绣线菊

（b）留园中部夹涧两侧的植物配置

图 2-97　留园中部夹涧两侧的植物景致

图 2-98 留园西部土石假山山涧两侧配植的鸡爪槭

明代王氏拙政园在瑶圃之东有竹涧一景（图 2-101），从图画中可见溪涧舟曲幽深，两侧有美竹千挺，文徵明《拙政园图咏》之“竹涧”诗云：“夹水竹千头，云深水自流。回波漱寒玉，清吹杂鸣球。短棹三湘雨，孤琴万壑秋。最怜明月夜，凉影共悠悠。”

现在拙政园中部园林及西部补园的两山之间均布置溪涧，中部雪香云蔚亭与待霜亭一大一小两座岛山之间，以溪涧组织空间（图 2-102），溪涧两侧林木似连实断，亭岛与水面相结合，在空间上显得疏朗开阔，重阴压水，夏秋之季暗绿迷天，茂树深涧，幽阒可人。而西部补园涧壑两侧则箬竹满山，纯是一片自然景象。

图 2-99 留园西部缘溪行的植物配置

图 2-100 留园西部缘溪行溪水中的岸树倒影

图 2-101　文徵明《拙政园图咏》之竹涧

图 2-102　拙政园中部溪涧两侧的植物

网师园彩霞池东南一角有“待潮”溪涧，由此引入水源，形成一泓池水。因此地空间逼仄，不宜配植乔木之类的高大树种，所以任其藤萝纷披，苔蕨阴生，虽涧宽仅尺余，但涧水幽碧，似深不可测。东邻粉墙，有木香一架，春时芳香清幽。西傍云冈山岩，岩崖处有白花紫薇斜出，夏时白花荡漾于绿叶之间，别饶一种风趣。秋则小山丛桂飘香，而冬季蜡梅点点，蕊辉晴岚，亦显山林溪涧之趣（图 2-103）。

（a）网师园槃涧夏景

（b）网师园槃涧冬景

图 2-103　网师园槃涧冬夏之景

沧浪亭假山西侧、幽潭旁旧有“流玉”一景，假山洞屋中有井一口，屋顶则开一天窗，既有采光之功能，又能从此吊水，再从假山崖边的水槽倾水而下，以形成“溪涧碧流声韵美”之景，这在苏州园林中可谓一绝；其周边香樟参天，梧桐、美人茶森然，溪水从灌丛中潺潺而出（图 2-104），意趣无穷。这样既解决了水池的补水问题，又给园林景物带来了动感和生机。狮子林的瀑布，刘敦桢先生在《苏州的园林》一文中曾说：“旧日苏州诸园无瀑布，惟环秀山庄利用西北角楼面之雨霤，注流池中，但仅夏季暴雨时昙花一现，故知者极少。至民国初见贝氏营狮子林，始于观瀑布亭屋顶置水柜，其北侧累石为瀑布数叠，然水柜不常开，亦不过聊备一格耳。”现狮子林瀑布位于问梅阁侧，飞流注壑，数叠而下，写涟漪于池中，颇有庐山三叠泉之势；四周女贞、枸骨、桂花等常绿乔木林冠郁闭，林壑幽绝（图 2-105）。植物有涵养水源的功能，森林茂密的断崖处多有瀑布形成。

图 2-104　沧浪亭溪涧两侧的植物配置

图 2-105　狮子林瀑布两侧的植物配置

〔明〕仇英《梧竹书堂图》（上海博物馆藏）（局部）

第三章

梧竹幽居

——园林厅堂及庭院空间的植物配置与赏析

中国园林是由墙垣、廊道等分隔而形成的若干庭院或风景，童寯先生说："中国园林空间处理，皆将观者视域局限于仅为单一画面之庭院中，旨在充分体现隐匿与探索之主题。"正所谓"庭院深深深几许"。庭院是园林中园居生活的主要空间，最讲究其空间的处理和树石的选用，庭树苍石幽雅，梧竹幽居，以体现"吾足安居"的美好生活追求。

我国庭院的产生应该不晚于秦汉，汉代墓画像砖中就有庭院图像（图 3-1）。南朝的陶弘景"特爱松风，庭院皆植松，每闻其响，欣然为乐。有时独游泉石，望见者以为仙人"（《南史·隐逸传下》）。

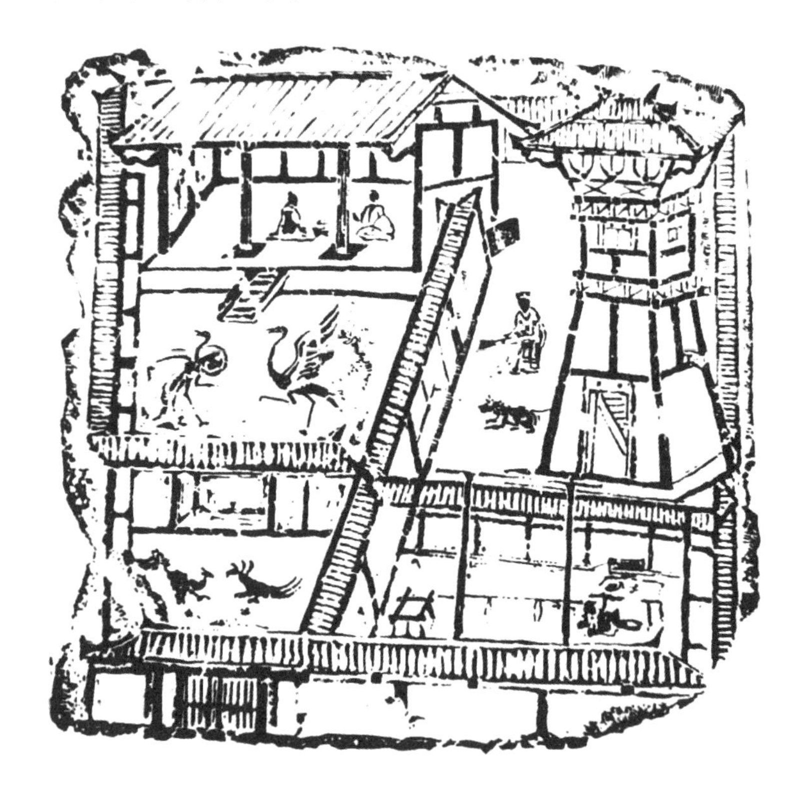

图 3-1　汉代画像砖中的庭院形象

第一节　园林厅堂及庭院空间的植物配置与赏析

计成在《园冶·立基》中说："凡园圃立基，定厅堂为主。先乎取景，妙在朝南，倘有乔木数株，仅就中庭一二。"在造园中，先要定好主体建筑厅堂的位置和朝向。建筑物朝南，有利于冬季有充足的阳光，选择一二株乔木，可防夏天的西晒太阳。然后可任意布置馆舍亭台，建筑的格式就其所宜，而植物的栽培在于情致。清吴儁所绘的《拙政园图》之远香堂图即为例证（图 3-2）。远香堂是拙政园中部的主体建筑，为四面厅式样，其北面为山媚水秀的江南水乡风光的主景区；其南面透过厅前列植的广玉兰，可见岭嶒嶙峋的黄石假山，它作为入园的屏障，也是主厅的对景。其东则为枇杷园，院墙环绕，玲珑馆、海棠春坞、听雨轩一组小院庭深，布置细致紧凑。而其西则采用水院形式布置，与东侧庭院适成对比，小沧浪一区，由听松风处、小飞虹等亭阁桥梁回抱而成，夏日老树荫浓，亭台倒影，环境幽曲，为消暑佳处（图 3-3）。

图 3-2 〔清〕吴儁《拙政园图》之远香堂庭前植物（录自刘敦桢《苏州古典园林》）

一、深堂宅院，丹桂玉兰发清芬

尽管住宅庭院（天井）与园林庭院实为两个不同的领域，然而苏州园林尤以宅第园林为正脉，它已成为苏州园林整体的一部分，在此姑且述之。

图 3-3 拙政园小沧浪水院的植物配置

明清住宅多宣扬儒家的父父子子、长幼有序、男女有别等封建思想，故有门厅、轿厅、大厅、内厅之序别，而在各厅之前所配置的植物也有所不同。

门厅前为门庭，以前常栽植槐榆，《长物志•花木》云：“（槐榆）宜植门庭，板扉绿映，真如翠幄。槐有一种天然樛屈，枝叶皆倒垂蒙密，名盘槐，亦可观。”盘槐（*Sophura japonica* ‘Pendula’）为槐树的栽培变种，枝条屈曲，颇似龙爪，故又称龙爪槐。一般植于官宦之家或衙署、寺院等，明王鏊《姑苏志》卷十四：“槐，干似榆叶细而长，花可染。郡中有槐树巷，即此种也。又有盘结者名盘槐，多种官署中。”网师园在同治年间曾为长洲县衙的一部分，今门庭对植有两株（图 3-4），这是中国传统的园林植物配置之法。“龙爪槐生似柳枝，寺前双植武宗时”（晚明黎遂球《同伍国开谭元定游西山杂咏二十首》其六）即为例证，武宗即明朝正德皇帝朱厚照。

苏州园林中住宅区的大厅和内厅前的庭院内一般都对植白玉兰和桂花，而且常常白玉兰在前，桂花在后，其寓意不外乎“金玉满堂”之意。网师园大厅万卷堂前为石板天井，东西对植白玉兰两株（图 3-5），早春时节一树千花，冰清玉洁，蔚为可观。因曾作县衙，故堂内原悬“清能早达”一匾，也许白玉兰更能体现出所标榜的那种“清能”品德，而其先于百花开放，正是“早达”的征兆，具有一定的象征意义（现该匾已移至轿厅）。

图 3-4　网师园门庭中配植的龙爪槐

图 3-5　网师园万卷堂前对植的白玉兰

【小知识】白玉兰、紫玉兰、二乔玉兰、广玉兰

四者均为木兰科木兰属植物，其特征是枝条具环状托叶痕，单叶互生，全缘；花大，单生于枝顶；蓇葖果，种子红色。

白玉兰（*Magnolia denudata* Desr.）即玉兰或玉兰花，落叶乔木，早春叶前开花，一树千花，花瓣与花萼相似，共 9 枚，纯白色，肉质，香气如兰，故名白玉兰［图 3-6（a）］。

紫玉兰（*Magnolia liliflora* Desr.）又称木兰、木笔、辛夷等，为落叶大灌木，叶前开花，花瓣 6 枚，外紫内白，萼片 3 枚，绿色，披针形，早落［图 3-6（b）］。

二乔玉兰（*Magnolia* × *soulangeana* Soul.-Bod.）系白玉兰和紫玉兰的杂交种，性状介于二者之间。落叶小乔木；花瓣 9 枚，外轮 3 枚常为内轮花瓣的 2/3 左右，花先叶开放，浅红色至深红色［图 3-6（c）］。目前有近百个品种，苏州园林中尤以网师园栽培为多。

广玉兰（*Magnolia grandiflora* L.）原产北美东南部，故又名洋玉兰；约于 1913 年引入广州，故名广玉兰；其花形似荷花，所以又称荷花玉兰。常绿乔木，叶厚革质，叶背有锈褐色绒毛。花白色，有香气［图 3-6（d）］。在美国现在已经培育出近 90 个栽培品种。

（a）白玉兰（留园）

（b）紫玉兰（留园）

（c）二乔玉兰

（d）广玉兰（拙政园）

图 3-6　玉兰

多进院落的厅堂或内厅前的庭院中常对植桂花，寓意“两桂（贵）当庭”或“双桂（贵）流芳”，如网师园撷秀楼、耦园载酒堂（图 3-7）等。网师园内厅撷秀楼前天井对植桂花两株，前有门楼，雕刻简净，额题“竹松承茂”，典出《诗经·小雅·斯干》：“秩秩斯干，幽幽南山。如竹苞矣，如松茂矣。兄及弟矣，式相好矣，无相犹矣。”意思是：涧水清清地流淌，南山深幽而清静。这里有繁密的竹丛，还有茂盛的松林。兄弟们在一起，和睦相处情最亲，相互间没有指责和欺凌。此处以竹之丛生繁密和松之隆冬不凋而茂盛，来比喻家门兴盛、子孙发达。

古代住宅区中除了配植白玉兰和桂花，还常在庭院中配植石榴、山茶等观赏花木，或辟花池一角，栽植牡丹、芍药之类，以供观赏。现拙政园枇杷园的李宅庭院中就配植有石榴（图 3-8）和含笑。晚明徐士俊《满江红·咏重台石榴花》词云：“榴发重台，仿佛见、锦江无底。又道是、层城遥望，丹楼如绮。血色罗裙红叠浪，桃花衫子朱涂里。怪当时、阿醋酒偏狂，风掀起。　　春睡汗，应难拟。分别泪，宁堪比。有鬓边斜插，绿鬟烧矣。擎出火珠前后映，镂成赤玉玲珑美。小庭中，一树胜他家，三千履。”小庭中栽植的一树重瓣石榴花就能胜出他家，引得三千珠履[1]。

二、庭前画本，眄庭柯以怡颜

园林庭院多由花厅发展而来，多用来读书、待客、消闲，更多的是展现自我兴致之处。它的植物配置常视庭院之大小、位置、功能等不同而异，童寯先生在《东南园墅》

图 3-7　耦园载酒堂前对植的桂花

图 3-8　拙政园中部住宅庭院中配植的石榴

1　《史记·春申君列传》：“春申君客三千馀人，其上客皆蹑珠履以见赵使。”后以指为数众多的门客。

一书的“植物配置”篇中说：“倘若庭园宽敞，古树巨木，当空伫立，可构一幅佳图，亦可用于协调不同建筑物之关系。此外，嘉树犹如枢轴，可用以限定主次庭院空间，其诗意名称，亦可用于题写一座建筑或一进院落之匾额。如遇环境狭窄、视线受制时，一株大树已无地可容，布局准则则适宜调整，配以轮廓优美、色调丰富、芬芳宜人之灌丛，并可辅以一峰孤石。”庭院宽敞，高树古木参天，既可入画，又可协调不同建筑之美，如耦园西花园藏书楼前的糙叶树（图 3-9），可谓老树空庭得，奕奕中庭荫华伞。如果庭院空间较小，视线受到限制时，则配植一些轮廓优美、色调丰富、芬芳宜人的灌木，如垂丝海棠、蜡梅、南天竺等，辅以一二峰峰石，衬以粉墙，亦可入画，如耦园西花园庭院一角（图 3-10）和留园花步小筑庭院就是这一典范之作。

图 3-9 耦园西花园藏书楼庭院中的糙叶树

苏州园林的类型较多，除了私家园林的宅园，尚有书院园林、山庄园林、衙署园林、会馆园林、酒肆园林、寺观园林等，它们对植物的选择也有所差异。《长物志•花木》云：“银杏株叶扶疏，新绿时最可爱，吴中刹宇及旧家名园大有合抱者。”樟树、银杏等

图 3-10 耦园西花园庭院一角的树石小品

树身大，一些寺庙的庭院空间较大，如西园寺的大雄宝殿、北寺塔的塔院、狮子林祠堂（现“云林逸事”大厅）等常选用这类树种对植，它不但能与空间相协调，也能凸显出庄严的宗教氛围。它们亦适宜于园林的大空间中配植，起到支撑空间的作用。

松柏。松柏类植物因其树冠森严，终年常绿，一般配植在寺院或纪念性建筑的庭院中，如狮子林的五松园、沧浪亭的五百名贤祠等。古人认为松柏为百木长，孔子说：“天寒既至，霜雪既降，吾是以知松柏之茂也。”《荀子》亦说：“松柏经隆冬而不凋，蒙霜雪而不变，可谓得其贞矣。”这是一种人格的象征。北宋名臣范仲淹在《岁寒堂三题并序》中说：“尧舜受命于天，松柏受命于地，则物之有松柏，犹人之有尧舜也。”将松柏比之为植物中的尧舜。范仲淹在现在的范庄前址建义庄，并建了一座西斋，名之为岁寒堂，“吾家西斋曰‘岁寒堂’，松曰‘君子树’，树之侧有阁焉，曰‘松风阁’。美之以名，居之斯逸。”他在题《岁寒堂》一诗中云：“双松俨可爱，高堂因以名。雅知堂上居，宛得山中情。目有千年色，耳有千年声。六月无炎光，长如玉壶清。于以聚诗书，教子脩诚明。”可见是在堂前对植了两株松树；他再三警诫“子子孙孙，勿剪勿伐”“念兹在兹，我族其光矣”。清初的徐釚在吴江城西筑松风书屋，作为他的读书之所，“庭广袤不越二弓，叠石莳杂花数本，又从山间移稚松一株，植于庭中，时遇微风，有谡谡然出诸檐际者”；当有客问他，天地间过而不留者只有风，“凡山林广漠之野，市井阛阓之区，无不受其震荡摇撼”，你却在庭院中种了株寻尺之松要留风听风，岂不太夸诞、太矫情了？徐釚回答道：“否否，凡天地之可留者，皆不能留也。今夫高官厚禄，良田美宅，与美人玩好之具，皆世间梯荣媒得之徒所朝夕奔竞求其必得者也，既得矣，惟恐其偶失而不留者也，然或数年，或数十年，吾见夫鸣钟列鼎之家，高台曲池之处，化为冷烟宿莽，夷于樵枚，未必其久留焉已。今余以不寻尺之松，植乎庭际，幅巾布袍，从容偃息，时从枕上听谡谡然若金石之声，与歌啸相应和者，使穷年累月终吾之身，无不留焉，较诸梯荣媒得之徒，无患得患失之惧，而有赏心悦耳之娱，其所获为已多矣。”（徐釚《松风书屋记》）世人患得患失，然世界上的一切皆过眼云烟，而徐釚却能从一株稚松上听到“谡谡然若金石之声”，享受到“赏心悦耳之娱”。

苏州园林庭院中所配植的松树，尤以白皮松为多。明王鏊《姑苏志》卷十四云：“栝子松，虽产他郡而吴中为多，故家有踰百年者。或盘结盆盎，尤奇……仅可供庭除之玩耳。”《长物志·花木》一书中就有具体的白皮松配植之法：“取栝子松（即白皮松），植堂前广庭，或广台之上，不妨对偶，斋中宜植一株，下用文石为台，或太湖石为栏，俱可。水仙、兰蕙、萱草之属，杂莳基下。”白皮松古称栝子松、剔牙松，南宋周密在《癸辛杂识·前集》“松五粒”条中说：“凡松叶皆双股，故世以为松钗，独栝松每穗三须，而高丽所产，每穗乃五鬣焉，今所谓华山松是也。”栝松即白皮松。一般松树的叶是二针一束，而白皮松则是“每穗三须”，即三针一束，明代陆深《春雨堂随笔》云：“栝松百年，即有白衣如粉。”因它年老的树皮“白衣如粉”，故称白皮松。《学圃杂疏•果疏》：“栝子松俗名剔牙松，岁久亦生实，虽小亦甘香可食。”可见剔牙松是白皮松的俗称。它和华山松、日本五针松都是单维管束松类，其特征是叶鞘早落，后二者针叶五针一束，即所谓“五鬣”者；华山松（*Pinus armandii* Franch.）比日本五针松针叶细长，易于区别，苏州园林绿地中偶见。苏州几乎每座古代园林都能见到白皮松。艺圃浴鸥园内的芹庐，为由南北对照厅（北为香草居，南称南斋）和西侧通连的小室鹤柴所组成的一组“凹”字形建筑小院，小院中央用太湖石驳砌成自然花池，居中配植有白皮松一株（图 3-11），其树形多姿，苍翠挺拔，别具风致，可谓“室雅何须大，花香不在多”，是以少少许胜多多许的典型。其他如狮子林立雪堂前以及网师园殿春簃庭院、梯云室前庭院等均植以白皮松（图 3-12），作庭院观赏。

图 3-11　艺圃芹庐庭院中的白皮松

图 3-12　网师园梯云室前庭配植的白皮松和黑松

【小知识】白皮松、黑松、日本五针松、金钱松、罗汉松

白皮松（*Pinus bungeana* Zucc.）为松科松属的常绿乔木，老树树皮灰白，呈不规则薄鳞片状剥落，露出黄绿色斑块，斑斓可爱（图 3-13）。叶针形，三针一束，叶鞘早落，与其他松类易于区别。

黑松（*Pinus thunbergii* Parl.）因其冬芽灰白色，故又名白芽松，为松科松属的常绿乔木，树皮粗厚，呈不规则块状开裂［图 3-14（a）］。叶二针一束，叶鞘宿存，针叶粗硬，扭曲。其变形锦松‘Corticosa’（‘Tsukasa’）树干木栓质树皮特别发达，并深裂［图 3-14（b）］，常作盆景用。

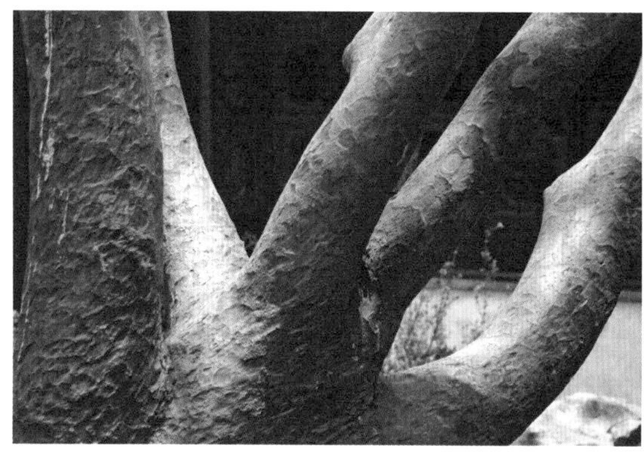

（a）白皮松之树皮

（b）白皮松之针叶

图 3-13　白皮松

（a）黑松之树皮

（b）锦松之树皮

图 3-14　黑松

日本五针松（*Pinus parviflora* Sieb.et Zucc.）原产日本，引入我国常呈灌木状小乔木。叶五针一束，细而短，叶鞘早落。常作盆景用，或配植于假山之上及岩石园中。

金钱松［*Pseudolarix amabilis*（Nelson）Rehd.］为松科金钱松属落叶乔木，我国特产。叶条形，柔软，在长枝上散生，在短枝上呈轮状簇生（图 3-15），其形如钱，秋时呈金黄色，故名。

罗汉松［*Podocarpus macrophyllus*（Thunb.）D. Don］，是罗汉松科植物。叶条形，全缘。种子核果状，生于肉质种托上，成熟时种托腥红如袈裟，全形宛如一个身披袈裟的罗汉而得名（图 3-16）。留园揖峰轩庭院西南角、网师园濯缨水阁西侧等均有配植。天平山高义园内的罗汉松相传为明代江南才子唐伯虎手植，而最古者则为东山陆巷灵源寺的罗汉松了，其树龄约有 1500 年了。

苏州园林中配植的柏树大多为圆柏［*Sabina chinensis*（L.）Ant.］，也叫桧或桧柏，叶有鳞叶与刺叶两种类型（松科松属、雪松属树木大多树皮呈鳞片状开裂，针形叶，图 1-17；柏科树木则一般呈树皮长条状剥落，鳞叶或刺叶。两者易于区别，图 1-18）。苏州现存最古老的柏树是光福司徒庙赏柏厅前的古柏，乾隆帝南巡时，将其中主要的四株命名“清、奇、古、怪”，相传为东汉中兴名将邓禹所植。清代孙原湘的《司徒庙古柏》一诗中对古柏的描绘，可谓曲尽其态：“司徒庙中柏四株，但有骨干无皮肤。一株参天鹤立孤，倔强不用旁枝扶。一株卧地龙垂胡，翠叶却在苍苔铺。一空其腹如剖瓠，生气欲尽神不枯。其一横裂纹萦行，瘦蛟势欲腾天衢。”吴大澂作有《七柏行》长歌，更是对庙中的七株古柏做了一一写照：“司徒庙中古柏林，百世相传名到今。”

图 3-15　金钱松（沧浪亭）

图 3-16　罗汉松（网师园）

图 3-17　雪松之针叶与果

图 3-18　圆柏之鳞叶和刺叶与果

【小知识】圆柏、铺地柏、刺柏、侧柏、柏木

《群芳谱》说：柏树古称掬，因其耐阴，常能向阴指西，而西方正色为白色，所以柏字从白，称之为柏。松科植物之叶为针形或条形叶，基部不下延生长，树皮呈鳞片状开裂。柏科植物之叶常为鳞叶或刺叶，树皮纵裂，二者易于区分。

圆柏［*Sabina chinensis*（L.）Ant.］又名桧柏，为常绿乔木，叶二型，即刺叶和鳞叶。幼树常为刺叶，刺叶 3 枚轮生，基部下延，无关节（见图 3-18）。其变种龙柏（‘*Kaizuca*’）树态瘦削成圆柱形，侧枝短而抱干扭转向上生长，如龙舞空，故而得名；叶全为鳞叶。

铺地柏［*Sabina procumbens*（Endl.）Iwata et Kusaka］也称地柏，为匍匐常绿灌木，贴近地面伏生。全为刺叶，3 叶交叉轮生，园林中常配植于岩隙间［见图 1-5（a）］。

刺柏（*Juniperus formosana* Hayata）又名璎珞柏、台湾桧等，常绿小乔木，小枝柔软下垂，全为刺叶，3 枚轮生，基部有关节。苏州园林中偶见，常生于近郊石灰岩山地。

侧柏［*Platycladus orientalis*（L.）Franco］，常绿乔木，小枝扁平斜展，排列成一个平面，两面绿色。鳞叶小，对生，先端微钝。黄帝陵古柏多为侧柏。其变种主要有千头柏、金枝千头柏等，常作绿篱用（图 3-19）。

柏木（*Cupressus funebris* Endl.），常绿乔木，与侧柏的区别在于小枝下垂，鳞叶先端尖。

柏树在寺观及纪念性园林中多以对植为主，如沧浪亭五百名贤祠前的庭院。元代狮子林内有柏曰腾蛟，姿态奇异，屈蟠苍穹，并有“指柏轩”一景，明初高启有《指柏轩》

禅诗咏之："清阴护燕几，中有忘言客。人来问不应，笑指庭前柏。"（《狮子林十二咏》其七）此处系用一桩禅宗公案，据《五灯会元》卷四记载，有个僧人问赵州从谂禅师："如何是祖师西来意？"时，禅师指着庭前柏树回答道："庭前柏树子。"那个僧人以为老和尚是在敷衍他。禅师说，我没有用庭前老柏树这种境象去敷衍你，意思是你要通过眼前的柏树去证悟、参透佛禅的妙旨。现在指柏轩前假山上，古柏形态各异，舍利枯干直逼云霄，甚为奇特。清代由常熟王翚设计、松江张然叠石的东山依绿园（芗畦小筑）庭院内有奇石如云涌状，上植盘柏一枝，覆盖青益，为主人课子藏修之处。"青幢碧盖俨天成，湿翠蒙蒙滴画楹"（北宋郭祥正《芜阴北寺桧轩》），柏木象征着长寿、吉祥，寿柏当庭，也许更能平添出几分画意吧。

梧桐。梧桐［*Firmiana simplex* (Linnaeus) W. Wight］又称青桐或碧梧，皮青叶翠，绿柯疏风，是我国传统的庭院绿化树种，因其发叶较迟，落叶又最早，所以有"梧桐一叶落，天下尽知秋"之说。对于梧桐，有人读到了秋天的寂寞，"无言独上西楼，月如钩。寂寞梧桐深院锁清秋"（李煜《相见欢》）；有人却道出了生活的闲适，"不烦王录事，结屋自深村。静觉道心苦，老嫌人事繁。书鱼登竹几，酒蚁落匏尊。几个梧桐树，秋来叶满门"（沈周《桐村小隐诗和韵》）。又因它每年新发一轮枝条，所以李渔说："梧桐一树，是草木中一部编年史也。"

图 3-19　金枝千头侧柏

图 3-20　虎丘拥翠山庄前及抱瓮轩庭院中对植的梧桐

梧桐树身高大，夏日荫浓能遮阳，冬则叶落能采光，为庭院配植之嘉树。古人对梧桐的配植多有阐述，《长物志·花木》云："青桐有佳荫，株绿如翠玉，宜种广庭中。"《园冶·城市地》亦说"院广堪梧"。沧浪亭面水轩、虎丘拥翠山庄入口及抱瓮轩前庭采用对植配置梧桐（图 3-20），绿柯庭宇，翠叶疏风，尤宜夏秋。

《群芳谱·木谱》说梧桐："皮青如翠，叶缺如花，妍雅华净，赏心悦目，人家斋阁多种之。"《花镜·种植位置法》云："藤萝掩映，梧竹致清，宜深院孤亭，好鸟闲关。"梧桐与竹、芭蕉均是夏季纳荫的庭前嘉树，且常常相互配植，以取佳荫鲜碧和幽静境界（图 3-21）。明代陈继儒说："凡静室须前栽梧桐，后栽翠竹，前檐放步，北用暗窗，春冬闭之，以避风雨，夏秋可开，以通凉爽。然碧梧之趣，春冬落叶，以舒负暄融和之乐；夏秋交荫，以蔽炎烁蒸烈之威。"（《小窗幽记》卷六）梧桐也是古代高洁之人所处的典型环境之表征，《庄子·秋水》云："夫鹓鶵发于南海而飞于北海，非梧桐不止，非练（竹）实不食，非醴泉不饮。"鹓鶵这一类凤鸟从南海起飞，飞到北海去，只栖息于梧桐树上，只吃竹子结的果实（即竹米），只饮甘美如甜酒一样的泉水。古人认为"竹子开花六十年"，南朝戴凯之《竹谱》说："竹六十年一易根，易根辄结实而枯死。"又说："竹生花实，其年便枯死。"所以竹子开花很是少见（图 3-22）。民俗则梧竹相配有招凤凰之意，怡园的碧梧栖凤精舍即为一例，从面壁亭"又南行，则桐荫翳然，中藏精舍，是为碧梧栖凤"（俞樾《怡园记》），正如白居易诗云："栖凤安于梧，潜鱼乐于藻。吾亦爱吾庐，庐中乐吾道。"（《玩松竹二首》其一）"室前栽梧桐，室后植翠竹"成了我国古代传统的植物习俗配置。甫桥西街，即现定慧寺巷，道光二十年（1840年）顾沅所筑辟疆小筑，内有据梧楼，因庭中植有梧桐而名，其记曰："据梧楼，清秋佳日，读《南华经》一二篇，俨与桐君相揖让也。"传说桐君是黄帝时的医师，曾采药于浙江桐庐的东山，结庐桐树下，人问其姓名，则指桐树示意，遂被称为桐君。

拙政园有"梧竹幽居"一景，亭北植有梧桐、翠竹，景名谐音吴方言"吾足安居"，意思是自己有这么一座幽静舒适的园亭，足足可以安享度日了。正可谓"虚堂梧竹饶幽趣，正好端居养智恬"（宋葛胜仲《留二季父》）。

梧桐除了在庭院中对植和梧竹相配，碧梧苍石也是一种常见的配置方式，同时也是一种常见图式，如元代吴江人陆行直的《碧梧苍石图》（图 3-23）、倪瓒的《梧竹

图 3-21 〔清〕顾见龙《消夏图卷》中的碧梧丛竹（美国明尼亚波利斯艺术馆藏）

图 3-22　竹之花（网师园）

图 3-23　〔元〕陆行直《碧梧苍石图轴》（北京故宫博物院藏）

秀石图》等，元人更有大量的诗咏词赋，如施可道《清平乐·题碧梧苍石图》词云：“峡云飞断，锦石秋花岸，犹记尊前情烂漫。脉脉慵移筝雁。　　碧梧图子谁成，主人以墨为卿。莫道凤枝栖老，西风长寄新声。”文徵明之父文林的停云馆虽然只有一弓之地，却布置有假山、怪石、碧梧，“寒日满空庭，端房户初启。怪石吁可拜，修梧净于洗。幽赏孰知音，拟唤南宫米”（文徵明《斋前小山》）。文徵明其师沈周在相城的有竹居内筑有碧梧苍梧之轩，沈周《碧梧苍梧之轩》诗注云：“吾寝之前有屋，甚虚明，屋下有一梧一栝并秀于庭，因名之云。”其诗云：

吾轩陋无取，赖有此嘉树。梧栝各一植，当前郁分布。
正比双国士，裒然在宾阼。我是轩主人，对越自朝莫。
读书接叶下，小酌亦可具。徘徊弄华月，凉影乱瑶璐。
疏繁来冷风，拂亚湿清露。始信昌黎公，喜为五楸赋。
我初作轩时，自以偃息故。轩树本无因，偶合亦有数。
以树名吾轩，以物表所遇。树色如得意，我亦成其趣。

沈周在小轩前将梧桐与白皮松（栝）对植，两树相聚在台阶之侧，犹似双国士，主人朝暮相对，读书小酌其中，流连月下，月光穿树影如玉，此时才体会到韩愈《庭楸》一诗中对庭院中五株共生楸树的那种留连："朝日出其东，我常坐西偏。夕日在其西，我常坐东边。当昼日在上，我在中央间。"沈周以梧栝两树，表达出对超尘脱俗的一种生活追求。

图 3-24　〔明〕仇英《洗桐图》（藏处不详）

图 3-25　〔南宋〕佚名《青枫巨蝶图》（北京故宫博物院藏）

然而梧桐容易遭木虱、吹棉蚧壳虫等病虫的寄生，尤其是前者，发生期会分泌白色蜡丝，布满树叶，随风飘扬，形如飞雾，严重污染周围环境，所以《长物志》说："青桐有佳荫，株绿如翠玉，宜种广庭中，当日令人洗拭。"故而古人常人工洗拭。以清高标诩的元末倪高士倪瓒，人称"倪迂"，他种梧桐、洗梧桐，弄出个"云林洗桐"的轶事来，明末崔子忠、陈洪绶等均作有《云林洗桐图》（图 3-24）。

鸡爪槭。又名青枫（*Acer palmatum* Thunb.），是槭树科槭树属的落叶小乔木，树冠伞形，端庄秀丽，婆娑宜人，春季芽叶已具红叶之性，夏日风姿清雅，秋时叶色艳红。其栽培品种甚多，如红枫、红羽毛枫、绿羽毛枫等。唐玄宗开元年间，名闻天下的萧夫子萧颖士有《江有枫》一篇十章，因"安史之乱"思念与其门人陆淹、郑愕旧游吴地，其序曰："……二室之间，有槭树焉，与江南枫形胥类。憩于其下，而作是诗，以贻夫二三子焉。"（宋姚铉《唐文粹》卷十一）指出槭树与枫香其形相似，这是中国古代对槭树为数不多的记载（图 3-25）。

颖士小息树下，成诗十章，“想彼槭矣，亦类其枫。矧伊怀人，而忘其东”（《三章》），可见槭树用作庭荫树由来已久。

苏州园林中几乎无园不植鸡爪槭，也不乏庭院古枫。现在可园办公楼前有古枫一株（图 3-26），铁干阴森，逢春叶绿，树冠侵云，秋天露洗染红，在粉墙的映衬下，显得格外醒目。环秀山庄主厅前则采用对植的方式配植两株（图 3-27），庭树扶疏，青荫幽邃宜人。其他如留园绿荫轩侧、网师园梯云室、五峰书屋等前庭都配植有鸡爪槭或红枫。

周瘦鹃先生在《霜叶红于二月花》一文中写道：“从南京回得家来，却见我家爱莲堂前的那株大枫树，吃饱了霜，正在大红大紫的时期，千片万片的五角形叶子，烂烂漫漫地好像披着一件红锦衣裳，把半条廊也映照得红了。一连几天，朝朝观赏，吟味着‘霜叶红于二月花’的妙句，虽没有看到天平和栖霞的红叶，也差足一餍馋眼了。”园林中与鸡爪槭同属的还有三角枫、茶条槭、五角枫等树种，也是很好的庭院植物，夏日具有较好的遮阴效果，秋时叶色亦能转红，如怡园拜石轩庭院中西廊檐侧的三角枫（图 3-28），冠入云霄，浓荫蔽日，秋冬落叶后则又不会影响庭院采光，日光晒庭，给人带来温暖感。

图 3-26　可园庭院中的古鸡爪槭

图 3-27　环秀山庄厅前对植的鸡爪槭

图 3-28　怡园拜石轩庭院中配植的三角枫

【小知识】鸡爪槭、三角枫、五角枫、茶条槭、枫香、枫杨

鸡爪槭、三角枫、五角枫、茶条槭均为槭树科槭树属落叶乔木，单叶对生，双翅果。

鸡爪槭（*Acer palmatum* Thunb.），树冠伞形；叶掌状，常7深裂，有重锯齿，秋叶或红或黄；顶生伞房花序，两翅果展开成钝角（图3-29）。其变种很多，常见的有红枫（'Atropurpureum'），即紫红鸡爪槭，枝条紫红色，叶常年红色。羽毛枫（'Dissectum'），亦称细叶鸡爪槭，树姿低矮，枝略下垂，叶深裂达基部，裂片又羽状细裂，叶成羽毛状，故名，又称绿簑衣枫。叶红者，称红羽毛枫（'Dissectum Ornatum'），又称红簑衣枫。

三角枫（*Acer buergerianum* Miq.）为落叶乔木，树皮长片状剥落；叶掌状3裂，裂片全缘或有不规则锯齿；翅果展开成锐角（图3-30）。常作盆景用，是苏派盆景的代表树种之一。

五角枫（*Acer mono* Maxim.）为落叶乔木，叶掌状5裂。近年引入苏州，常作行道树种。

茶条槭（*Acer ginnala* Maxim.）为落叶小乔木，树皮粗糙；叶3～5裂；中裂片特大，叶缘有不规则重锯齿，苏州园林中偶见。

枫香（*Liquidambar formosana* Hance）是金缕梅科枫香属的落叶乔木；

图3-29　鸡爪槭之叶与翅果

图3-30　三角枫之红叶和翅果

单叶互生，叶掌状3裂，叶缘有锯齿（图3-31）；蒴果，集成球形果序。是苏州天平山红枫类主要树种。

枫杨（*Pterocarya stenoptera* C. DC）是胡桃科枫杨属的落叶乔木，枝髓片隔状，裸芽具柄；羽状复叶互生，叶缘有细齿，叶轴具翅；翅果如元宝成串下垂，故又名元宝枫（图3-32）。

石榴。亦称安石榴（*Punica granatum* L.），为石榴科石榴属落叶乔木或灌木，变化很多，花色有红、白、黄诸色（图3-33）。《群芳谱•花谱》载："石榴一名丹若，本出林涂安石国，汉张骞使西域，得其种以归，故名安石榴，今处处有之……叶绿，狭而长，梗红。五月开花。有大红、粉红、黄、白四色。"其花期正值农历五月，故

图3-31　枫香之叶

图3-32　枫杨之叶与翅果

（a）石榴之花

（b）黄石榴

图3-33　石榴

五月被称为榴月。浆果球形，种子具肉质外种皮，汁多可食，被视为吉祥之果（图3-34）。石榴花瓣皱缩百褶，古代人称红裙子为“石榴裙”。梁元帝萧绎《乌栖曲》四首其三：“交龙成锦斗凤纹，芙蓉为带石榴裙。”

关于石榴的来历，古人多引用晋代陆机所说的“张骞为汉使外国十八年，得涂林。涂林，安石榴也”，认为石榴是张骞出使西域从安息国（今伊朗一带）引种而来的，故称安石榴。现在据考证，石榴是在公元前4世纪时由地中海地区传播到欧洲，后来随着航海、战争、佛教等活动，被传到中国、缅甸、东南亚等国家。

晋潘岳《河阳庭前安石榴赋》序云：“安石榴者，天下之奇树，九州之名果也。是以属文之士，或叙而赋之。”因此历代文士多有歌咏，如曹植《弃妇诗》之“石榴植前庭，绿叶摇缥青。丹华灼烈烈，璀彩有光荣”，南朝王筠《摘安石榴赠刘孝威诗》之“中庭有奇树，当户发华滋。素茎表朱实，绿叶厕红蕤”等，不但生动地描绘出了石榴的绿叶、红花、果实的形态特征，而且还点出了石榴被配植于庭院的习俗。《长物志·花木》云：“石榴花胜于果，有大红、桃红、淡白三种，千叶者名饼子榴，酷烈如火，无实，宜植庭际。”《红兰逸乘》卷四记载：位于高师巷的香草垞，“堂前叠石峰颇高，上有石榴树，文肃公手植也”。香草垞为《长物志》作者文震亨故宅，堂前石榴为文震亨之兄震孟（文肃公）所植，文震孟之宅为世纶堂，有圃曰药圃，即现在的艺圃。这种配植形式在传统民居的庭院中常见，现在的网师园琴室前庭中有一盆景式的石榴古桩（图3-35），春时

图3-34　怡园庭院中的石榴

图3-35　网师园琴室庭院中的石榴

枝含浅绿，夏日繁花如火；而中秋之际，则朱实累累，丰年之兆，令人神往。文徵明《青玉案》一词上半阕云："庭下石榴花乱吐，满地绿阴亭午。午睡觉来时自语，悠扬魂梦，黯然情绪，蝴蝶过墙去。"

李渔在《闲情偶寄·种植部》之"木本第一"中说："榴性喜压，就其根之宜石者，从而山之，是榴之根即山之麓也；榴性喜日，就其阴之可庇者，从而屋之，是榴之地即屋之天也；榴之性又复喜高而直上，就其枝柯之可傍，而又借为天际真人者，从而楼之，是榴之花即吾倚栏守户之人也。"耦园城曲草堂楼前、留园冠云楼前即为此实例，楼之广庭前或筑假山，或叠山石，石岩之际植以石榴（图 3-36），秋日"榴枝婀娜榴实繁，榴膜轻明榴子鲜"（李商隐《石榴》）；若值严寒，木叶无多，榴实垂枝，霜边坠紫，则另有一番景象。

紫薇。紫薇（*Lagerstroemia indica* L.）树干光洁，越老越光莹。《长物志·花木》云："薇花四种：紫色之外，白色者曰'白薇'，红色者曰'红薇'，紫带蓝色者曰'翠薇'。此花四月开，九月歇，俗称'百日红'"。夏日花开，烂漫如火，每微风至，妖娇颤动，舞燕惊鸿。在我国古代，因紫薇花与天上紫微星垣同名，所以常在郡斋或官舍堂前对植，所以也被称作官样花，北宋刘敞《答黄寺丞紫薇五言》诗云："紫薇异众木，名与星垣同。应是天上花，偶然落尘中。艳色丽朝日，繁香散清风……猗狔庭中华，固为悦已容。"唐代省中多植紫薇，开元元年改中书省为紫微省（亦作紫薇省），中书舍人为紫微舍人。杜牧曾做过中书舍人，所以人称杜紫微。从唐代诗人如杨于陵的"内斋有嘉树，双植分庭隅"、韩偓的"职在内庭宫阙下，厅前皆种紫薇花"等诗句可知，唐代人喜欢在厅堂及内斋庭院中种植紫薇花。白居易有多首《紫薇花》诗，其一云："紫薇花对紫微翁，名目虽同貌不同。独占芳菲当夏景，不将颜色托春风。浔阳官舍双高树，兴善僧庭一大丛。何似苏州安置处，花堂栏下月明中。"花与人虽都称作紫薇（微），但毕竟貌不相同；此时的紫微郎早已成了紫微翁（诗人曾任校书郎，隶属中书省），因此

图 3-36　留园冠云楼前庭石榴

图 3-37 〔宋〕赵大亨《薇亭小憩图》（辽宁省博物馆藏）

图 3-38 网师园殿春簃前庭中的紫薇

图 3-39 留园岫云峰侧配植的紫薇

不会再像众花那样开在春风里，随波逐流，而像紫薇花一样，“独占芳菲”，秉持自我。白居易在任职江州司马时的浔阳（今江西九江市）官舍中对植着紫薇，兴善寺的庭院中也有一大丛紫薇花，而这些又怎比得上诗人在苏州官署内的紫薇花呢？它在明月当空的华堂栏下，显得更加绚烂多姿（图 3-37）。

苏州园林庭院中，常将紫薇与常绿树相配植，每逢盛夏之交，红花荡漾于绿树丛中，别有一种风趣，如网师园殿春簃前庭将紫薇与桂花相搭配即为一例（图 3-38），花丰似紫绶，明丽如同天霞一般，醒人眼目。它或与峰石相配，则树峰陵临，花石萦映，更添风致，如留园冠云峰庭园中西侧廊下的紫薇与岫云峰（图 3-39）。

木瓜。木瓜［*Chaenomeles sinensis*（Thouin）Koehne］古称楙，为蔷薇科木瓜属落叶小乔木，春末夏初开花，花色淡红，如朝霞滴露，婉娜可爱；果实色黄，其形如瓜，芬香袭人，虽味酸涩，经蒸煮或蜜渍后则可食用，又可入药。木瓜以出宣城者为佳。《诗•卫风•木瓜》云：“投我以木瓜，报之以琼琚。匪报也，永以为好也。”琼琚即精美的玉佩，后来常用以借指互相馈赠的礼物。

木瓜在古代园林中多有种植，唐代王建《白纻歌二首》其二：“馆娃宫中春日暮，荔枝木瓜花满树。城头乌栖休击鼓，青蛾弹瑟白纻舞。”馆娃宫是春秋时期吴王夫差为西施所造的行乐宫苑，其址就在现今木渎灵岩山上的灵岩寺；“荔枝”一词则是用杨贵妃好食荔枝的故事，借喻西施。暮春之季，正是木瓜花开时节，馆娃宫内，随着悠扬的琴声，美人们穿着轻纱般的白色长袖舞衣，跳着吴地的白纻舞，为吴王寻欢醉歌。而权德舆的《奉和陈阁老寒食初假当直从东省往集贤因过史馆看木瓜花寄张蒋二阁老》一诗则描写了宫廷内的木瓜以满树的繁花欢迎休假的主人回来：“昼漏沈沈倦琐闱，西园东观阅芳菲。繁花满树似留客，应为主人休浣归。”到了宋代，园林中已出现了木瓜坞、木瓜园等专类园，这在宋代诗歌中多有反映，如罗愿《木瓜坞》诗云：“闻道木瓜红胜颊，露枝云叶缀华琚。”（《日涉园次韵五首》其五）文同、许及之等均有《木瓜园》诗咏，元汪士明《游木瓜园》诗云：“木瓜名品擅江东，三月花开烟雨中。十里明霞红步障，数峰春色锦屏风。压枝绛蜡融成蒂，映地珊瑚矮作丛。秋实胜如丹颊美，更期跃马访园翁。”写尽了木瓜的花果之美。

木瓜在园林中适宜于庭际孤植，如拙政园海棠春坞西侧小庭中即配植有木瓜；网师园看松读画轩东侧庭院则有一株200年树龄的木瓜树（图3-40），其花淡雅脱俗，树皮斑然可爱。木瓜亦可作盆景用。

图3-40　网师园看松读画轩侧庭配植的木瓜

【小知识】木瓜、贴梗海棠、垂丝海棠、西府海棠

《群芳谱·花谱》云："海棠有四种，皆木本：贴梗海棠、垂丝海棠、西府海棠、木瓜海棠。"木瓜、贴梗海棠、木瓜海棠是蔷薇科木瓜属（*Chaenomeles*）植物，单叶互生，春天开花，花梗粗短，或近无柄，梨果，秋天成熟，常有香气。垂丝海棠、西府海棠为蔷薇科苹果（*Malus*）属植物，单叶互生，春天开花，花有长柄，簇生成伞房花序。

木瓜［*Chaenomeles sinensis*（Thouin）Koehne］树皮斑驳，叶缘有刺芒状尖锐锯齿，齿尖有腺。花单生于叶腋，粉红色。秋季结实如瓜，皮色金黄，香气浓郁（图 3-41）。

贴梗海棠［*Chaenomeles speciosa*（Sweet）Nakai］为落叶灌木，枝秆丛生，枝上有刺。叶缘有锐齿。花叶同放，花簇生，猩红色，稀淡红色或白色，花梗极短，花紧贴于枝，故名（图 3-42）。梨果有香气。

垂丝海棠（*Malus halliana* Koehne）落叶小乔木，树冠开展，有枝刺。叶缘锯齿细钝，叶柄常紫红色。花玫瑰红色，花梗细长下垂，簇生小枝端（图 3-43）。梨果成熟时呈紫红色。

西府海棠（*Malus* × *micromalus* Mak.）亦称小果海棠，是山荆子与海棠花的杂交种。树态峭立，与垂丝海棠易于辨别。叶柄细长，花粉红色，单瓣，有时为半重瓣，花梗直立（图 3-44）。

山茶。山茶花（*Camellia japonica* L.）是山茶科山茶属的常绿灌木或小乔木。单叶互生，革质，有光泽，缘有锯齿，《群芳谱·花谱》云："山茶一名曼陀罗。树高者丈馀，低者二三尺。枝干交加，叶似木樨，硬有棱，稍厚，中阔寸馀，两头尖长三寸许，面

图 3-41　木瓜（西山雕花楼）

图 3-42　贴梗海棠（留园）

图 3-43 垂丝海棠（留园）

图 3-44 西府海棠（留园）

深绿光滑，背浅绿。经冬不脱，以叶类茶，又可作饮，故得茶名。花有数种，十月开至二月。”拙政园西部园林（原补园）卅六鸳鸯馆，其南厅为十八曼陀罗花馆，清初的拙政园以种植十八株山茶花而名动天下；清道光年间，李春福在洞庭东山的卜坞筑有隐梅庵，在园中的梦芗仙馆的左偏藏屋三楹，名天雨曼陀罗华之室，因阶前植山茶两株，故而得名，偶趺坐逃禅，如维摩丈室，天花著人衣袂。山茶名品如白山茶花中的上品玉茗花，黄心绿萼，宛如天然秀逸的白衣仙子，范成大有《玉茗花》一诗咏之：“折得瑶华付与谁，人间铅粉弄妆迟。直须远寄骖鸾客，鬓脚飘飘可一枝。”鹤顶茶，花大如莲，色红如血，中心塞满如鹤顶，乾隆帝《题钱维城花卉册》之“鹤顶茶”诗云：“曼陀罗傲不周风，百种无妨品命同。雪压一枝独立处，胎仙露出顶头红。”宝珠山茶，千叶含苞，历几月而放，殷红若丹，最可爱闻，王世懋说“吾地山茶重宝珠”（《学圃杂疏•花疏》），可见明代苏州人对宝珠山茶的宠爱。山茶花期极长，自冬至春，络绎不绝，陆游有《山茶一树自冬至清明后著花不已》一诗咏之，他的另一首《山茶》诗则云：“雪里开花到春晚，世间耐久孰如君。凭阑叹息无人会，三十年前宴海云。”可谓世间耐久之花。

山茶有“十绝”之美，明代冯时可在《滇中茶花记》中记载：“茶花最甲，海内种类七十有二。冬末春初盛开，大于牡丹。一望若火齐云锦，烁日蒸霞。南城邓直指有茶花百韵诗，言茶有十绝。一寿经三四百年，尚如新植；一枝干高耸四五丈，大可合抱；一肤纹苍润，黯若古云气罇罍；一枝条黝纠，状如麈尾龙形；一蟠根轮囷离奇，可凭而几，可藉而枕；一丰叶森沈如幄；一性耐霜雪，四时常青；一次第开放，历二三月；一水养瓶中，十馀日颜色不变。”邓直指即江西新城人邓远游，名渼，号直指。

图 3-45　网师园五峰书屋前庭配植的山茶花

山茶常被配植于庭前轩侧，网师园五峰书屋的前庭中叠有湖石花池假山和立峰，配以桂花、红枫、山茶等，藤萝掩映。1981 年，曾移植“十三太保”山茶花一棵，种植在五峰书屋南花池中。此品种是山茶中的绝品，每年三、四月盛开时，可同时绽放不同颜色的花朵，有红、粉、白、双色等，称得上为网师园中一大镇园之宝，只可惜其长势渐渐衰退（图 3-45）。

【小知识】茶树、山茶、滇山茶、茶梅

四者均为山茶科山茶属的常绿小乔木或灌木，冬芽有数个鳞片。单叶互生，叶缘有锯齿。

茶树［*Camellia sinensis*（L.）O. Ktze.］，栽培通常成丛生灌木状，叶质较薄，叶缘有细锯齿。花小，白色雄蕊淡黄色，花柄较长而下弯，秋季开花（图 3-46），是中国茶饮的主要植物。

山茶（*Camellia japonica* L.），嫩枝无毛，叶较大，表面暗绿有光泽。花大，单生，近无柄，子房无毛。原种为单瓣红花，久经栽培，有红、白及单瓣、半重瓣、重瓣等花形，品种多达一两千种。花期在冬春（图 3-47）。

滇山茶（*Camellia reticulata* Lindl.）即云南山茶花，树体和叶、花都比山茶大，叶表面深绿而近无光泽，叶缘锯齿尖细。花粉红色至深紫色，单生或 2 ~ 3 朵着生于枝梢顶端叶腋，子房有丝状绒毛，花期长，晚花品种可开到 4 月上旬。

图 3-46　茶花

图 3-47　山茶花（留园）

茶梅（*Camellia sasanqua* Thunb.），呈灌木状，嫩枝有毛，芽鳞有倒生柔毛，叶较小而厚，花 1 ~ 2 朵顶生，子房密被白毛。《汝南圃史》卷六："茶梅花叶皆小于山茶，其花单叶，粉红色，秋深始开。"现有白花、红花及重瓣等品种，冬春开花（图 3-48）。

另有一种金花茶（*Camellia nitidissima* Chi），产广西，花单生，金黄色，子房无毛，冬春开花（图 3-49）。苏州多盆栽。

庭院植物的配置讲究雅致简洁，庭前槛畔，水边石际，皆可入画。《长物志·花木》云："乃若庭除槛畔，必以虬枝古干，异种奇名，枝叶扶疏，位置疏密。或水边石际，横偃斜披；或一望成林，或孤枝独秀。草木不可繁杂，随处植之，取其四时不断，皆入图画。又如桃、李不可植于庭除，似宜远望。红梅、绛桃，俱借以点缀林中，不宜多植。梅生山中，有苔藓者，移置药栏，最古。杏花差不耐久，开时多值风雨，仅可作片时玩。蜡梅冬月最不可少。他如豆棚、菜圃，山家风味，固自不恶，然必辟隙地数顷，别为一区；若于庭除种植，便非韵事。"苏州园林的庭院之中，也常常可看到杏花的身影，留园涵碧山房庭院中有大杏一株，花时如明霞照绮，艳丽可爱（图 3-50）。范成大《云露堂前杏花》云："蜡红枝上粉红云，日丽烟浓看不真。浩荡光风无畔岸，如何锁得杏园春。"蜡烛光焰般的红色枝条上开满了粉红色的花朵，似片片红云盘回；风柔日暖，春烟缭绕，看不清杏花美丽的姿态；澹荡的雨后春风，漫吹无际，又怎能

图 3-48　茶梅（沧浪亭）

图 3-49　金花茶（叶正亭摄）

（a）留园涵碧山房庭院中的杏花（茹军摄）

（b）留园涵碧山房庭院中的杏（果）

图 3-50　留园涵碧山房庭院中的杏

锁得住园中杏花带来的春的气息（杏园又泛指新科进士的游宴之处，如明代谢环绘有《杏园雅集图》）。杏花根系较浅，庭院中栽植最宜与山石相配，所以《群芳谱•花谱》说："杏，树大，花多，根最浅，以大石压根则花盛，叶似梅差大，色微红，圆而有尖。"文震亨认为杏"花亦柔美，宜筑一台，杂植数十本"，王世懋也认为"杏花无奇，多种成林则佳"（《学圃杂疏•花疏》），可见明代多以丛植或林植配置。

我国栽植杏花的历史极为悠久，《管子》中就有"五沃之土，其木宜杏"的记载。杏坛在《庄子•渔父》寓言中说是孔子聚徒授业讲学之处，曲阜孔庙于北宋时筑坛，环植杏树，名杏坛；后将杏坛泛指授徒讲学之所，现在的柴园辟为教育博物馆，也在庭院中配植高大杏树一株。同时传说三国时吴国的名医董奉在杏林修炼成仙，所以道家修炼之处也称杏坛。葛洪的《神仙传》记载：董奉隐居庐山，不种田，治病不取钱，病重愈者，使栽杏五株，轻者一株，蔚然成林。后以杏林代指良医。杏子熟时，董奉在杏林中造了一座仓库，以备放上谷物，有人要买他杏子的，就用谷物置换，一年可得二万余斛，用以赈救穷人，后人称之杏田。杏也是中国古代"五果"之一，《尔雅翼》："五果为五谷之祥……故五果分五行，所以表五谷也。又按五果之义，春之果莫先于梅，夏之果莫先于杏，季夏之果莫先于李，秋之果莫先于桃，冬之果莫先于栗，五时之首，寝庙必有荐。""五果"在古代必先荐供于宗庙，让祖宗先行品尝。

其他一些乔木如榉树、朴树、黄杨等乔木也常配植于庭院之中。榉树，李时珍在《本草纲目》中说："其树高举。"故而得名，一树在庭，佳荫弥楹；又说"榉材红紫作箱案之类甚佳"，江南农村中常作材用。朴，大也；朴树枝条开展，荫浓满院，园林中多植之，如留园还读我书处是一座封闭式庭院，庭院中原为牡丹花台（留园庭院中多为中央布置牡丹花台，如涵碧山房、揖峰轩等），现存朴树和黄杨古木各一株（图3-51），炎暑不见天日，阴凉无比。

黄杨［*Buxus sinica*（Rehder & E. H. Wilson）M. Cheng］则是苏州园林中的珍贵树种之一，历来受到造园者的宠爱（图3-52）。它又名瓜子黄杨或万年青等，其枝叶茂密，四季常青，单叶对生，全缘，形似西瓜子，所以又称瓜子黄杨［园林绿化中常用作绿篱的大叶黄杨（*Euonymus japonzcus* Thunb），属卫矛科卫矛属，叶大，边缘有钝锯齿］。黄杨生长极其缓慢，古人认为黄杨每年只长一寸，到了闰年反而缩三寸，苏东坡“园中草木春无数，只有黄杨厄闰年”诗句下自注云：“俗说，黄杨一岁长一寸，遇闰退三寸。”梅尧臣亦有“婆娑黄杨树，谁谓逢闰缩”等诗句。后因黄杨遇闰年不长，因以“厄闰”喻指境遇艰难，如钱谦益之“身如黄杨木，节节厄闰年”。但也有人认为“人言闰月厄黄杨，此语分明太激昂”（明顾清《忆家园》）。黄杨木材淡黄色，木质致密，可以作雕刻的材料。在古代庭院中还常绑扎成狮子、仙鹤等造型，以图吉祥。

北宋朱长文《苏学十题》之三《百干黄杨》诗云：“宝干多材美，孤根一气同。春馀花淡薄，雪里叶青葱。蕃衍非人力，坚刚禀化工。寸枝裁玉轸，可助舜南风。”明吴宽则有《追和朱乐圃先生苏学十题》诗云：“严凝霜雪后，蕃衍弟兄同。帖莫题青李，刀难断寸葱。厄多逢岁闰，材短谢良工。桃李纷如许，终看立下风。”王绂《题

图3-51　留园还读我书处庭院中的朴树和黄杨

图3-52　怡园庭院中配植的黄杨

邹园十咏》之《黄杨》诗云："结盖多川产，盘根盛吴中。清风记赋笔，允矣欧阳公。"宋徽宗赵佶垂意花石，苏州人朱勔随其父朱冲被蔡京带入东京汴梁，挨在禁军名额里，"初致黄杨三本，帝嘉之"，便平步青云，成为皇帝的专差，负责营造艮岳的花石纲，"括天下之美，藏古今之胜"，在营造艮岳时，"增土叠石，间留隙穴，以栽黄杨，曰'黄杨巘'"（宋张淏《艮岳记》）。

李渔极推崇黄杨，认为莲为花之君子，黄杨则当为木之君子。园林中常配植于前庭一隅，或假山局部，以资点缀，如耦园城曲草堂楼前假山处等。

三、花厅闲庭，竟日淹留佳客坐

花厅是苏州传统住宅中大厅以外的客厅，多建在跨院或花园中。《扬州画舫录》卷十七"工段营造录"："以花命名如梅花厅，荷花厅，桂花厅，牡丹厅，芍药厅；若玉兰以房名，藤花以榭名，各从其类。"花厅是园林中的主要建筑物，常用作会客、宴饮的主要场所，其植物配置最为讲究。明人陈继儒《小窗幽记》卷五说："宠辱不惊，闲看庭前花开花落；去留无意，漫随天外云卷云舒。"从庭院中的花开花落，看到了人生的得失与成败，甚至是世事的兴衰，表达了一种淡泊自然、达观进取的人生观。

荷花厅。是苏州园林中最常见的花厅形式之一。苏州园林中的荷花厅，常在厅北置露台，台前多为荷花池，再在池北叠山，形成城市山林景象。而厅南一般为封闭、半封闭或较开敞的庭院空间（宜于冬春）。因此荷花厅既是园林山水空间的一部分，同时又常常以它为中心，形成若干个庭院空间。夏秋之季，薄晚荷风生，藕花香习习，自是傍晚纳凉绝佳处。如留园涵碧山房临池广置平台（图 3-53），即为观鳞赏月之处，隔水北望，峰石树木，极富自然之趣；而厅南则为由建筑围合的庭院空间。

拙政园远香堂，其名取自于周敦颐《爱莲说》"香远益清"句意（图 3-54）。其形制为四面厅式样，厅北广庭临沼，岸阔莲香，行云影深；厅南池深林暗，风景幽闲，人坐厅中，宛在湖山胜绝间。

苏州人在厅堂前凿池植荷的历史极为悠久。宋龚明之《中吴纪闻》卷四记载当时郡府中："双莲堂在木兰堂东，旧芙蓉堂是也。至和初，光禄吕大卿济叔，以双莲花开，故易此名。"双莲就是一枝莲茎上开着两朵荷花，又称并蒂莲。北宋杨备有诗云："双莲仙影面波光，翠盖风摇红粉香。中有画船鸣鼓吹，瞥然惊起两鸳鸯。"政和元年（1111年），盛章（字季文）任苏州知府时，池多双莲，范仲淹从孙范周《木兰花慢》词云："美兰堂昼永，晏清暑，晚迎凉。控水槛风帘，千花竞拥，一朵偏双。银塘。尽倾醉眼，讶湘娥、倦倚两霓裳。依约凝情鉴里，并头宫面高妆。　莲房。露脸盈盈，无语处，

图 3-53　留园涵碧山房荷花厅和明瑟楼前的荷花（茹军摄）

图 3-54　拙政园远香堂前池中配植的荷花（左彬森摄）

恨何长。有翡翠怜红，鸳鸯妒影，俱断柔肠。凄凉。芰荷暮雨，褪娇红、换紫结秋房。堪把丹青对写，凤池归去携将。”华堂前清澈明净的池塘中，荷花千柄，竞相开放。荷池中的并蒂莲，就似湘妃娥皇和女英，衣袂飘飘；如露般莹润的莲蓬，仪态娇美。漫长的白昼之后，暮雨生凉，花瓣渐落，换结莲房。这幅幅生趣的景致，堪写图画，以便赏玩。并蒂莲历来被视为祥瑞，据方志记载：明代正统三年（1438 年）六月，吴县县学泮池瑞莲一茎三花，东山人施槃第二年状元及第，成为明朝开国后苏州府出的第一名状元；成化七年（1471 年），苏州府学池中莲开一茎二花，第二年吴宽状元及第。

苏州的府学中荷花品种很多，除百子莲、千叶白莲、碧台莲之外，还有开黄花的荷花品种。《学圃杂疏 • 花疏》说：苏州府学中，“旧又见黄、白二种，黄名佳，却微淡黄耳。千叶白莲，亦未为奇，有一种碧台莲，大佳，花白而瓣上恒滴一翠点，房之上复抽绿叶，似花非花，余尝种之，摘取瓶中以为西方品。近于南都李鸿胪所复得一种，曰锦边莲，蒂绿花白，作蕊时绿苞已微界一线红矣，开时千叶，每叶俱似胭脂染边，真奇种也，余将以配碧台莲，甃二池对种，亦可置大缸中，为无前之玩。若所谓并头、品字、四面观音，名愈奇愈不足观，切勿种。”

荷花自其出水为荷钱，点缀绿波，已是意趣非凡；劲叶既生，有风则摇曳生姿，无风亦呈袅娜之态；于花之未开之时，已可先享其无穷逸姿矣。及花，自夏徂秋，或红或白，似踏波仙子，如傲岸之士，水殿风回，泠然令人仙去。花之既凋，“红衣脱尽莲蓬绿，翠盖凋残荷柄枯。更有数蓬癯已老，无人折之欲倾倒”（北宋释德洪《颖皋楚山堂秋景两图绝妙二首》其一），加上莲实与藕可食，可谓“无一时一刻，不适耳目之观；无一物一丝，不备家常之用也”（李渔《闲情偶寄 • 种植部》）。

牡丹厅。牡丹（*Paeonia suffruticosa* Andr.）为芍药科芍药属落叶灌木，分枝短而粗，常为二回三出复叶。牡丹花期较长，北宋梅尧臣《四月三日张十遗牡丹二朵》诗云：“已过谷雨十六日，犹见牡丹开浅红。曾不争先及开早，能陪芍药到薰风。”其初名木芍药，到隋唐开始成为重要的花卉。唐玄宗李隆基与杨贵妃于沉香山沉香亭赏牡丹，命李白作《清平调》词三首，其三云：“名花倾国两相欢，常得君王带笑看。解释春风无限恨，沉香亭北倚栏杆。”现在网师园露华馆即取李白《清平调》其一“云想衣裳花想容，春风拂槛露华浓。若非群玉山头见，会向瑶台月下逢”诗意而命名，厅前有一大型牡丹花台（图 3-55），遍植牡丹、芍药，花时一片锦绣。（只是建筑体量和花坛过大，已失去网师园应有的风格。）

至宋代，洛阳牡丹闻名天下。欧阳修说：“洛阳之俗，大抵好花。春时，城中无贵贱，皆插花。虽负担者亦然。花开时，士庶竞为遨游，往往于古寺、废宅有池台处，为市井张幄帟，笙歌之声，相闻最盛。”（《洛阳牡丹记•风俗记第三》）朱勔家圃在阊门内，竟植牡丹数千万本，以缯彩为幕，弥覆其上，每花身饰金为牌，记其名。南宋初吴门老圃史正志不但是个菊花专家，也是个牡丹的发烧友，他家就种有牡丹五百株。

图 3-55 网师园露华馆前的牡丹、芍药花坛

《长物志•花木》云：“牡丹称花王，芍药称花相，俱花中贵裔，栽植赏玩，不可毫涉酸气。用文石为栏，参差数级以次列种。”有“江南第一风流才子”之称的明代唐寅，筑室桃花坞，“居桃花庵，轩前庭半亩，多种牡丹花，开时，邀文徵仲、祝枝山赋诗浮白其下，弥朝浃夕。有时大叫恸哭。至花落，遣小伻一一细拾，盛以锦囊，葬于药栏东畔，作《落花诗》送之，寅和沈石田韵三十首”（《唐伯虎全集•轶事》）据称《红楼梦》中“黛玉葬花”即取典于此。

清代嘉兴人计楠于 1809 年所著的《牡丹谱》中，记载了苏州洞庭山种植的 8 个品种和平望程氏种植的 5 个品种，并说：“古称牡丹洛阳第一，今盛于亳州、曹州，近地洞庭山亦多佳种。”道光二十六年（1846 年）顾春福在洞庭东山建隐梅庵，在主厅卧雪草堂后筑看到子孙轩，“因栽五色鼠姑，取罗邺诗意，以勉后人也”（《隐梅庵记》）。鼠姑为牡丹的别称，唐末罗邺《牡丹》诗云：“落尽春红始著花，花时比屋事豪奢。买栽池馆恐无地，看到子孙能几家。”

李渔说：“然他种犹能委曲，独牡丹不肯通融，处以南面则生，俾之他向则死。”（《闲情偶寄•种植部》）牡丹因喜高爽，向阳斯盛。在园林配植上，正如《花镜•种植位置法》说所云：“牡丹、芍药之姿艳，宜玉砌雕台，佐以嶙峋怪石，修篁相映。”苏州园林中的花厅一般北为露台和荷花池，而南面则大多为封闭或半封闭的庭院，庭院中常置以牡丹花坛，如留园涵碧山房南庭牡丹中央花坛（图 3-56），周遭植以桂花、玉兰、海棠之类，称玉堂富贵。怡园牡丹厅（湛露堂）前牡丹花坛，这里原多牡丹异种，春来花开，五彩缤纷，尤其是“月下素”品种，花时素英雪葩，俗称牡丹厅事。清代书法家杨沂孙为顾沄《怡园图》册页“牡丹厅”所题的跋曰：“怡园中牡丹厅事旁，绕奇石，中植名花，取罗邺诗语，颜曰‘看到子孙’”（图 3-57），并有题诗云：“苏

(a) 留园涵碧山房庭院中的植物配置(茹军摄)

(b) 留园涵碧山房庭院中的牡丹花坛

图 3-56　留园涵碧山房庭院中的牡丹花坛及植物配置

台园圃斗新奇，为闻谁家是祖遗。会得子孙非我有，自然富贵亦如斯。江山变幻归拳石，卉木精神亦可儿。爱敬名花知养志，得翁怡在得花怡。”湛露堂之名则取自《诗经·小雅·湛露》：“湛湛露斯，匪阳不晞。”有希望世泽长久之意。这里曾是怡园原入园处，俞樾《怡园记》：“入园有一轩，庭植牡丹，署曰‘看到子孙’。”唐诗咏牡丹有云：“是处围亭皆可种，看到子孙能几家。”顾文彬《琴调相思引·牡丹厅》：“魏紫姚黄灿满庭，写生新展赵昌屏。牙签齐插，分榜牡丹名。　　轻燕低穿遮日幕，游蜂频扑护花铃。子孙看到，问有几家能。”

芍药厅。芍药(*Paeonia lactiflora* Pall.)是芍药科芍药属多年生草本植物，花大而美丽，有紫红、粉红、白等多种颜色（图 3-58），《诗经·郑风·溱洧》有“维士与女，伊其相谑，赠之以勺药”。勺药即芍药，又名将离，唐苏鹗《苏氏演义》卷下：“牛亨问曰：‘将离别，赠之以芍药者何？’答曰：‘芍药一名将离，故将别以赠之。’”芍药的别名很多，如红药，南朝谢朓《直中书省》诗：“红药当阶翻，苍苔依砌上。”白居易《伤宅》诗：“绕廊紫藤架，夹砌红药栏。”唐代张蠙《宴驸马宅》：“红药院深人半醉，绿杨门

图 3-57　〔清〕顾沄《怡园图册》之牡丹厅（南京博物院藏）

掩马频嘶。”因此栽植芍药花的庭院又被称为红药院。明万历《扬州府志》卷二十一：“扬州古以芍药擅名。宋有圃在祥智寺前，又有芍药厅。”

婪尾春也是芍药的别名（图3-59），宋人陶谷《清异录》卷上：“胡峤诗‘瓶里数枝婪尾春’，时人罔喻其意。桑维翰曰：‘唐末文人有谓芍药为婪尾春者。婪尾酒乃最后之杯，芍药殿春，亦得是名。’”胡峤、桑维翰都是五代时人，胡峤曾入契丹，后逃归。网师园殿春簃在道光末叫婪尾春庭，袁学澜《网师园》诗云：“栏前婪尾花，红紫乱无数。群僚醉锦茵，题壁留新句。”并有旁注曰：“园多芍药，花时官长必宴集于此。”所以李鸿裔（号香岩）后来在此复建殿春簃和芍药圃。

《本草纲目·草部》说：“芍药，犹婥约也，美好貌，此草花容婥约，故以为名。”加之芍药花期在春末，故称殿春。《学圃杂疏·花疏》云：“余以牡丹天香国色，而不能无彩云易散之恨，因复创一亭，周遭悉种芍药，名其亭曰‘续芳’。芍药本出扬州，故南都极佳，一种莲香白，初淡红，后纯白，香独如莲花，故以名。”网师园殿春簃之名取自宋代邵雍《芍药四首》之二：“一声啼鴂画楼东，魏紫姚黄扫地空。多谢化工怜寂寞，尚留芍药殿春风。”（图3-60）钱泳在《履园丛话》中说：“嘉庆戊寅四月，余尝同范芝岩、潘榕皋、吴槐江诸先生看园中芍药，其花之盛，可与扬

图3-58 芍药

图3-59 〔清〕缂丝乾隆御制诗花卉册之婪尾春（北京故宫博物院藏）

图 3-60　网师园殿春簃庭院中的芍药花台

州尺五楼相埒。”嘉庆戊寅即公元 1818 年，尺五楼是扬州蜀岗的一处园林，当时网师园以盛栽芍药而名动一时。20 世纪 30 年代张善子、张大千昆仲租居时，庭前种满了芍药花，周瘦鹃先生说它“竟如种菜一般”。现在的留园、艺圃等均栽植有芍药。

梅花厅。梅花（*Prunus mume* S.et Z.）是蔷薇科李属（亦有将其归为杏属 *Armeniaca mume* Sieb）的小乔木，先花后叶，冒寒怒放，香闻数里，落英缤纷，宛若积雪，盛开之时，号为香雪海。苏州园林中常辟以小圃植梅，如明代王氏拙政园有瑶圃一景，“竹涧之东，江梅百株，花时香雪烂然，望如瑶林玉树，曰‘瑶圃’”（文徵明《王氏拙政园记》）现在沧浪亭闻妙香室北片植梅花，红梅花开之时，“鸟语带余寒，竹风回妙香”，其景幽绝。清代乾隆年间的宋宗元网师园，其主要堂构名梅花铁石山房，因植有老梅而得名；梅花铁石取自唐朝名相宋璟为人刚毅，铁石心肠，却写出了风流妩媚的《梅花赋》的典故；宋宗元《梅花铁石山房》诗云：“云根盘礴涧阿春，坐石看花索笑频。数点漫嗤寒到骨，好凭冰雪练精神。”王鸣盛亦有“槎枒世外姿，幽香近冰雪；广平赋梅花，不碍心如铁”之诗咏。怡园有梅花厅事一景（又名锄月轩，沧浪亭也有锄月轩一景，取自宋元人诗“自锄明月种梅花”句意），厅事即听事，原指官署视事问案的厅堂，后常指私人住宅的堂屋；怡园的梅花厅，近人徐沄秋在《怡园》一文中说：“轩前植老梅百余本，花时锦绣参差，一重一掩，踏雪人来，疑入罗浮梦里。林中旧蓄白鹤一对，今剩其一，清唳声声，悠然破寂。”（图 3-61）梅鹤双清，这也是沿袭了宋代林和靖种梅养鹤（即梅妻鹤子）的典实。早春之际，缤纷万树，清香盈溢，玉泾词客潘曾玮有《琴调相思引·梅花馆》词云：“石槛横斜四照开，江南春信正徘徊。寒飙一夜，香雾满阶苔。　鹤梦三处迷纸帐，螭云双影落琴台。风清月白，疑有玉人来。”

苏州是我国梅花栽植的传统产地之一，范成大在《梅谱》（亦称《范村梅谱》）中说：“吴下栽梅特盛，其品类不一。”他将亲手栽种的梅花归纳成十一个品种，另外还记录了三个蜡梅品种，如：“江梅，遗核野生、不经栽接者，又名直脚梅，或谓之野梅。凡山间水滨荒寒清绝之趣，皆此本也。花稍小而疏瘦有韵，香最清，实小而硬。”江

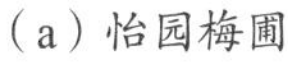

（a）怡园梅圃　　　　（b）梅圃之梅花

图 3-61　怡园梅圃及梅花

梅现属梅花品系中的直脚梅类，是一种较为原始的栽培类型，花开五瓣，花色为白、粉、红等，园林中栽植较为广泛。又如绿萼梅，范氏《梅谱》说：“凡梅花跗蒂皆绛紫色，惟此纯绿，枝梗亦青，特为清高，好事者比之九嶷仙人萼绿华。京师艮岳有萼绿华堂，其下专植此本，人间亦不多有，为时所贵重。吴下又有一种，萼亦微绿，四边犹浅绛，亦自难得。”绿萼梅是苏州光福一带的传统梅花名种（图 3-62），周瘦鹃先生认为：“以花品论，自该推绿梅为第一，古人称之为萼绿华。绿萼青枝，花瓣也作淡绿色，好象淡妆美人，亭立月明中，最有幽致；诗人词客，甚至以九嶷仙人相比。”萼绿华是传说中的女仙名，后赐予了梅花作为品种名称。宋徽宗艮岳中筑有绿萼华堂，其御制《艮岳记》云：“其东则高峰峙立，其下植梅万数，绿萼承趺，芬芳馥郁，结构山根，号‘绿萼华堂’”李质（字文伯）奉诏作有《艮岳百咏•萼绿华堂》：“绿萼承趺玉蕊轻，清香续续度檐楹。天教不杂开桃李，赐与神仙物外名。”范成大《绿萼梅》诗云：“朝罢东皇放玉鸾，霜罗薄袖绿裙单。贪看修竹忘归路，不管人间日暮寒。”

图 3-62　绿萼梅

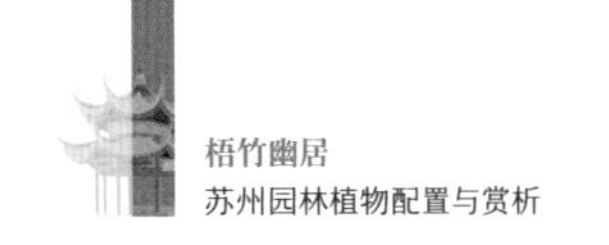

东皇是古代传说中天神东皇太一；绿萼梅正如萼绿华仙子上完天庭早朝，乘着玉銮从云霞中赶回人间那样，穿着单薄的白色丝织霜罗和绿裙，衣袂飘飘，风韵动人；然而那绿华仙子人概一路上因“贪看修竹”忘记了“归路”，就不管人间的日暮与天寒了，表达出诗人赏梅的雅致与丰富的想象，全诗新巧传神，韵味高妙。

潘贞邦在《吴门逸乘》中记载：可园“中有铁骨红梅二株，岁时作花，郡人士女争往观也”。可园学古堂前遍植梅花，旧有铁骨红梅两株，疑即现在的“骨里红”梅花品种（木质部呈暗紫色），当时有“江南第一枝”之誉，海盐沈祖模有诗咏之：“可园同访古红梅，照眼繁枝正半开。想见孤高遗世俗，墙东一老不凡才。临水花开见早春，琼英清艳迥无尘。几生修得嫏嬛地，自有诗书气袭人。”（《偕劢叟雪子可园探梅赋呈俦庐姻故》）

《花镜·种植位置法》云：“梅花、蜡瓣（蜡梅）之标清，宜疏篱竹坞，曲栏暖阁，红白间植，古干横施。”对于梅花的审美，古代有“三美”“四贵”之说：所谓“三美”，即“以曲为美，直则无姿；以欹为美，正则无景；以疏为美，密则无态”（清龚自珍《病梅馆记》）；所谓“四贵”，即“贵稀不贵繁，贵老不贵嫩，贵瘦不贵肥，贵含不贵开”（明陈仁锡《潜确类书》）。范成大《梅谱后序》：“梅以韵胜，以格高，故以斜横疏瘦，老枝怪奇者为贵。”每值冬春，可凭栏而观，或倚窗而赏，“小窗细嚼梅花蕊，吐出新诗字字香”（宋刘翰《小宴》）。

【小知识】梅、李、桃、杏、日本樱花、日本晚樱

各国植物学家对李亚科李属（*Prunus* L.）分类范围持有不同意见，迄今尚未统一，有学者把原李属细分为桃属（*Amygdalus* L.）、杏属（*Armeniaca* Mill.）、李属（*Prunus* L.）、樱属（*Cerasus* Mill.）、稠李属（*Padus* Mill.）和桂樱属（*Laurocerasus* Tourn. ex Duh.）6属。

梅（*Prunus mume* Sieb. et Zucc.）小枝细长，绿色光滑，无顶芽。叶边具小锐锯齿。叶芽和花芽并生，花单生或有时2朵同生于1芽内，先于叶开放，花梗短（图3-63）；核具蜂窝状孔穴。

我国已有三千多年的梅花栽培历史，梅的品种分果梅和花梅两大类。花梅的品种甚多，约有300多个。据陈俊愉教授研究，分为以下五类：一、直枝（脚）梅类（*var. mume*）。枝条直立或斜展，按花形和花色分为朱砂型、绿萼型等七型。二、垂枝（照水）梅类（*var. pendula* Sieb.）。枝条下垂，形成独特的伞状树姿，可分为单粉照水型、残雪照水型等六型。三、龙游梅（曲梅）类（*var. tortuosa* T. Y. Chen et H. H. Lu）。枝条自然扭曲如游龙；

花蝶形，半重瓣，白色，如龙游梅。四、杏梅类（*var. bungo* Makino）。枝和叶似山杏；花半重瓣，粉红色，如杏梅、洋梅、送春等品种。花期较晚，抗寒性较强，可能是杏与梅的天然杂交种。五、樱李梅类（*Prunus* × *blireana* Andre）。是红叶李与宫粉梅的人工杂交种，枝叶如红叶李，花似梅，淡紫红色，单瓣或重瓣，花叶同放，品种有美人梅、小美人梅等。

桃[*Prunus persica*(L.)Batsch]，小枝绿色，向阳处为红褐色，具顶芽，侧芽3，两侧为花芽。花常无柄，先叶开放，粉红色，叶前开放（图3-64）。品种很多，如碧桃、寿星桃等。

红叶李（*Prunus cerasifera* Ehrh.‘Pissardii’），又名紫叶李，是樱李的变型，为园林中习见的观赏树木之一，常年叶片紫色，枝条细长，暗红色。花小，淡粉红色，花梗细长，常3朵并生或单生，常花叶同放（图3-65）。

杏（*Prunus armeniaca* L.），落叶乔木，无顶芽，腋芽单生。叶片宽卵形或圆卵形，边缘有圆钝锯齿。花单生，先于叶开放；花梗短，白色或带红色（图3-66）。

图3-63　梅花

图3-64　桃花

日本樱花（*Prunus* × *yedoensis* Matsum.），又称东京樱花，落叶乔木，树皮暗灰色。平滑，小枝淡紫褐色。叶椭圆卵形或倒卵形，边有尖锐重锯齿，齿端有小腺体。伞形总状，总梗极短，花瓣白色或粉红色，先叶开放，花期较短（图3-67）。原产日本，有学者认为是杂交起源，园艺品种多。

日本晚樱（*Prunus lannesiana* Carr.），落叶乔木，腋芽单生，叶缘有芒状单锯齿及重锯齿，齿尖有小腺体。花序伞房总状或近伞形，苏州栽植品种多为重瓣的红花品种（图3-68），如绯红晚樱等，花期4月中旬左右。引自日本，常在园林中栽植供观赏用，如狮子林、耦园等。

图 3-65　红叶李

图 3-66　杏花

图 3-67　日本樱花（左彬森摄）

图 3-68　日本晚樱（狮子林，左彬森摄）

桂花厅。桂花［*Osmanthus fragrans*（Thunb.）Lour.］因常丛生于岩岭之间，所以古代称之为岩桂、山桂；又因其木材纹理如犀，故又称木樨或木犀；因其色黄如金，花小如粟，故又名金粟（图 3-69），如怡园有金粟亭；系木樨科木樨属常绿小乔木。因大多雌蕊发育不正常，所以往往只开花，不结果，只有少数品种如银桂中的子桂品种等才会结果（图 3-70）。果为核果，椭圆形，成熟时呈蓝黑色。《群芳谱•花谱》："岩桂，俗呼为木樨，其花有白者名银桂，黄者名金

图 3-69　〔清〕恽寿平《花卉册》之桂花（美国纳尔逊艺术博物馆）

桂，红者名丹桂。有秋花者、春花者、四季花者、逐月花者。”在现代桂花品种分类中，有人提出可将桂花分为四季桂（图3-71）和秋桂两大类。秋桂中根据其花色，又可分为金桂型、银桂型和丹桂型（图3-72）。

明代王世懋说：“木樨（即桂花）吾地为盛，天香无比。”每逢中秋佳节，广植于古典园林、风景名胜区以及街头绿地中的桂花，金粟满枝，芳气四溢，整个苏州城区就沉浸在一片甜香之中。桂花开时，向有数日鏖热如溽暑，苏州人称之为木樨蒸。据《桐桥倚棹录》记载，虎丘游船除三节会外，春为牡丹市，夏为乘凉市，而秋则为木樨市，金风催蕊，玉露冷香，男女耆稚，极意纵游，恣一时之乐。桂花1982年被定为苏州市市花。

“中庭生桂树，华镫何煌煌”（《汉乐府•相逢行》），桂花在苏州园林厅堂前的配植，常缀以山岩或假山峰石，范成大《寿栎前假山成，移丹桂于马城自嘲》诗云：“堂前趣就小嶙峋，未许蹒跚杖履亲。更遣移花三百里，世间真有大痴人。”唐代的任晦园，深林曲沼，危亭幽砌；到了明代为徐姓所有，徐某筑桂花厅，四周栽植桂花，“墙壁、析柱尽刻木樨”（《吴门园墅文献卷一•谈丛》），这种以桂花为主题的雕花厅可谓绝无仅有。现在网师园有小山丛桂轩一景（图3-73），取意于“小山则丛桂留人”之句，意思是可以在这里隐居，亦寓款留宾客之意。轩之南的湖石假山花台上及西侧山岩间主植桂花，恰似一个小小的山坞，每至仲秋，丹桂飘香，积聚于山坳之间，叶密千层，金粟万点，更具独特意趣。陈从

图3-70　子桂（拙政园听雨轩）

图3-71　四季桂（留园）

图3-72　丹桂（留园）

图 3-73　网师园小山丛桂轩配植的桂花（左彬森摄）

周《续说园》云："数峰环抱，配以桂丛，香溢不散，而泉流淙淙，山气霏霏，花滋而馥郁，宜秋日赏桂，游人信步盘桓，流连忘返。"而吴江退思园的桂花厅，悬匾名曰"天香秋满"，正是中秋桂花的真实写照。

李渔说：桂花"树乃月中之树，香亦天上之香"，而且清能绝尘，浓能透远，一丛盛放，邻墙别院，莫不闻之。听香不见桂，满街飘桂香。古时亦用桂叶、桂花编制帽子（一说是月桂），取其清香高洁。三国魏繁钦《弭愁赋》："整桂冠而自饰，敷綦藻之华文。"清代怡园主人顾文彬在《过云楼家书》中说："花厅天井中必须以花木、山石点缀，种花以桂花为最。"

玉兰厅。白玉兰（*Magnolia denudate* Desr.）隆冬花蕾如笔，早春先叶开放，因色白似玉、香气似兰而得名。它不但适宜于住宅区之大厅前配植，更宜园林花厅、台榭处种植。

《长物志·花木》云："玉兰宜种厅事前，对列数株，花时玉圃琼林，最称绝胜。"现在拙政园有玉兰堂一景（图 3-74），原名笔花堂，讹传为文徵明作画之所，庭院内对植数株白玉兰。玉兰花未发之时，花蕾如笔，早春盛放，千枝万蕊，《学圃杂疏·花疏》称"其盛时可称玉树，树有极大者，笼盖一庭"，文徵明有《玉兰花》诗赞曰："绰约新妆玉有辉，素娥千队雪成围。我知姑射真仙子，天遣霓裳试羽衣。影落空阶初月冷，

图 3-74　拙政园玉兰堂前配植的白玉兰（左彬森摄）

香生别院晚风微。玉环飞燕原相敌，笑比江梅不恨肥。”其实文徵明的书屋就叫玉兰堂，并有“门巷幽深白日长，清风时洒玉兰堂”（《夏日闲居》），“拟合群贤酬一醉，呼儿为扫玉兰堂”（《九日招孔周诸君》）等诗咏，其孙文肇祉（文彭子）有《大父玉兰堂小酌时将奉侍家君应试南畿》诗云：“吾祖已垂白，堂开聚德星。衣裳动云气，杯酌吐玄音。喜共趋庭日，那堪驾远临。欧公倘相遇，苏氏慰初心。”清代苏州的乾隆行宫有玉兰堂，乾隆有多诗赋之，如《题玉兰堂》云：“依花老屋署题新，便觉花开早别春。何必斋堂独文璧（自注：文徵明所居有玉兰堂），定知图画有唐寅。香如檐蔔惟馀静，质是琳琅了不尘。设使选仙编姓氏，佩阿证果即前身。”玉兰花香如栀子（即薝蔔，也误写作檐蔔、簷蔔）而不充鼻，质似精美的碧玉而滴尘不沾。又有《玉兰堂（在苏州行宫内）》诗云：“灵岩两日问山回，曰白辛夷花尚开（自注：紫者为辛夷，白者为玉兰，本一种也。以玉兰接枝于辛夷，则开白花，否则开紫花。然未见以玉兰接枝于玉兰者，亦其明验。向屡于咏玉兰诗，详考之，有原是辛夷种接植之句）。昨自虎邱识为最（自注：虎邱山阴玉兰一枝，本高数丈，枝叶茂盛，花开甚繁），兹因玉磬得其陪（自注：文徵明所居有玉兰堂，兹苏州行宫所植玉兰于春巡时盛开，因即以此名之）。文家堂下想荒矣，行馆阶前正菀哉。即境无端一数典，恐他璧老笑重儓。”

现代玉兰品种甚多，由白玉兰与紫玉兰杂交而形成的二乔玉兰系，有近百个品种，如网师园梯云屋、五峰书屋后庭中的二乔玉兰（图 3-75），花时千枝万蕊，不叶而花，宛如云霞缀天，笼盖一庭。

图 3-75　网师园五峰书屋后庭配植的二乔玉兰

藤花厅。所谓的藤花一般均指紫藤花。紫藤［*Wisteria sinensis*（Sims）Sweet］是蝶形花科紫藤属的攀援缠绕型大藤本植物，茎右旋，勾连盘曲，浓荫满架，春天紫花密集成串，略具香气，吉祥嘉庆，因此常植于庭院中。明代吴宽在其东庄（即葑门内苏州大学一带）植有紫藤，其《记园中草木二十首之十八》“朱藤”诗云：“袅袅数尺藤，往岁手亲插。西庵敞短檐，藉尔两相夹。岁久终蔓延，枝叶已交接。有花散红缨，有子垂皂荚。赤日隔繁阴，偃息可移榻。但忧风雨甚，高架一朝压。霜雪却不妨，忍冬（亦藤名）共经腊。”

由他亲手扦插的紫藤因岁久而枝叶交接，花散红缨，荚果垂似皂荚，炎夏可以移榻花架下纳凉。忍冬即金银花（*Lonicera japonica* Thunb.），是忍冬科的半常绿藤木，明代徐光启在《农政全书》卷五十三“金银花”条目中描写道：“《本草》名忍冬，一名鹭鸶藤，一名左缠藤，一名金钗股，又名老翁须，亦名忍冬藤……其藤凌冬不凋，故名忍冬……花初开白色，经一二日则色黄，故名金银花。”它的幼枝呈红褐色，中空，单叶对生，初夏及秋季开花，成对生于叶腋，花冠白色，后变黄色（图 3-76），也是著名的中草药之一。

吴宽官至礼部尚书，虽居京城，却常念起他在苏州东庄园中手植的紫藤，念之不足，便于弘治六年（1493 年）在京城的吏部右堂栽植了一棵紫藤，成为京城一景。《帝京景物略卷二•城东内外》“吏部古藤”记载道：“吴文定公手植藤，在吏部右堂。质本蔓生，而出土便已干直。其引蔓也，无辨委之意，纵送千尺，折旋一区，方严好古，如植者之所为人。方夏而花，贯珠络璎，每一鬣一串，下垂碧叶阴中，端端向人。藂则豆花，色则茄花，紫光一庭中，穆穆闲闲，藤不追琢而体裁，花若简淡而隽永，又如王文恪之称公文也。”从中可

图 3-76　金银花

以看出紫藤更是吴宽高尚人格的象征。后辈文人多咏之，如清代做过江苏巡抚的宋荦《藤花厅》诗云：“长洲少宰（自注：吴文定宽）令名垂，手种藤花世共知。一片清阴连古木，三春紫萼飐微飔。储才想见当年盛，好事堪为我辈师。未答君恩绳祖武，闲厅惆怅每移时。”可见后辈官宦对他的崇敬之情。

文徵明有其师吴宽之遗风，原拙政园入口左侧庭院内有株紫藤，相传为文徵明手植（图 3-77），该藤仿佛给满庭张了一个绿油油的天幕，近人金松岑有《拙政园文衡山手植紫藤歌》咏之；李根源更是将它和苏州织造署（今苏州第十中学校园内）中的瑞云峰、环秀山庄的假山并誉为“苏州三绝”。耦园藤花舫原为清初涉园一景，当时藤萝掩映，繁花盈尺，古藤缘舫而垂，大有“悠悠溪水香”之味。

清初木渎上沙的水木明瑟园，园有古紫藤，全祖望作《水木明瑟园古藤歌》咏之：“惊见天平谷口双峥嵘，古根诘屈穿山出，酝酿洞庭七十二峰之精灵。踞地先成偃卧形，老罴当道群貉屏。欲上不上意磅礴，忽然蹶起势骞腾。百转千蟠故作态，低头下瞰纷长缨。其心时复吐云气，其干将无闻铜腥。其杪迎风舞拂拂，大垂小垂都珑玲。就中倏生数直干，岸然如弦复如绳。空所依旁冉冉升，此尤怪绝得未曾。”写尽古藤之雄奇百态。现在吴中区东山镇古街敦裕堂前有一株宋代千年古紫藤（图 3-78），老根盘绕，花时垂垂如璎珞，十分壮观。

苏州多千年紫藤，原元和县署（今苏州市第一中学校）有一架紫藤（图 3-79），干枝屈盘，春日花紫蒙茸满架，“密叶隐歌鸟，香风留美人”（李白《紫藤树》）。

图 3-77　拙政园相传文徵明手植的紫藤（左彬森摄）

图 3-78　东山老街敦裕堂前的紫藤

紫藤有白花紫藤（*f. alba*）等多种品种，留园揖峰轩（石林小院）南一小院内有一株白花紫藤（图 3-80），老藤缠石，依势而上，串串银花，纯净明洁，在万紫千红的春色里，显得独树一帜。

苏州园林中除了紫藤花，在古代庭院中还栽植其他如凌霄、荼蘼、木香等藤花类植物。以凌霄［*Campsis grandiflora*（Thunb.）Schum.］为例，王世懋在《学圃杂疏·花疏》中说：“凌霄花蔓生，缠奇石老树，作花可观……大都与春时紫藤皆园林中不可少者。”李渔更是推崇备至，说“藤花之可敬者，莫若凌霄。望之如天际真人”。凌霄亦名紫葳，古称苕、陵苕，是紫葳科凌霄属的攀援藤木（图 3-81）；奇数羽状复叶对生，小叶 7 ～ 9

图 3-79　紫藤（原元和县衙）

图 3-80　留园揖峰轩前庭院中配植的白花紫藤

（a）凌霄（留园又一村）

（b）凌霄之花（留园）

图 3-81　凌霄

枚，夏季开花，花为顶生疏散的短圆锥花序，花萼绿色，花色橙黄，蒴果细长如豆荚［美国凌霄 *C. radicans*（L.）Seem. 小叶 9 ~ 11 枚，花萼棕红色］。《诗经•小雅•苕之华》：“苕之华，芸其黄矣。”描写出了凌霄花黄的特点。宋苏颂《本草图经》卷第十一“木部中品”则详细描述了凌霄的形态特征：“陵苕，陵霄花也。多生山中，人家园圃亦或种莳。初作藤，蔓生，依大木，岁久延引至巅而有花。其花黄赤，夏中乃盛。”

苏州园林中，凌霄常配植于墙垣或依附于山石老树，为庭院中重要的棚架植物之一。如留园的拂袖峰上的凌霄，柔条纤蔓，夏日绛花随风飘舞，备觉动人。范成大在寿栎堂前叠有小山峰，凌霄花攀附其上，花开时葱茜如画，因名之曰凌霄峰，并有诗咏之：“天风摇曳宝花垂，花下仙人住翠微。一夜新枝香焙煖，旋薰金缕绿罗衣。”（《寿栎堂前小山峰凌霄花盛开葱茜如画因名之曰凌霄峰》其一）清初汪琬筑有苕华书屋，他在《苕华书屋记》中说：“康熙九年春，予自金陵命儿筠，往卜居郡城之西郊，老屋二十余间，堂寝庖湢略具，俗传以为明正德中尚书陆公完故居云。夏五月，予还自西新关，始扫除旁舍一楹，迁几榻其中，而寝处也。地广袤不越数弓，庭前后䅉花药三株，老梅各二本，前庭又有石植立。陵苕始华，其蔓循外垣而下，罗络石之四周，盖与梅皆数十年物也。予颇乐之，乃颜之曰‘苕华书屋’。”近人周瘦鹃先生在《凌霄百尺英》一文中说：“宋代富郑公所住洛阳的园圃里，有一株凌霄，竟无所依附而夭矫直上，高四丈，围三尺余，花开时，其大如杯。有人加以颂赞，竟称之为花中豪杰。苏州名画师赵子云前辈的庭园中，也有一株独立的凌霄，高不过丈余，枝条四张，亭亭如盖，可是已枯朽了一半。”现在网师园的梯云室后庭将二乔玉兰与凌霄相配植（图 3-82），缀以花池峰石，春时玉兰娇艳，长夏则凌霄高花摇曳，在峰石的衬托下，山容花意，显得格外动人。

图 3-82 网师园梯云室后庭配植的凌霄

四、书斋“三宝”：翠竹、芭蕉、书带草

翠竹、芭蕉与书带草三种植物在古代或可作书写的工具，或如书带草可以缚绑简书，因此与书结下了不解之缘。竹，被称作是“植物之仙品”，“方塘曲径，到处植之，宜月宜风，宜晴日，宜晚雨，宜残雪”（高士奇《北墅抱瓮录》）。芭蕉，《群芳谱》引《建安草木状》云：“书窗左右不可无此君。”唐代诗人李贺《昌谷诗》诗云：“溪湾转水带，芭蕉倾蜀纸。”芭蕉叶大，光滑可以写字，诗人把芭蕉叶与蜀纸媲美，甚至比蜀纸还要好。至于书带草，南宋诗人杨万里《题安福刘虞卿敏》诗云：“读书台北卯金刀，斋前不种李与桃。满阶只种书带草，黄金非宝书为宝。”这自然是书斋本色。

图 3-83 〔明〕佚名《竹溪六逸》（藏处不详）

翠竹。文人园林中的一山一水、一花一木无不寄寓和表现着他们的人格理想，白居易在《养竹记》中说：“竹似贤，何哉？竹本固，固以树德。君子见其本，则思善建不拔者。竹性直，直以立身，君子见其性，则思中立不倚者。竹心空，空以体道，君子见其心，则思应用虚受者。竹节贞，贞以立志，君子见其节，则思砥砺名行，夷险一致者。夫如是，故君子人多树之为庭实焉。”修篁丛笋，森萃萧瑟，高可拂云，清能来风，它直节虚心、凌霜雪而不凋的形象承载着中华民族的品格和精神象征，从晋代“竹林七贤”[1]、王徽之“何可一日无此君”，到唐代“竹溪六逸”[2]（图 3-83）、宋代苏东坡的“可使食无肉，不可居无竹”（《于潜僧绿筠轩》），再到清代郑板桥的“咬定青山不放松，立根原在破岩中。千磨万击还坚韧，任尔东西南北风”（《题竹石》），“衙斋卧听萧萧竹，疑是民间疾苦声。些小吾曹州县吏，一枝一叶总关情”（《潍县署中画竹呈年伯包大中丞括》），栽竹、赏竹、画竹、咏竹、写竹，以竹抒发情感是历代文人的时尚。

---

1 魏晋时期阮籍、嵇康、山涛、向秀、阮咸、王戎、刘伶常宴集于竹林之下，时人号为“竹林七贤”。

2 唐代开元末，李白与孔巢父、韩准、裴政、张叔明、陶沔居泰安府徂徕山下的竹溪，终日纵酒酣歌，时号“竹溪六逸”。

王世贞《离薋园记》曰：“左室可读书，以得竹故，署曰‘碧浪’。”竹与书有着不解之缘，“修竹平生读书处”（宋苏辙《次韵王适兄弟送文务光还陈》），“终朝闭户只读书，四面开窗都见竹”（宋李衡《乐庵初成二首》其一），竹带来的幽静环境，有远离尘嚣之感，能使人静下心来认真读书（图3-84）。古代书写工具之笔，东汉蔡邕在《笔赋》中有“削文竹以为管，加漆丝之缠束”的描述。古代的文字亦多写于由竹而成的竹简上（西北因少竹多木，故多木简），我国古代的文献也多赖于这些竹简而得以保存。竹为“八音”之一，是制作乐器的一种基本材料，笙、箫、笛、竽、管等乐器皆由竹为之，“历代功成之君，若尧大章、舜大韶、禹大夏、汤大获，文武清庙之乐，皆管氏（竹类乐器）所调也”（《广群芳谱•竹谱》）。在古代，竹叶较大者如箬叶等还可代纸习字。

图3-84 〔明〕仇英《梧竹书堂图》（上海博物馆藏）

古时农历五月十三日为栽竹之日，称竹醉日，亦称竹迷日，宋范致明《岳阳风土记》：“五月十三日谓之龙生日，可种竹，《齐民要术》所谓竹醉日也。”吴宽《五月十三日移竹》诗云：“今朝竹醉教移竹，荷锸穿云去路赊。却笑此君多潦倒，醒来已（已）在别人家。”竹子醉后被移，醒来已经到了别人家（图3-85），别有风趣。吴宽更有《雨后移竹》一诗，写尽雨后移竹以及竹带来的幽居之乐，并将自家的园林比作东晋的“江南第一名园”顾辟疆园：

人言种竹须雨过，何况移来雨仍大。

此君此日馆吾家，携酒客来争作贺。

图3-85 〔元〕赵孟頫《欧波亭图》之移竹（藏处不详）

早年忆与竹相亲，到此频栽凡百个。
晨浇暮灌常不活，犹怪园丁何懒惰。
其密如箦今两丛，东邻分得肩难荷。
长镵依然白木柄，手种任为泥所涴。
虚亭掩映翠色新，使我对之终日坐。
檐前有地绕丈馀，覆以清阴谁敢唾。
寻常岂乏凉飔生，日午风清俄远播。
欧公曾云凉竹簟，酷暑可逃当此卧。
颇似吴中顾辟疆，独许献之登上座。
望尘不作金谷趋，高节应甘首阳饿。
平生何故取于斯，正为冰霜莫能挫。
京都百物皆有之，自笑当居此奇货。
敲门只恐人借看，林下苍苔轻踏破。
从今草木俱等闲，当以竹题为日课。
试将竹榜揭园居，客到先将此篇和。

“独坐幽篁里，弹琴复长啸。深林人不知，明月来相照”，这是耳熟能详的唐代名诗，修竹成林，月下鸣琴，风篁成韵，如曲园小竹里馆（图 3-86）。书斋庭院中栽竹，常配植于庭院一角（图 3-87），亦可对景作花坛，用文石驳砌，以防其地下竹鞭蔓延，片植散生竹，正如唐代诗人岑参《范公丛竹歌》诗云：“盛暑翛翛丛色寒，闲宵槭槭叶声干。能清案牍帘下见，宜对琴书窗外看。”也可于书窗边丛植数竿，“近窗卧砌

图 3-86　曲园小竹里馆之竹

图 3-87　沧浪亭锄月轩庭院中的墙隅之竹

两三丛，佐静添幽别有功。影镂碎金初透月，声敲寒玉乍摇风”（宋初刘兼《新竹》），有了竹，环境清幽，更宜读书。

庭院竹石相配，形成小景小品，不但入画，而且极富诗情，“吴之辟疆园，在昔胜概敌。前闻富修竹，后说纷怪石”（唐陆龟蒙《奉和袭美二游诗》），白居易《北窗竹石》诗云：“一片瑟瑟石，数竿青青竹，向我如有情，依然看不足。”元代苏州人陆友仁善诗文及书画鉴定，受鉴书博士柯九思赏识，后柯去职，便一起归吴，“陆友，字友仁，姑苏人也……辟小室，仅可容膝，中庭植翠竹数竿，旁树湖石，峰峦秀异，室中左右图书，集古今杂录，前列乌几，上置天禄、辟邪、紫凤池、金铜镇纸，皆可爱玩。客至，出汉传鼎爇古龙涎，汲虎丘剑池水，煮建溪小凤团，清坐竟日”（元末徐显《稗史集传·陆友传》）。由于竹子挺拔，所以尤宜用石笋石点缀其中，宛如雨后春笋，子笋（孙）衍迤绵亘，如沧浪亭翠玲珑馆北院等，“十笏茅斋，一方天井，修竹数竿，石笋数尺，其地无多，其费亦无多。而风中雨中有声，日中月中有影，诗中酒中有情，闲中闷中有伴，非唯我爱竹石，而竹石亦爱我也”（郑板桥《十笏茅斋竹石图》）。或以斧劈石配之，如留园揖峰轩前庭（图 3-88）。

图 3-88 留园揖峰轩前庭配植的丛竹和干霄峰

狮子林，元代初建之时，因“林下有竹万个，竹下多怪石，有状如狻猊（即狮子）者，故名师子林”（欧阳玄《师子林菩提正宗寺记》）。当时建筑物不多，但挺然修竹则几万株，到明初犹然。现有修竹阁（图 3-89），临池而筑，虬松探水，阁侧修竹成林，“深静禅门秋复春，

图 3-89 狮子林修竹阁

不知门外是红尘。满庭修竹有君子，终日好风如故人”（北宋吕陶《题信相院林亭》），确是修禅好去处。怡园有多处以竹命名的建筑，如玉延亭，其亭额有萧山汤纪尚的行书题跋：“艮庵主人雅志林壑，宦退后于居室之偏，因明吴尚书复园故址为怡园。既更拓园，东地筑小亭，割地植竹，仍复园旧榜曰‘玉延’。主人友竹不俗，竹庇主人不孤。万竿戛玉，一笠延秋，洒然清风。不学涪翁咒笋已。”吴宽家的玉延亭，本是栽植山药而得名的，“偶栽山药得佳名，墙下幽亭一日成”（吴宽《玉延亭成次韵玉汝》）。玉延是薯蓣的别名，即山药，《山海经》中就提到“景山，北望少泽，其草多薯预”，王羲之有草书《山药帖》；此处则以“玉延”喻竹，翠竹如玉，积爽延秋，人竹相协。另一处为四时潇洒亭，亭侧种竹，四时青翠欲滴，姿态清雅潇洒，“潇洒碧玉枝，清风追晋贤。数点渭川雨，一缕湘江烟。不见凤皇尾，谁识珊瑚鞭。柯亭丁相遇，惊听奏钧天”（唐牟融《题竹》）。顾沄的《怡园图册》中有“竹院”一景（图 3-90），四周亭廊围合，绿竹如玉，翠竹成林，咫尺之中，自成山林景象，晚清费念慈有《湘月》一词咏之：“暗尘隔断，有瑶珰翠珮，烟杪孤冷。舞徧回栏，夕照外凤尾万翎娟靓。茶鼎香温，琴床午寂，瘦石环萝径。眉痕黄月，一庭踏碎秋影。　那不怅邑当年，瓮题梦绿，剩坠欢重省。依旧帘栊，肠断处都付黯然愁病。鹤语宵长，萤飞雨歇，摇曳风悽紧。苔钱绣碧，露光凉浸寒井。”《湘月》为词牌名，即《念奴娇》。

竹因终年青翠可观，所以在园林中也常作为绿色的基础种植树种，除了辟以竹林或配植于墙角路隅，或丛植配以太湖石等作花池，有时为了避免建筑墙面的单调和日照带来的反光及西晒太阳，也常作墙面补白，如怡园四时潇洒亭侧的山墙、留园汲古得修绠书屋的西山墙（图 3-91）等，不但丰富了空间，同时竹影当窗，更添环境之幽静，正所谓“更展书窗延竹影，剩翻隙地长梅栽”（南宋郑清之《食后闲步》）。

图 3-90　〔清〕顾沄《怡园图册》之“竹院”（南京博物院藏）

图 3-91　留园汲古得修绠书屋山墙前配植的丛竹

（a）芭蕉（留园）

（b）芭蕉之花

图 3-92　芭蕉

芭蕉。芭蕉（*Musa basjoo* S.et Z.）为多年生草本植物［图 3-92（a）］，叶鞘卷叠成树干状，叶长椭圆形，穗状花序呈红褐色佛焰苞状［图 3-92（b）］，果实似香蕉。因植蕉有“风翅摇寒碧，虚庭暑不侵”（宋姚孝锡《芭蕉》）、“且能使台榭轩窗尽染绿色”（《闲情偶寄》）之功，故又有扇仙、绿天等雅号。

“小轩独坐相思处，情绪好无聊。一丛萱草，几竿修竹，数叶芭蕉”（宋石孝友《眼儿媚》），芭蕉和竹一样常栽植于书窗之前。因为芭蕉除了其叶大招凉之外（图 3-93），古代为了节俭，常以此代纸，如南梁的“徐伯珍少孤贫，学书无纸，常以竹箭、箬叶、甘蕉及地上学书”（《南史•隐逸传》）。唐朝的一代书僧怀素，“居零陵庵东郊，治芭蕉亘带几数万，取叶代纸而书，号其所曰绿天庵、曰种纸”（《清异录》），蕉叶连天，日以作字，雨师代拭，取之

图 3-93　〔清〕邓文举《焦荫纳凉图》
（美国国会图书馆藏）

不尽，用之不竭。李渔说：“竹可镌诗，蕉可作字，皆文士近身之简牍。”所以“书窗左右，不可无此君”（《群芳谱•卉谱》）。

芭蕉也是一种具有浓厚佛教色彩的植物，常被用来比喻佛理，它的茎秆是由一层层叶鞘围成的假茎，因此古人认为芭蕉是“无心”的，“是身如芭蕉，况复身外名。至人本无心，肯为宠辱惊”（北宋彭汝砺《和彦衡直讲》），超凡脱俗的“至人”就像芭蕉一样是无心的。唐人有《芭蕉偈》云：“幽山净土，生此芭蕉。无心起喻，觉路非遥。”《维摩诘经•方便品第二》说：“是身如芭蕉，中无有坚。”以芭蕉比喻人身的空无与不实。王维《袁安卧雪图》中的雪中芭蕉更是历来争论的一桩公案，焦点是芭蕉本非雪中之物，那“雪里”到底应不应该有“芭蕉”呢？北宋释惠洪在《冷斋夜话》卷四《诗忌》中解说道：“诗者，妙观逸想之所寓也，岂可限以绳墨哉！如王维作画雪中芭蕉，自法眼见之，知其神情寄寓于物；俗论则讥以为不知寒暑。”

园林中栽植芭蕉主要是以求闲静，能韵人而免于俗，所以古代高士常于轩窗书馆种之，如唐末孙位有《高逸图》（图 3-94）、元代刘贯道有《消夏图》等，均以芭蕉烘托其环境之幽深。

在苏州园林中，芭蕉常配植在闲庭、幽斋角隅或书窗之侧，“窗虚蕉影玲珑”（《园冶•城市地》）（图 3-95），别具幽情。周敦颐《书窗夜雨》诗云：“秋风拂尽热，半夜雨淋漓。绕屋是芭蕉，一枕万响围。恰似钓鱼船，篷底睡觉时。”秋后夜雨，溽热尽消，枕上听着种植在书屋周边的芭蕉雨声，恰似睡在行驶中渔船舱底下的流动水声，抒写出幽微深细的意境之美；元初舒岳祥《清绝》说“最爱读书窗外雨，数声残剩过芭蕉”，那又是何等的清雅美妙。芭蕉能引清风，听雨声，拙政园有听雨轩，周遭遍植丛竹芭蕉，每逢雨时，淅淅沥沥，静谧无比，正所谓“受风散种溪边竹，听雨新移窗外蕉。一卷

图 3-94 〔唐〕孙位《高逸图（竹林七贤图）》中的芭蕉（上海博物馆藏）

图 3-95 留园揖峰轩前的庭院蕉窗

常持高士传，小年乐事足逍遥”（乾隆《题张若澄山水十二幅》其五“绿天茅广”）。

芭蕉或与怪石相配，从蕉倚石，绿映闲庭。明代顾璘《蕉石亭》：“怪石如笔格，上植蕉叶青。苍然太古色，得尔增娉婷。欲携一斗墨，叶底书黄庭。拂拭坐盘薄，风雨秋冥冥。”（《徐学士子容薜荔园十二首》其四）芭蕉亦宜于游廊曲栏处配植，“东风吹展半廊青，数叶芭蕉未拟听”（汤显祖《雨蕉》），“芭蕉值秋槛，勿云憔悴姿。与君障夏日，羽扇宁复持”（朱熹《丘子野表兄郊园五咏》其四“雨蕉”）。明代王献臣拙政园有芭蕉槛一景，在槐雨亭之左，文徵明有“新蕉十尺强，得雨净如沐。不嫌粉堵高，雅称朱栏曲。秋声入枕飘，晓色分窗绿。莫教轻剪取，留待阴连屋”一诗咏之（图3-96）。

江南之地因冬偏寒，常叶枯仅存残茎，故需去叶截干，裹草包扎，以资越冬，俟春再萌发。

晚明的苏州园林中，除了种植芭蕉这种具有热带风致的植物，还喜欢种植棕榈（图3-97），《本草纲目》说：“椶榈出岭南、西川，今江南亦有之。”（卷三十五下“木之二”）周文华在《汝南圃史·竹木部》“棕榈”条中说：“园圃中最不可缺此。”文震亨甚至认为种蕉还不如种棕榈，“不如椶榈为雅，且为麈尾、蒲团，更适用也”。《说文》：“椶，栟榈也。”即棕榈，南朝江淹《闽中草木颂十五首》之“栟榈”赞云：“异木之生，疑竹疑草。攒丛石径，森苁山道。烟岫相珍，云壑共宝。不华不缛，何避工巧。”

图3-96 〔明〕文徵明《拙政园图咏》之芭蕉槛

图3-97 〔明〕唐寅《西洲话旧图》中的棕榈（上海博物馆藏）

棕榈的皮呈丝状，即棕丝，“其皮有丝毛错纵如织，剥取缕解可织衣帽、褥椅之属”（《本草纲目》卷三十五下“木之二”）。它也是制作麈尾、蒲团的材料，所以颇受文人的青睐，韦应物曾作《棕榈蝇拂歌》云：“棕榈为拂登君席，青蝇掩乱飞四壁。文如轻罗散如发，马尾氂牛不能絜。柄出湘江之竹碧玉寒，上有纤罗萦缕寻未绝。左挥右洒繁暑清，孤松一枝风有声。丽人纨素可怜色，安能点白还为黑。”蝇拂即拂尘，棕榈所制的拂尘文如丝织，散如丝发，即使是同样用来制作拂尘的马尾、牦牛之毛，都没有它来得洁静明亮；在湘江碧玉竹所制作的拂柄上，用丝织般的丝线萦环而不会断绝；左右挥洒，就像一枝孤松风有声，在盛暑中扇出一片清凉。明人如吴宽有“谁拟棕榈为拂子，杜陵诗里独怜材”；文徵明有“清谈时有间僧对，手擘棕榈当麈挥”等诗咏。

梅尧臣《咏宋中道宅棕榈》一诗记述了北宋仁宗朝的高官宋敏修（字中道）在宅庭中栽植棕榈的经历：“青青棕榈树，散叶如车轮。拥蘀交紫髯，岁剥岂非仁。用以覆雕舆，何惮尅厥身。今植公侯第，爱惜知几春。完之固不长，只与荠本均。幸当敕园吏，披割见日新。是能去窘束，始得物理亲。”茂盛的棕榈，叶大像个车轮，棕皮与其末端紫须般的棕丝相互交结，每年把棕皮一层层剥下来，以促进它的生长，这难道不是对它的一种爱护吗？用它来遮蔽华丽的车驾，又怎么会怕东碰西撞损坏了它呢？现在被种植到了公侯宅第中，他们对它不知道有多爱惜，以致过分珍爱而不再剥棕，所以不再生长，栽植时多高现在仍然那么高，就像四处野生的荠菜一样矮小；幸亏任用了懂得管理园圃的人，按照事物的生长规律，给棕榈进行适当的剥棕，去除它生长的约束，才使得它一天一个样。阊门内宝林寺，在明代有栟榈径一景。现纽约大都会艺术博物馆所藏的八帧拙政园图中的“芭蕉槛”一景的图像中，就有四株棕榈形象（图3-98）。文肇祉在《葺园》一诗中也叙述了他重修园林、种植棕榈的事体：“园庐重葺近山村，寂寂无人昼掩门。手植棕榈看渐长，径栽松竹喜犹存。”

图 3-98 〔明〕文徵明《拙政园图》之芭蕉槛（美国纽约大都会艺术博物馆藏）

苏州园林中原多棕榈，然而因其树形单干直立，一株孤植，与周边自然之园林环境殊非相宜，故而被其他植物所替代，现在一些小型园林或住宅庭院中偶尔见之，如曲园尚存一株古棕榈，孤干耸云，叶生秆顶，棕皮如须，迎风招展，殊为壮观（图 3-99）。

图 3-99　曲园古棕榈

书带草。书带草即沿阶草（*Ophiopogon bodinieri* Levl.），又称绣墩草，系百合科沿阶草属常绿多年生草本。根纤细，近末端具纺锤形小块根；叶基生成丛，边缘具细锯齿。初夏叶间抽花轴，上部开花，穗状花序，花小，淡紫色；种子浆果状，深蓝色（图 3-100）；它喜半阴、湿润而通风良好的环境。另有一种麦冬［*O.japonicus*（L. f.）Ker-Gawl.］，与书带草相似，但它的叶稍宽，根较粗，中间或近末端具椭圆形或纺锤形小块根，花白或淡紫色（图 3-101），果成熟时常呈黑色。

书带草叶丛生如韭，色翠妍雅。《群芳谱·卉谱》说："书带草，丛生，叶如韭而更细，性柔韧，色翠绿鲜妍。出山东淄川县城北黉山郑康成读书处，名康成书带草。艺之盆中，蓬蓬四垂，颇堪清赏。"郑康成即汉末经学家郑玄。宋代汪藻有"庭下若生书带草，前身即是郑康成"（《熊使君垂和漫兴诗次答四首》其三）；明代童冀有"不因书带草，谁识郑康成"等诗句咏之。所以书带草和竹、芭蕉一样是苏州园林中书窗檐下最不可少的植物，它常被配植于山石之隙，或映阶旁砌，"萧萧而不计荣枯""庶几长保岁寒于青青"（陆龟蒙《书带草赋》）。晚清郑用锡《书带草》诗云：

图 3-100　书带草（怡园）

图 3-101　麦冬（怡园）

自昔汉康成，著述传古道。教授列生徒，郑公芳声噪。
不期城外山，山中生瑞草。尔雅类未详，虞衡志莫考。
似薤叶舒长，苍碧纷摛藻。称之曰书带，形肖名亦好。
我闻周濂溪，窗前生意绕。又闻杜荀鹤，科名传吉兆。
屈轶长明廷，紫芝来四皓。是皆挺灵根，葳蕤荣大造。
未若此柔姿，胚胎近探讨。气味得书香，芸生皆压倒。
颖异自不凡，家僮勿乱扫。锦轴与牙签，左萦而右抱。
移植到阶庭，滋培防枯槁。寄语诸儿曹，此乃吾家宝。
以之榜斋堂，经神当远绍。

郑氏都以先祖中出了位郑康成而倍感自豪。此诗便从郑康成说起，相传他曾在淄川黉山和山东崂山西北部的不其（期）山设帐授徒，而书带草叶长而坚韧，他的门下便取以束书，故而得名，并视为瑞草。然而如我国最早解释词义的专著《尔雅》以及有关山林川泽的著作《虞衡志》（如范成大撰有《桂海虞衡志》）等都没有考释过。宋代的周敦颐归隐庐山莲花峰下，峰前有溪，名其为濂溪，故人称濂溪先生，“窗前生意休除草，堂上清风独爱莲”（宋董嗣杲《题濂溪书院》），窗前之草也自然充盈着一番生机；晚唐杜荀鹤因朱温专门为他送名礼部，才得中第八名进士。屈轶为草名，西晋张华《博物志》卷第四云：“尧时有屈佚草，生于庭，佞人入朝，则屈而指之，一名指佞草。”陆龟蒙《书带草赋》：“未尝辄入明廷，何当指佞。”只有圣明的朝廷才会生长出这种指佞草。紫芝借喻为贤智者，自然会召来商山四皓（东园公、甪里先生、绮里季、夏黄公）的辅助。最后告诫对具有书香气味、颖异不凡的书带草要珍惜，它既可束书，又可移植到庭院，那是郑家之宝，可以标榜斋堂，远承经神（郑玄）。

晚清词人郑文焯先祖为汉人，因入旗籍，故不用汉姓，人称文焯、文叔问、文小坡等，曾从俞樾治经，尤其是仰慕东汉经学家郑玄，自称是山东高密郑玄的后裔，遂复姓郑；晚岁在苏州通德里吴小城侧筑园，其《瑶华慢》一词小序云：“余家书带草始生，不其山中以经神受名，自成馨逸……今余既营草堂于吴小城东，修廊曲砌，布濩殆遍。”并有“善草楼”“书带草堂”诸印，也算是“以之榜斋堂，经神当远绍”的例证吧。

苏东坡《和文与可洋川园池三十首》其三之“书轩”诗云：“雨昏石砚寒云色，风动牙签乱叶声。庭下已生书带草，使君（即竹）疑是郑康成。”徐大焯《烬余录》记载北宋末年：“（苏州）庆云里陈明叔家吉祥草、梅园书带草庐中带草，均长丈余，披拂及檐。”晚清凌泗《书带草庐》诗云：“书带高拂檐，琳琅倒金薤。此亦康成庐，黄巾不知拜。”这种能长成一丈多、能拂及屋檐的书带草应该是另一种植物了。

苏州园林中，书带草一般多植于山石岩隙，《长物志•室庐》说：台阶“须以文石剥成，种绣墩或草花数茎于内，枝叶纷披，映阶傍砌。以太湖石叠成者，曰‘涩浪’，其制更奇，然不易就”。（图 3-102）所谓的涩浪就是用山石叠成水纹状的踏跺。

图 3-102 留园五峰仙馆前踏跺（涩浪与书带草）

第二节 园林庭院的植物配置举隅与赏析

苏州园林中的庭院空间或大或小，但尤以小或狭小空间为多，在植物配置上，不但能因地制宜、因院制宜，而且常选用一些既富有吉祥含义又具有画意的植物。

由于小空间内的植物配置以近距离观赏为主，因此对花木的姿态以及色、香十分讲究，要经得起细细品赏，韵韵有余味。同时这些花木又和皱漏瘦透的小型假山、天光云影的盆池以及玲珑剔透的太湖石相搭配，以粉墙为背景，随着时间和四季的变化，映出各种不同的阴影，构成各种生动的图案，犹如一幅水墨图画。

现对苏州园林中较有特色的庭院和一院（园）特色的植物举隅并简析之。

一、翠影玲珑，竹枝披拂映沧浪

竹是沧浪亭的特色植物，北宋庆历四年（1044 年）苏舜钦（字子美）罢官，于次年移居苏州，“构亭北碕，号沧浪焉。前竹后水，水之阳又竹，无穷极。澄川翠干，光影会合于轩户之间，尤与风月为相宜”（苏舜钦《沧浪亭记》），至今沧浪亭园内仍有箬竹、寿心竹、茶秆竹、慈孝竹等数十种，是个名副其实的竹园（图 3-103）。

沧浪亭作为一座园林，旧有沧浪亭、面水轩、钓鱼台、藕花水榭、清香馆、瑶华境界、翠玲珑馆、看山楼、明道堂、五百名贤祠十景。翠玲珑馆是沧浪亭一处僻静小轩，位于五百名贤祠之南，轩之前后遍植翠竹（图 3-104），幽篁环绕，修竹摇窗，翠影参差，风动玲珑，故取苏舜钦《沧浪亭怀贯之》中“秋色入林红黯淡，日光穿竹翠玲珑”诗意而名之，历来为文人墨客雅聚觞咏、泼墨写影之所。

清代佚名《游沧浪亭记》说：“（五百名贤）祠之对面，有竹一畦，围以短栏，竹深处隐约有小屋也。”这小屋便是翠玲珑馆。又说：“进对面竹深处，则有小屋数椽，四面有窗，题曰‘翠玲珑’。此处桌椅几榻皆以竹为之，而茗壶、茶碗供设甚备，盖为留客处也。复小坐啜茗，见四围翠竹，微透日光，清风徐动，烦襟顿释。”翠玲珑馆有清代书法家何绍基所书写的对联曰：“风篁类长笛；流水当鸣琴。”出自初唐上官婉儿《游长宁公主流杯池二十五首》之四：“岩壑恣登临，莹目复怡心。风篁类长笛，流水当鸣琴。”风吹篁竹，如长笛轻鸣；岩流溜泻，似琴弄清弦。

图 3-103　沧浪亭之竹（花秆毛竹）

图 3-104　沧浪亭翠玲珑馆前配植的竹

二、海棠春坞，诗里名友称花仙

海棠以色见长，所以古人说：“盖色之美者惟海棠，视之如浅绛，外英英数点如深胭脂，此诗家所以难为状也。”（《群芳谱·花谱》）但大多有色无香，所以唐相贾耽著《花谱》时，称其为“花中神仙”。西晋以豪侈著称的石崇虽能与贵戚王恺对富，但见海棠无香，也只能发一番“汝若能香，当以金屋贮汝”的感叹。北宋的彭几（字渊材）常对人说：“平生死无恨，所恨者五事。”即一恨鲥鱼多骨，二恨金橘太酸，三恨莼菜性冷，四恨海棠无香，五恨曾巩不能诗。张爱玲在《红楼梦魇》中说：“有人说过‘三大恨事’是‘一恨鲥鱼多刺，二恨海棠无香’，第三件记不得了，也许因为我下意识地觉得应当是‘三恨红楼梦未完’。”其实海棠有香的也不乏其种，只是囿于地偏之故不易见到而已。据《广群芳谱》引明张所望《阅耕余录》记载：“昌州（今四川大足）海棠独香，其木合抱，每树或二十余叶，号‘海棠香国’，太守于郡前建‘香霏阁’，每至花时，延客赋赏。”

李渔被称为“海棠知己”，他认为：“海棠不尽无香，香在隐跃之间，又不幸而为色掩。”并以唐人郑谷《咏海棠》诗“朝醉暮吟看不足，羡他蝴蝶宿深枝”之句证之，说“有香无香，当以蝶之去留为证”（《闲情偶寄》）。海棠还有一名叫“女儿花”，这大约是唐明皇见杨贵妃醉酒残妆，鬓乱钗横，不能再拜，便说“岂妃子醉，是海棠睡未足耳”之故。苏东坡《海棠》诗“只恐夜深花睡去，更烧银烛照红妆”即指此事。《红楼梦》大观园中的怡红园，“院中点衬几块山石，一边种着数本芭蕉，那一边乃是一棵西府海棠，其势若伞，丝垂翠缕，葩吐丹砂”，贾政解说道，这是女儿国所产的女儿棠，而曹雪芹借贾宝玉之口说道：“大约骚人咏士，以此花之色红晕若施脂，轻弱似扶病，大近乎闺阁风度，所以以‘女儿’命名。”这确实是贾宝玉这位“见了女儿便清爽”，过着“怡红快绿”“红香绿玉”般生活的好住处。

宋人曾观曾取友于十花，将海棠列为“名友”。南宋诗人范成大在石湖别墅的众芳杂植之处栽海棠，名为“花仙”，每年在开花之时便移家泛湖，以赏海棠，“低花妨帽小携筇，深浅胭脂一万重。不用高烧银烛照，暖云烘日正春浓”（《闻石湖海棠盛开亟携家过之三绝》其三）。

苏州园林中，现在最享盛誉的则首推拙政园中部的“海棠春坞”一景（图 3-105）。小小两间书房，小轩前小院内海棠对植，铺地用青、红、白三色卵石镶成海棠花纹图案，南墙上嵌有一书卷形砖额，靠壁花池内湖石修竹，与海棠相对，怡红快绿，相映成趣，显得清雅高洁（图 3-106），“名园对植几经春，露蕊烟梢画不真”（《广群芳谱》引

图 3-105　拙政园海棠春坞旧时院景
（录自刘敦桢《苏州古典园林》）

图 3-106　海棠春坞之垂丝海棠

图 3-107 拙政园海棠春坞西庭中配植的木瓜

贾岛《海棠》），确是书斋本色。不过在这种小庭院中对植两株海棠，总觉得有种雍塞之感，倒不如将海棠植于一隅，给庭院留出大部分空间，才是上策。小屋面阔两间，而不作三间，留出其西的一间空间，形成一方小小庭院，给人一种空透之感。院中配植一株木瓜，终不脱海棠主题。加之木瓜树形秀美，春天花色淡雅（图 3-107）；夏季绿树成荫，可为书屋遮阴，启西窗，则一片清凉；而冬日叶落，又能采纳阳光。

此外，环秀山庄的海棠亭则是将海棠图案完全融于建筑中的极致，全亭各部分均由海棠图案组成，其形式之独特、雕刻之精美，绝无仅有。

海棠一类蔷薇科的花木，有时气候适宜会春秋两季开花，如《红楼梦》第九十四回写怡红院中的海棠，紫鹃听见“园里的一叠声乱嚷，不知何故”，便叫人去打听，回来说道：“怡红院里的海棠本来萎了几棵，也没人叫去浇灌他。昨日宝玉走去，瞧见枝头上好像有了骨朵儿似的。人都不信，没有人理他，忽然今日开得很好的海棠花，令人诧异，都争着去看。连老太太、太太都哄动了来瞧花儿呢。”贾母不愧是见多识广，一看就知道，“这花儿应在三月里开的，如今虽是十一月，因节气迟，还算十月，应着小阳春的天气，这花开因为和暖是有的。”其他如白玉兰、紫藤等也会有这种现象。

三、枇杷晚翠，美盛东南一树金

枇杷 [*Eriobotrya japonica* (Thunb.) Lindl] 为蔷薇科植物，向有“南国佳木”的美称，汉武帝时的上林苑内就栽植有群臣远方所贡献的枇杷树十株，在我国已有两千多年的栽培历史了。

周文华在《汝南辅史》卷四中说：“枇杷叶似琵琶，故名。一名卢橘。《图经》《本草》曰：枇杷木高丈馀，叶作驴耳形，背有毛。共本阴密，枝叶婆娑，四时不凋，盛冬开白花，至三四月成实。故谢瞻赋云：‘禀金秋之青条，抱东阳之和气（煦），肇寒葩于结霜，成炎果乎纤露。’”枇杷冬花夏熟，每逢初夏，满树金黄，“五月枇杷黄似橘”“果熟枇杷万树金”，即为其写实，其味甜美（图 3-108）。《太湖备考•物产》：枇杷“出

（a）枇杷之花（拙政园）

（b）枇杷之果（拙政园）

图 3-108　枇杷

东山者佳，有黄、白二种……旧志云：出东山之白沙、纪革，今盛于查湾、俞坞矣。”苏州吴县的洞庭山至今仍是全国著名的五大枇杷产区之一。

北宋韦骧《枇杷》诗云：“美种盛东南，园林十二三。金丸方磊落，琼液正包含。”说明枇杷在园林中多有种植。拙政园枇杷园其实是玲珑馆前的庭院，四周有云墙、假山、建筑，形成似山坞状的小园，园内遍植枇杷，相传为太平天国忠王李秀成所栽，后经补植，渐成现在之貌（图 3-109）。枇杷枝肥叶大，四时不凋，故又有“枇杷晚翠”之称。小园西北云墙有一个圆形月洞门，两边各有砖额，面北者曰“枇杷园”，面南者为“晚翠”

图 3-109　拙政园枇杷园

（此处原为“槐荫”二字隶书砖额），据传为汪星伯先生所书；园内有一小轩叫玲珑馆，曾为啜茗赏枇杷之所，周瘦鹃先生说，若将其改称“晚翠轩”也无不可。枇杷树下，箬竹丛生，湖石玲珑，景色苍润。北部以土山为屏障，山上有绣绮亭；东南有嘉实亭，亭角翼然。其空间变化与景物处理丰富协调，又能和其他部分相互衔接，障而不隔，手法自然，实为苏州园林中不可多得的园中之园。近人汪东有《菩萨蛮》一词咏之：“玲珑叠石依乔木，两三竿影萧萧竹。风物尚留遗，开图是又非。　枇杷园内遇，嘉实亭边坐。偷得片时闲，愈知劳者艰。”枇杷树下，配以玲珑湖石，竹影萧萧，宛如天开图画。

四、花步小筑，庭院深深深几许

苏州园林中，在房屋或走廊之侧常有一些狭小的空间，作为采光、通风的窗口，它不但能减少建筑或走廊的单调，同时也可作为次要部位的对景或衬托，留园花步小筑与古木交柯一组小庭院就是其建筑空间处理的经典之作。

这里原是留园中部水池的东南池岸的转角处，也是建筑与水池的过渡地带，水池东为园居及住宅部分，南面则是祠堂，而且均有实墙相隔。

为了避免山池的一览无余和引导游客渐次进入山池主景区，造园者采用“欲扬先抑”的造园手法，沿池廊墙采用图案各异的花窗，透过花窗，中部山水园的山容水态若隐若现，恰似“犹抱琵琶半遮面”（图 3-110）。一溜花墙的六个花窗和绿荫轩的北面是开朗的风景，南面则是古木交柯和花步小筑两个小院的花坛小品，在形体、色彩、质感等方面形成差别，形成一种对比。

图 3-110　留园古木交柯的空间结构与植物配置

古木交柯和花步小筑两个小院打破了一般庭院为矩形的形制，使空间更加生动、活泼，并和狭长而曲折的入园通道相呼应。在空间处理上，由于南墙本为祠堂的高墙，两个小庭的进深又极小而看不到墙头，所以在粉墙上用“古

图 3-111　留园花步小筑的植物配置

木交柯”和“花步小筑”两砖额作装饰。前者为规则式的明式砖砌花台，这里原有古柏、耐冬（山茶）古树两株，交柯连理，故而得名，可惜年久古木早已不存。今花台中的圆柏和山茶均为近代补植，每逢冬春之时，柏枝凝翠，山茶吐艳，千叶含苞，殷红似丹，虽闲庭半隅，却生机盎然，令人驻足。后者则点衬花池树石小景（图 3-111），数块湖石围合成一隅花池，石笋数株，一树天竺，数墩书带草，粉墙之上，爬山虎攀援垂挂。这样便化实为虚，而画意极浓，再在两庭间用一八角洞门相沟通，既分又合，显得庭院深深。其余三面则用完整的建筑屋面檐角作对比，从而更加丰富了空间的变化，使得它们显得分外小巧幽僻。在平面上，两者均采用了碎石铺地，但花步小筑小庭拼成水纹形，而古木交柯的地面则用几何形，前者用湖石叠砌成自然形花池，而后者则用砖砌为一规则形花台，从而形成了两个相互间既有联系又有对比的庭院空间。它们面积虽小，却形成了吴侬软语、小桥流水式的“糯”与“小”的特征，人行廊中，左右皆景。

五、厅前五峰，仙家风景自清幽

五峰仙馆是留园的主要园林建筑，也是苏州园林中现存最大的厅堂，它的周围布置有若干庭院，用作读书、抚琴、宴乐等，形成若干个辅助空间，既相互联系，又各具功能，反映了以前园主的生活方式。

清光绪十八年（1892 年）金石家吴大澂所书“五峰仙馆”篆字匾额有跋文云：“旭人老伯得停云馆藏石，属书是额颜其居。”停云馆为明代文徵明之父文林所建，而《停云馆帖》则是文徵明精心搜集刊刻的一部丛帖，五峰仙馆是因为园主盛康得到原文徵明停云馆的藏石而得名。仙馆是指仙人修道及游憩之所。五峰仙馆原有匾额曰“藏修息游”，取自《礼记·学记》：“故君子之于学也，藏焉，修焉，息焉，游焉。”藏修指专心学习，“藏存于心也，修习于行也”，如唐诗“卜筑藏修地自偏，尊前诗酒集群贤”（牟融《题李昭训山水》），元诗“藏修息且游，斯人美如玉”（周巽《诚复斋为西昌罗建中赋》）等。儒家认为游息也是一种学习，能陶冶性情，明代祝允明说：“学聚勤殖藏，息游解纡结。”（《述行言情诗》其十九）游息可以解除心中的郁积不畅，更利于静心读书。

五峰仙馆前庭有厅山一座，为苏州诸园中规模最大的一处太湖石厅山。厅前沿墙叠山，高耸险峻，李白《登庐山五老峰》诗云：“庐山东南五老峰，青天削出金芙蓉。九江秀色可揽结，吾将此地巢云松。”庭院东南为假山洞入口，由蹬道盘旋山中，直通西楼。西南亦有蹬道可通，蹬道左侧则叠有牡丹花池（图 3-112）。假山上有榔榆一株，树皮呈不规则鳞片状剥落，斑然可爱；枝条依依下垂，随风飘舞。山崖上有黑松一株，斜出作飞舞之势，藤萝援壁，倍觉幽美，正所谓“衡岳有开士，五峰秀贞骨”。门口阶沿踏跺也用太湖石叠砌成，庭院以虎皮石铺地，人坐厅中，有仿佛面对岩壑之感。踏跺左右墙角处则有二乔玉兰，开花时千干万蕊，令人神往；垂丝海棠色艳韵娇，尤为夺目。

图 3-112　留园五峰仙馆厅山的植物配置

五峰仙馆后院有土阜假山与走廊。土阜以太湖石驳坎，呈东西走向，平缓舒展。这里曾是明代徐泰时东园，由周秉忠堆叠的“石屏”假山所在，现尚存一泓潭水及太湖石基址。土阜上植有鸡爪槭（图 3-113），两侧蹬道边配植有白皮松、桂花等乔木，岩隙间则配植铺地柏、六月雪、山麻秆、丛竹等低矮灌木以及书带草。春天山麻秆叶红如花；夏天绿树荫浓；秋日则青枫呈红叶之态，丹桂飘香；冬则松柏、丛竹青翠，闲坐北厅，真可谓“四时之景不同，而乐亦无穷也”。

图 3-113　留园五峰仙馆后庭院之鸡爪槭

六、朵云飞来，满堂空翠如可扫

现在留园的远翠阁原是清代刘恕寒碧庄的空翠阁，取自唐代方干《东溪别业寄吉州段郎中》“前山含远翠，罗列在窗中”句意，以饱览远方青翠之色。1953 年整修前，这里曾经是一个僻静的小庭院（图 3-114），东南与汲古得修绠相通，东北与五峰仙馆后廊相接，西可达半野草堂。从西出口循折廊南行，可达山池主景区，并与清风池馆水池区的濠濮亭恰成对景。

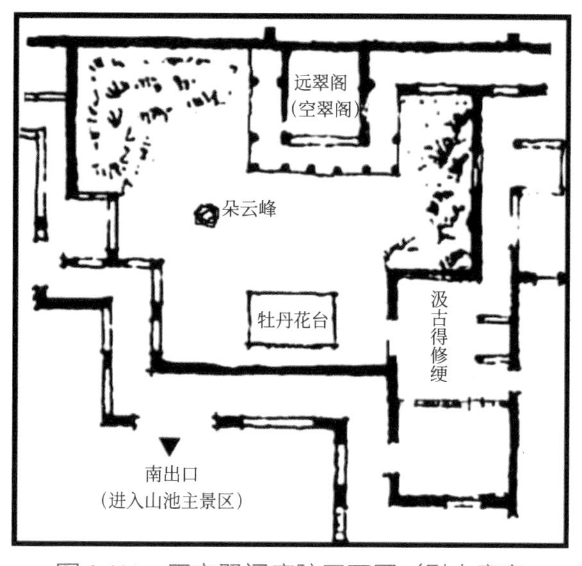

图 3-114　原空翠阁庭院平面图（引自童寯《江南园林志》）

清代潘奕隽《寒碧庄杂咏·空翠阁》诗云：“杰阁出林间，卓立企幽致。萧萧青琅玕，霭霭团空翠。侧想高古士，于中遗世累。我未散尘氛，清风洒然至。坐久身已忘，何况身外事。”耸立于山林之间的空翠阁，翠竹萧萧，满庭空翠，显得幽雅而别致。楼侧有一太湖石立峰名“朵云”，诗人推想那一定是位高雅之士，避世隐居于此，他虽然还未散尽尘俗，然而清风洒然而至，以至坐久了早已忘掉了自己的存在，怎还记得身外之事，可见其环境之幽彻。李白在《当涂赵炎少府粉图山水歌》中，对画中的山水发出了由衷的赞美：“峨眉高出西极天，罗浮直与南溟连。名公绎思挥彩笔，驱山走海置眼前。满堂空翠如可扫，赤城霞气苍梧烟。洞庭潇湘意渺绵，三江七泽情洄沿。”眺望远山，如峨眉挺拔于西极之天，似罗浮之山与南海相连；这位善于推究思考的画师，用彩笔驱赶着高山大海，将它置于眼前；满堂的空灵苍翠如果可以描画，那就像是青城仙山的霞气和苍梧的岚烟；洞庭潇湘的美景意象深远，而欣赏之情也像是三江七泽之水回旋往复。造园者也应该像这位善写烟霞的高手一样，做一位善于推究思考的能工巧匠或造园大师。

苏州园林中的峰石，尤其是留园的峰石大多以“云”命名，如瑞云峰、冠云峰、岫云峰、一云峰、拂云峰等，因为古人认为石为云之根，北宋梅尧臣《次韵答吴长文内翰遗石器八十八件》：“山工日斲器，殊匪事樵牧。掘地取云根，剖坚如剖玉。”清钱大昕《昆山学宫石》：“洵美夫子堂，卓立一品石。气蒸震泽涛，秀分洞庭脉。天公为镌劖，云根起襞积。混沌窍凿七，空洞腹容百。”朵云峰相传为明代大书画家文徵明停云馆

图 3-115　留园远翠阁明代牡丹花台

中的旧物，峰石清秀瘦拔，风姿绰约，绿树丛中，如朵云之岫出，如美人之玉立，犹君子之清峙。阁前有一方形青石砌牡丹花台（图 3-115），上层刻有“狮子戏绣球”“天马行空”“吴牛喘月”等动物浮雕，形象生动，雕刻精美，四角雕饰成书卷状，为明代园林之遗物。

七、古五松园，借得松柏半庭阴

狮子林于乾隆初为黄兴仁的涉园，因园内“湖石玲珑，洞壑宛转，上有合抱大松五株，又名‘五松园’”（范君博《吴门园墅文献新编》）。五松典出《史记》“秦始皇上泰山，风雨暴至，休于树下，因封其树为‘五大夫’”，说是秦始皇上泰山封禅，忽逢暴风雨，便躲进了翠蕤若盖的五棵松树之下避雨，当即封之为五大夫，因此五松古人又称五大夫。现今虽然五松早已不在了，但在指柏轩西过竹林有一座幽静的庭院，沿用旧称，名古五松园。刘敦桢先生在《苏州古典园林》一书中说：“指柏轩之西是古五松园，庭院内散列石峰、古树，环境幽静。”

图 3-116　狮子林古五松园之古柏（圆柏）

古五松园小轩坐西面东，轩内南北设有芭蕉纹样的自由式落地罩，制式奇特，为苏州园林中仅见。东西庭院均筑有太湖石花坛，前庭（东庭院）太湖石花池内有古柏一株，树龄已近 400 年（图 3-116），枯干霜皮，如化石坚铁，上有虬枝蟠结，虽结影零乱，却犹寒翠葱茏，生机勃发。“顾望无所见，唯睹松柏阴”（西晋张载《七哀诗二首》其二），信步闲庭，仰望古柏，若闲吟北宋杨蟠《柏堂》“零落雪霜后，犹含千载春。一株化为石，谁是种时人”之诗，怎不令人感慨！为破柏庭之单调，其下配植了垂丝海棠、南天竺等花灌木，相互映衬。

园之后庭栽植有含笑、石榴等花木，春时含笑香气浓郁，夏则榴花似火，秋冬红果满树，果裂似笑口常开。太湖石花台内箬竹满铺，四季苍翠。

八、春风婪尾，数枝芍药殿春迟

网师园西部殿春簃，因古人认为一春花事以芍药为晚，“独殿春光，此花开后无花了（南宋末张炎《点绛唇•芍药》）”，故名“殿春”。此处原为芍药圃，清代嘉庆年间，当时网师园以盛植芍药而闻名于世。殿春簃匾额有跋云：“庭前隙地数弓，昔之芍药圃也。今约补壁，以复旧观。光绪丙子四月香严记。”香严即当时的园主李鸿裔。

李鸿裔后来在此复建殿春簃，庭院中遍植芍药花。到民国年间，张善子、张大千借寓网师园时（1932—1937 年），以养虎儿和莳弄芍药为乐。现在已将原芍药圃改设为铺地，其花只剩东侧围墙花台一角，庭院四周叠以太湖石，或以立峰，采用“中空而边实”的周边围合式花坛假山的布置手法，碧泉、闲亭互映，白皮松、桂花、紫薇、紫藤等高低错落，形成四季景色（图 3-117）。透过“真意”洞门，还能见到中部彩霞池，“浅醉微吟，句留处、正是春光婪尾。窗外时有春风，来吹一池水”（清郭麟《琵琶仙》），好不惬意。

苏州园林庭院的空间变化多，常能根据不同的空间尺度配置花木，通过漏窗、空窗等，形成一幅幅如诗的花鸟或山水画卷。清代李渔在《闲情偶寄•取景在借》中说：

图 3-117　网师园殿春簃庭院的植物配置

图 3-118 殿春簃之蜡梅与天竺配置

“开窗莫妙于借景。”对于借景之法自得其三味，他将船舱左右两侧开窗如“便面”（即折扇扇面），行舟于西湖之中，人坐其中，“两岸之湖光山色、寺观浮屠（即佛塔）、云烟竹树，以及来往之樵人牧竖、醉翁游女，连人带马，尽入便面（即扇面形的空窗）之中，作我天然图画……风摇水动，亦刻刻异形。是一日之内现出百千万幅佳山佳水”。他又作观山虚牖（即空窗），名之为“尺幅画”“无心画”。殿春簃北窗外天井里栽植有孝顺竹、蜡梅、南天竺（图 3-118）等，配以湖石，以花窗收之，宛如一幅水墨竹石小品。陈从周评价道：“园之西部殿春簃，原为药阑。一春花事，以芍药为殿，故以‘殿春’名之。小轩三间，拖一复室，竹、石、梅、蕉隐于窗后，微阳淡抹，浅画成图。苏州诸园，此园构思最佳。”（《园林谈丛•苏州网师园》）留园揖峰轩（石林小院）亦如此，两间半的小屋，其室内北墙上开有三个不同的花窗，窗外逼仄的小院内叠砌着狭长形的花池，其内缀以太湖石小山峰，配经丛竹；坐于小室内，透过窗洞，宛如三幅郑板桥的竹石小品画，无论晴雨寒暑、朝昏夜月，或疏影摇曳，或声敲寒玉，堪得静中生趣之妙。

殿春簃庭院因其突出的造园艺术而被仿建于美国纽约大都会艺术博物馆，定名“明轩”，从此享誉海内外。

九、岁寒草庐，奇石一庭间古木

怡园东部岁寒草庐，亦名拜石轩，是一座四面厅，取《论语•子罕》“岁寒，然后知松柏之后凋也”之意。其南面主庭宽广，原配植松柏，以副其名。顾文彬在《过云楼日记》卷六中记载：先是从“小仓口有一尼庵，庵中有罗汉松一株，长二丈许，大合抱。三儿欲移入园中，令王跷仙与尼相商。尼卜之于佛，得大吉签，遂允移。廿七日掘起，廿八日用两舟并载至言子庙河，于夜深人静用塌车拽至园门，今晨拆墙而进，植于岁寒草庐之东阶下，根蟠于地，枝耸干霄，园中大树，此为巨擘。”又在“岁寒草庐南墙下立石笋十九株，是日植二柏一松于石笋之中”。后来罗汉松枯死，“王跷仙从光福觅得古柏一株，数百年物也，植于岁寒草庐。庭中之东南隅掘去已枯罗汉松一株。此柏古干离奇，枝如虬凤，为庭中群树之冠”（卷七）；周瘦鹃先生在介绍怡园岁寒草庐时曾说：“前庭后庭，都用奇峰怪石随意点缀，更有石笋多株和古柏、老梅、方竹等相互掩映，饶有诗情画意。”（《苏州园林甲江南 • 怡园》）直到20世纪八九十年代庭南沿墙处尚有方竹[1]，然今已不存。现庭院内对植白玉兰，春时一树千花；沿墙壁设用太湖石驳砌自然式花坛，石笋、丛竹、松柏四季苍翠，凌冬不凋（图3-119），更有一株树龄达600多年的古紫薇，其干已腐朽成空洞，仅存一线树皮，然尚能开花。

图3-119　怡园岁寒草庐堂前的植物配置

北为拜石轩，北面庭院中栽植有银杏、三角枫，花坛中植有栀子花、含笑等花木，奇石罗列，取宋代米芾拜奇石呼之为兄的“米颠拜石”典故，名拜石轩。顾文彬《怡园十六景词并序》曰：“如美人舞袖者一，如蹲师者二，如苍鹰者一，如反哺乌者大小各一，如白衣人者一，如灵芝者一，皆面轩而立。”有一峰似“笑”字，刻有“东安中峰，苍谷题名”。今诸峰仍在，奇石古木，交相掩映。

十、思嗜轩前，枣生纂纂荫堪藉

枣树（*Ziziphus jujuba* Mill.）是一种鼠李科枣属的落叶乔木，枣叶垂阴，核果红色，朱实离离，脆若嚼雪，甘似含蜜，自古多作庭荫树栽植，杜甫《百忧集行》诗云：“庭

1　方竹［*Chimonobambusa quadrangularis*（Fenzi）Makino］的主要特征是秆略呈方形，秆环与箨环内有钩刺状气生根。

前八月梨枣熟，一日上树能千回。”乾隆《题宋人扑枣图》云：“谁家曲院池塘清，一株枣树当闲庭。秋来累累佳实成，群儿玉笋皆峥嵘。”

枣树因其木材纹理细致，既可作大材，古代又多用作雕刻书版，枣本就是书版或刻书本的别称，南宋刘克庄《答杨弁》诗云：“枣本流传容有伪，笺家穿凿苦求奇。”所以颇受古代文人的青睐。同时因枣实的内核色泽赤红，就像梁武帝萧衍投枣酒醉的萧琛，被说成是“投臣以赤心”一样，被赋予了赤子忠心的含义，正所谓“枣生纂纂悬赤心”（明末黄淳耀《卖枣儿》）。

今艺圃，在清初为姜埰所筑的敬亭山房。姜埰，字如农，为山东登州府莱阳县人，崇祯十四年（1641 年）进士，后因都御史刘宗周弹劾首辅周延儒，上疏言事而获罪，被谪戍宣州卫。明亡后，流寓苏州，在好友周茂兰的资助之下，购得文震孟的旧园药圃，因为宣州（今安徽省宣城市）县北有敬亭山，姜埰说：“我宣州一老卒，君恩免死之地，死不敢忘。”遂自号敬亭山人，并将其所购之园名之为敬亭山房。归庄在康熙十一年（1672 年）三月所作的《敬亭山房记》中说：“先生犹得以先朝遗老栖迟山房，以尽余年，岂非幸欤？先生之不忘先朝，忠也。”当时也只是荒园数亩，稍加修葺而已，池亭花石之胜，亦不过是文氏旧观，“先生抱膝读书山房中，不与世事者三十年”。姜埰喜欢食枣，因为枣实是殷红色（朱）的，以示不忘前朝（明朝是朱家天下）。圃中有枣树数株，其长子姜安节（字勉中）以思其父姜埰这位明代遗臣，筑“思嗜轩”，一时名流如施闰章、汪琬、余思复、钱澄之等，远近赋诗赠之。陈维崧《贺新郎·题思嗜轩为姜勉中赋用题青瑶屿原韵》题注曰：“轩前枣树数株，为贞毅公（即姜埰）手植，故以思嗜名轩。”其词曰：“记当年、狂歌曾点，甘同嗜鲊。老干虬柯三四本，冷翠幽光团射。曾脱帽、行吟其下。”为当时情景。“三年泪为思亲洒。葺亭轩、峥泓明瑟，重开图画……歌纂纂，荫堪藉。”现移址而建的思嗜轩旁有枣树数株，夏秋清荫如画，冬春则叶落后枝干虬曲，铁骨铮铮（图 3-120），正如刘文昭《思嗜轩》诗云：“揖我思嗜轩，顿生忠孝魂。”颇存遐思。而姜安

图 3-120　艺圃思嗜轩前配植的枣树（冬景）

节一诗："纂纂轩前枣，攀条陟岵时。开花青眼对，结实赤心期。似枣甘风味，如瓜系梦思。只今存手泽，回首动深悲。"(《思嗜轩》)可见其父子亲情，感人肺腑。

此外，网师园琴室前原为一片枣树林，今仅残存一株(图3-121)，傍依山石，花时白英靡靡，果时则紫实离离，若能行吟"磥磥孤干排文石，纂纂繁枝绚彩霞……小吏岂是东方儿，偷啖胜食光明砂。仙踪恍惚不可见，惟馀空亭老枣奇树干枝相纷拿"(明任家相《和郭太史〈仙枣行〉》)，则更添情趣。

图3-121　网师园琴室庭院中配植的枣树（花）

十一、鹤园丁香，纵放繁枝散诞春

丁香为木犀科丁香属植物，江南栽植的丁香尤以紫丁香及其变种白丁香为多。紫丁香（*Syringa oblata* Lindl.）是一种落叶小乔木，单叶对生，圆锥花序，花丛庞大，花色堇紫，芳气袭人。因其花朵细小如丁，瓣柔色紫，香气四溢，而名丁香（图3-122）。它的拉丁属名Syringa是古希腊神话中的一位女神，山林之神潘(Pan)因被其美貌吸引，在山林中追逐Syringa，女神受到惊吓，便将自己化作紫色的灌丛，即紫丁香。

丁香常被作为春天的使者，有情与幸福的象征，紫色的花常给人带来美好的遐想，"芍药风流可赐绯，丁香年少宜衣紫"（陈维崧《满江红•怅怅词》）。丁香的花蕾古称丁香结，用来比喻愁绪之郁结难解，"殷勤解却丁香结，纵放繁枝散诞春"(陆龟蒙《丁香》）。作为一种春季观花树种，它在苏州园林中多有种植，如留园、狮子林（图3-123）等。明代吴宽《记园中草木》二十首其九的"丁香"诗云："花开不结实，徒冒丁香名。枝头缀紫粟，旖旎香非轻。乃知博物者，名以香而成。或者树相类，惜未南中行。初栽只一干，肥壤蘖争萌。分移故园内，不知枯与荣。终当问来使，亦欲如渊明。"

从诗中可以看出，吴宽所见的丁香是一种枝头缀满了似粟米状紫色花朵的紫丁香，柔媚盛美的花朵还透着不轻的香味；只是它开花而不结实，因此说它是冒用了一种种子可榨丁香油、做芳香剂的丁香之名，这种可榨油的丁香，名为丁子香［*Syzygium*

图 3-122 〔清〕钱载《丁香图》
（上海博物馆藏）

图 3-123 狮子林配植的紫丁香

aromaticum（L.）Merr. & L. M. Perry]，又名鸡舌香、母丁香，属桃金娘科蒲桃属，是原产于印度尼西亚的一种香料植物。因此对于那些通晓众物的博物者来说，丁香也是以香胜而命名的植物，或者是两种植物因相近似而混淆，可惜诗人从未到过南方去实地考察过。吴宽在北京初栽时的丁香只有一干，后来因土壤肥沃，就生出好多萌糵来，于是便分种到了苏州的故园内，现在不知生长得怎么样了。要么问问从故园的来人，或者学学陶渊明，挂冠归去。可见苏州并不产丁香，丁香主要分布于我国的华北、东北一带，明代苏州人杨循吉《紫丁香》诗云："番舶何人得种来，紫尖香蕊果奇哉。春风枝上相思恨，结到秋深尚未开。"尽管丁香是外来树种，然而在苏州还是结实的，为细小的蒴果，可能不多见，所以说它"果奇哉"也。

鹤园东宅西园，布局以水池为中心，环池叠砌湖石，配植南迎春、松柏、桂花、紫薇、蜡梅等植物为主景。池南为"枕流漱石"四面厅，厅南栽花种树，更有丁香一株，为清末"词坛四大家"之一的朱祖谋租居时手植，金天羽《鹤园记》云："园有丁香一本，花时芬馥，则沤尹自宣南移种，寸根千里，来宠词伯。"朱祖谋，号沤尹，又号彊村。丁香本为北方之物，此物自宣南（北京宣武门以南的区域）移种而来，实属不易。花坛上嵌石刻一方，镌刻着藏书家、群碧楼主邓邦述篆书"沤尹词人手植丁香"八字，并附记云："彊村师昔尝假馆鹤园，手植此花。鹤缘爱护之，比之文衡山拙政园之藤。足增美矣！弟子邓邦述记。"此树开花时如晴雪攒蕊，清香满园，沁人心脾。只是现今丁香早已不存，尚有花坛仅存，任人凭吊。

十二、嘉堂蜡梅，夺尽人工更有香

位于东山古镇金嘉巷的嘉树堂，原为富人古宅的花厅庭院部分，前堂后厅，堂前与厅侧各有小院，附以短廊，简朴而不失清雅。堂由边门入，但见红豆树翠干碧枝，叶似槐树。曲廊过半亭，可见嘉树堂前飞瀑高挂，泉流宛转。堂后庭院中对植两树蜡梅，丛干聚簇，可谓子孙满堂。若值隆冬季节，枝上嫩蕊，色攒黄蜡，人至花下，在阴冷略带灰暗的天幕下，花点点如满天星斗，黄灿灿似羽衣霓裳，清冽的香气，直浸心脾。其树龄在300年左右（图3-124），这在苏州地区并不多见。

历史上苏州蜡梅不是太有名，因为苏州并不是传统的蜡梅产地。苏州人所称的梅花通常指红梅，是一种蔷薇科植物。像光福一带的邓尉山，历史上农户中“十中有七”是以种梅为业的，明代的袁宏道说：“山中梅最盛，花时香雪三十里。”所以人称“香雪海”，闻名古今。然而，中国第一部关于蜡梅分类和品种描述的著作恰恰是南宋苏州人范成大写的。苏州的蜡梅大多像嘉树堂蜡梅一样，藏在深闺无人识，故声名不著。

图 3-124　东山嘉树堂古蜡梅

蜡梅［*Chimonanthus praecox*（Linn.）Link］是蜡梅科蜡梅属的落叶灌木或乔木，花色蜡黄，或称黄梅（图3-125）。《学圃杂疏·花疏》云：“蜡梅是寒花绝品，人言腊时开，故名腊梅。非也，为色正似黄蜡耳。”《花镜·花木类考》亦说：“蜡梅俗称腊梅，一名黄梅。本非梅类，因其与梅同放，其香又近似，色似蜜蜡，且腊月开放，故有其名。”在唐代以前，人们常将蜡梅与梅花（*Prunus mume* Sieb.et Zucc.）相混淆。到了晚唐，诗人杜牧始有“蜡梅迟见二年花”之句咏之（见南宋陈景沂《全芳备祖前集》卷四）。可见迟至晚唐就已有蜡梅的名称，并已用作观赏了，但蜡梅之称并不普及。蜡梅原名黄梅，北宋王安国（王安石弟）《黄梅花》诗注云：“熙宁五年（1072年）壬子馆中作，是时但题曰黄梅花，未有蜡梅之号。至元祐苏、黄在朝，始定名曰蜡梅，

（a）蜡梅之花

（b）蜡梅之瘦果与坛状果托

图 3-125　蜡梅

盖王才元园中花也。”可见北宋熙宁年间尚未有蜡梅之名，至元祐年间苏黄命为蜡梅。黄庭坚《戏咏蜡梅》诗后有注云：“京洛间有一种花，香气似梅花，亦五出，而不能晶明，类女功撚蜡所成，京洛人因谓蜡梅，木身与叶乃类蒴藋。窦高州家有灌丛，能香一园也。”这是第一次科学地描述了蜡梅的特征及得名的缘由，以区别梅花。所以黄庭坚被后人尊为“蜡梅花神”。苏东坡有“蜜蜂采花作黄蜡，取蜡为花亦其物”之句咏之，从此苏黄与蜡梅成了继孔子与兰、陶潜与菊、周敦颐与莲、林和靖与梅之后，又一受到文人墨客酒后闲谈的典故了。“羽衣霓袖涴香蜡，从此人间识尤物”（北宋陈师道《次韵苏公蜡梅》）。

嘉树堂前的两树蜡梅倒映在后厅的玻璃窗格上，不但增加了景深，而且宛如美女梳妆头着花。蜡梅有个别名叫素儿，据《宾朋宴话》记载：北宋诗人王直方（字立之）的父亲家中有许多侍女，其中有个叫素儿的，长得最为妍丽；王直方在蜡梅花开时，送了一枝给“苏门四学士”之一晁补之，晁则作《谢王立之送蜡梅五首》诗谢之，因“其五”诗中有“芳菲意浅姿容淡，忆得素儿如此梅（自注：立之家小鬟）”之句，好事者便将蜡梅称为素儿。吴县吴之虚有《嘉树堂蜡梅》一诗咏之：“深庭藓驳映花黄，半嗛檀心紫蕊芳。一片寒香清且绝，明窗犹对素儿妆。”

第四章

景摘偏新——园林开敞空间的植物配置与赏析

〔明〕文伯仁《松风高士图》（辽宁博物馆藏）（局部）

本章所指的园林开敞空间，是指苏州园林围墙边界范围内除了主景山水和庭院之外的园林空间。它主要通过亭榭、轩斋、曲廊等点缀峰石，配置植物，使厅堂、庭院与曲径、游廊相连，构成疏密相间、开合收放的园林空间。花木的配置更需得其情致，正所谓“花殊不谢，景摘偏新。因借无由，触情俱是”（《园冶·借景》）。花殊有四时不谢之景，景物的选取在于富有新意，而轩外花影移墙，峰峦当窗，宛然如画，静中生趣。

第一节　园林开敞空间的植物配置与赏析

《园冶·立基》云：“筑垣须广，空地多存，任意为持，听从排布，择成馆舍，余构亭台；格式随宜，栽培得致。”也就是说筑墙要尽量多留空地，择地筑成馆舍，余下的开敞空间便可布置亭台，其建筑形制可因地制宜，正所谓“宜亭斯亭，宜榭斯榭”（《园冶·兴造论》），而它所选用的植物多具色香姿形之美的特性，只要栽培得致，自有天然之趣。同时，苏州园林擅于巧用敞轩、敞亭、洞门、空窗、漏窗等来透视空间，建筑之间的隙地点缀些峰石、花木，构成一幅幅园林小品。而在空间较大之处，则常辟以梅圃、竹园、蕉林、池荷以及果园、菜畦等。在植物选择上，常能因园制宜。陈从周先生在《续说园》中说：“小园树宜多落叶，以疏植之，取其空透；大园树宜适当补常绿，则旷处有物。此为以疏救塞，以密补旷之法。落叶树能见四季，常绿树能守岁寒。”

一、听风邀雨，凡尘顿远襟怀

清代张潮在《幽梦影》中说：“风之为声有三：有松涛声，有秋叶声，有波浪声。雨之为声有二：有梧叶、荷叶上声，有承檐溜竹之声。”苏州园林的植物配置讲究天籁之音，幽篁环砌，万玉森森，风来有清声，雨来有清韵。“夜雨芭蕉，似杂鲛人之泣泪……溶溶月色，瑟瑟风声；静扰一榻琴书，动涵半轮秋水，清气觉来几席，凡尘顿远襟怀”（《园冶·园说》）。

《诗经·大雅·烝民》：“吉甫作诵，穆如清风。”清风吹拂，万物生长，所以也常用来比拟人的高洁的品格。留园有清风池馆，拙政园西部园林（原补园）有与谁同坐轩（取自苏轼《点绛唇》“与谁同坐，明月清风我”句）等。

林木树叶常因风吹谡谡作响，如松、竹、杨树等物；而芭蕉、梧桐、荷叶等因叶片较大，受雨打后，会发出一种声响，添得环境分外幽静。然而受中国传统文化的影响，讲究“适地适树”，听松风为隐逸者的象征（图 4-1），而柏树、白杨则为墓庐间物，不适宜在居住之处栽植。据《唐语林》记载：“司稼卿梁孝仁，高宗时造蓬莱宫，诸廷院列树白杨。将军契苾何力，铁勒之渠率也，于宫中纵观。孝仁指白杨曰：‘此木易长，三数年间，宫中可荫影。’何力一无所应，但诵古人诗云：‘白杨多悲风，萧萧愁杀人。’意此是冢墓木，非宫室所宜种。孝仁遂令拔去，更种梧桐。”（《新唐书》亦有类似记载）梁孝仁是唐代大明宫的监造者，大明宫在唐高宗李治时新修，改名蓬莱宫，并在此听政。唐中宗李显时又改称大明宫。铁勒是当时北方的游牧民族，契苾何力原是铁勒族契苾部的可汗（渠率），后率部归顺唐朝。白杨虽是速生树种，栽种后用不了多少时间就能绿树成荫，但终究其文化含义不合，而更种梧桐。因为在上古时代梧桐寓意吉祥，如史载年幼时周成王削桐叶为圭，以封他的弟弟叔虞，虽为戏言，然而周公说“天子无戏言”，遂封叔虞于唐；《诗经》中有多处咏梧，如《大雅·卷阿》：“凤凰鸣矣，于彼高冈。梧桐生矣，于彼朝阳。菶菶萋萋，雍雍喈喈。”凤凰停在那边的高冈上鸣叫；而高冈上生长着梧桐，面向东方迎着朝阳；梧桐枝叶茂盛，凤凰鸣声悠扬，那是何等的吉祥。

图 4-1 〔明〕文伯仁《松风高士图》（局部）（辽宁省博物馆藏）

松。松树的针叶因风而吹，会发生摩擦，从而发出所谓的松声。清代顾苓因明亡而筑室虎丘塔影园，勒崇祯帝御书“松风”二字于楣间，名其室为“松风寝”，“室三面各有长松数十百株，沐日浴月，吐纳烟云，风谡谡昼夜不绝。当春和晴畅，而声若悲以思；暴雨迅雷，而声遂郁以怒；秋高气爽，而声转悲以凄；雷冱霜繁，而声乃震以杀”（顾苓《松风寝记》），其强烈的悲怆之情借松风而出。苏州东山紫金庵有听松堂，山坳四周土生土长的马尾松（*Pinus massoniana* Lamb.），因风起涛，临风长鸣，如虎啸龙吟，因万马奔腾之概而名闻遐迩。拙政园的听松风处，原为明代王献臣“拙政园三十一景”之一（图 4-2），五松丛植于坡地之上，人坐松间，尘心尽空。现亭阁旁丛植苍

图 4-2 文徵明《拙政园图咏》之听松风处

图 4-3　拙政园听松风处配植的黑松

图 4-4　〔清〕顾沄《怡园图册》之松籁阁（南京博物院藏）

老古拙的黑松（*Pinus thunbergii* Parl.），以形成“疏松漱寒泉，山风满清厅。空谷度飘云，悠然落虚影”（文徵明《拙政园图咏》）的意境（图 4-3）。

怡园松籁阁是以松为观赏主景的一座旱船形建筑，又名画舫斋，它三面临水，宛如画舫泊于船坞，楼下有俞樾篆书题额“碧涧之曲古松之阴”，内室匾额为“舫斋赖有小豁山”，其北原配植有松树百株，每逢大风拂松，涛声怒号，为听松涛佳处（图 4-4）。

竹。“竹风敲玉清音迥，荷雨跳珠绿影涵”（宋葛胜仲《五月望日会食普满院夜归》），竹风荷雨给园居生活带来了一种雅趣，司马光说“竹风寒扣玉，荷雨急跳珠”（《闲中有富贵》），那是一种闲中富贵。苏轼《石室先生画竹赞》：“竹亦得风，天然而笑。”后以“竹笑”形容竹子遇风摆动的姿态。《红楼梦》第二十六回写宝玉去看望林黛玉，“顺着脚一径来至一个院门前，只见凤尾森森，龙吟细细。举目望门上一看，只见匾上写着‘潇湘馆’三字”，潇湘馆因院门前种植湘妃竹而得名，“凤尾森森”是写竹枝之叶似凤尾而繁密之态，“龙吟细细”则形容竹叶受风而发出的轻微声音，北宋曾肇的“凤尾扶疏槐影寒，龙吟萧瑟竹声乾”，清代蒋士铨的“亭边翠竹带龙吟”都是描写竹声似“龙吟”的诗句。龙吟也作龙音，是形容箫笛类管乐器所奏出的声音，南梁萧衍《咏笛诗》云：“柯亭有奇竹，含情复抑扬。妙声发玉指，龙音响凤凰。”明代王氏拙政园有倚玉轩一景（图 4-5），因轩侧栽植翠竹和摆放着昆山石而得名，文徵明诗云：“倚楹碧玉万竿长，更割昆山片玉苍。如到王家堂上看，春风触目揔琳琅。”春风吹拂，竹子会发出清脆美妙的声音，“尤爱檐间竹，风来响琳琅”（宋沈辽《宴集》）。“竹叶一丛还听雨”（清汤右曾《过查浦新居叠前韵》），竹上听雨也是古人常抒发自己情感的载体，“衙斋卧听萧萧竹，疑是民间疾苦声。些小吾曹州县吏，一枝一叶总关情”（清郑燮《潍县署中画竹呈年伯包大中丞括》）。

图 4-5 〔明〕文徵明《拙政园图咏》之倚玉轩

梧桐。“暗澹小庭中，滴滴梧桐雨”（五代孙光宪《生查子》），细雨飘洒在梧桐叶上，汇集到叶边，一点一滴，滴于窗前空阶，环境幽彻，在古代向为描写人的愁绪心境，如“梧桐树，三更雨，不道离情最苦。一叶叶，一声声，空阶滴到明”（唐温庭筠《更漏子》）；同时也是秋景的写照，如“半窗幽梦梧桐雨，一枕新凉蟋蟀声”（清张英《闲居四时词》）。苏州园林中植梧听雨自古有之，位于木渎灵岩山麓上沙村的水木明瑟园，康熙四十三年（1704 年）陆稹在园内建听雨楼，种植梧桐、松树，又得元代书法家周伯琦“听雨楼”篆额，桐响松鸣，时时闻雨，霜枯木落，往往见山。

其他如荷花，因它的叶大而呈盾圆形，雨打荷叶，会形成雨跳珠，滴嗒作响，古人常池植或缸植，可赏其雨景，如拙政园西部就有留听阁一景。

芭蕉。“尽日小斋何所乐，芭蕉宜雨竹宜风”（宋晁说之（《欲谈》），芭蕉在中国传统文化中常常象征着风流雅致，而“雨打芭蕉”这一富有韵味的自然景致，在中国文人笔下渲染成极具音乐之美的诗意篇章。南宋杨万里的《芭蕉雨》云：“芭蕉得雨便欣然，终夜作声清更妍。细声巧学蝇触纸，大声锵若山落泉。三点五点俱可听，万籁不生秋夕静。芭蕉自喜人自愁，不如西风收却雨即休。”因此李渔在《闲情偶寄》一书中对芭蕉极为推崇，说王子猷偏爱于竹，“未免挂一漏一”，主张“幽斋但有隙地，即宜种蕉”（图 4-6）。“明四家”之一的沈周《听蕉记》曰：

夫蕉者，叶大而虚，承雨有声。雨之疾徐、疏密，响应不忒。然蕉曷尝有声，声

图 4-6 〔宋〕《南唐文会图》中的芭蕉
（北京故宫博物院藏）

假雨也。雨不集，则蕉亦默默静植；蕉不虚，雨亦不能使为之声；蕉雨固相能也。蕉静也，雨动也，动静戛摩而成声，声与耳又能相入也。迨若匝匝涌涌，剥剥滂滂，索索淅淅，床床浪浪，如僧讽堂，如渔鸣榔，如珠倾，如马骧，得而象之，又属听者之妙也。长洲胡日之种蕉于庭，以伺雨，号"听蕉"，于是乎有所得于动静之机者欤？

芭蕉承雨，蕉静雨动，戛摩成声，是蕉叶与雨点相互起作用的结果，这是一曲具有思辨色彩的乐章。明代长洲人胡日之在庭院种蕉，并以"听蕉"为别号，雨点或快或慢，或大或小，或疏或密，滴落在芭蕉叶上，如同僧人在佛堂内同声诵经，如捕鱼的渔舟敲响梆榔，如珍珠倾泻，如骏马奔腾，这是沈周对动与静的领悟，也是作为画家的他把"雨打芭蕉"的动与静，作为了一个哲学问题的思考。今拙政园听雨轩南即配植竹与芭蕉，以切主题。

二、递香幽室，但觉清芬暗浮动

司马迁在《史记·礼书》中说："故礼者，养也……椒兰、芬茝所以养鼻也。"礼是用来调养人们欲望的，以提高人的修养。椒兰是指椒与兰，茝即白芷，皆芳香之物。这一类香草，在《楚辞》中都是象征君子的，如《离骚》："扈江离与辟芷兮，纫秋兰以为佩。"《九歌·少司命》："秋兰兮麋芜，罗生兮堂下。"江蓠即芎䓖，宋代苏颂《本草图经》云："其叶倍香，或莳于庭院，则芬馨满径。"芎䓖之苗叶为蘼芜，李时珍说："蘼芜，一作蘪芜。其茎叶靡弱而繁芜，故以名之。"以其芬香故多莳于园庭，《红楼梦》第四十回写宝钗的蘅芜院："一同进了蘅芜苑，只觉异香扑鼻。那些奇草仙藤愈冷愈苍翠，都结了实，似珊瑚豆子一般，累垂可爱。"（蘅芜之名大概是用了汉武帝思李夫人，因卧延凉殿，梦见夫人遗蘅芜之香的典故，然而终究是一梦而已。唐末徐夤《梦》诗云"武帝蘅芜觉后香"。）

图 4-7　杜若

杜若。杜若（*Pollia japonica* Thunb.）是一种香草，它是鸭跖草科杜若属的多年生草本植物，根状茎细长而横走；夏季开花，白色，成轮排列，常集成圆锥花序（图4-7）。《九歌•湘君》：“采芳洲兮杜若，将以遗兮下女。”南朝齐的诗人谢朓有首《怀故人诗》，其前四句是这样写的：“芳洲有杜若，可以赠佳期。望望忽超远，何由见所思。”为了这诗，还闹出段笑话，据《隋唐嘉话》记载：唐贞观年间，皇宫的御医局求杜若，度支郎（为职掌财政收支的官员）把“芳洲”误成了“坊州”（今陕西黄陵县一带），便下令坊州进贡，坊州的判司报告说：“坊州不出杜若，应由谢朓诗误。”唐太宗闻之大笑，就免了度支郎的官职，并把坊州判司改为了雍州司法。现在拙政园中部有“香洲”一景，其匾额有跋云：“文待诏（即文徵明）旧书‘香洲’二字，因以为额。昔唐徐元固诗云：‘香飘杜若洲’。盖香草所以况君子也。乃为之铭曰：‘撷彼芳草，生洲之汀。采而为佩，爰入骚经。偕芝与兰，移植中庭。取以名室，惟德之馨。’嘉庆十年岁在乙丑季夏中浣王庚跋。”

苏州园林中，芳香植物的应用不以量取胜，而多取其由芳香形成的意境，如冬春之梅，拙政园有雪香云蔚亭，虎丘有冷香阁；夏之荷，拙政园有远香堂，怡园有藕香榭；秋之桂，留园有闻木樨香轩，耦园有储香馆，等等。拙政园东部的秫香馆之秫香，指稻谷飘香；明末王心一的归田园居内，“折北为秫香楼，楼可四望，每当夏秋之交，家田种秫，皆在望中”（王心一《归田园居记》）。《说文》：“秫，稷之黏者也。”泛指稻谷。归田园居北为北园，原为种植秫稻之地，园主登楼北望家田，以赏田园之景，秫稻飘香，秋谷丰收，自有一种自足之情。宋喻良能有诗云：“为爱山园好，红尘半点无。自应成小隐，谁复叹将芜。香秫五十亩，黄柑二百株。何必随俯仰，归去亦良图。”（《次韵外舅黄虞卿为爱山园好八首》其八）有田有橘（苏东坡《种橘帖》“当买一小园，种柑橘三百本”），当然不必仰人鼻息，可学陶渊明之辞官归去了。秫稻可酿酒，“公田种秫供朋酒，三径黄花手自栽”（五代徐钧《陶潜》）。秫香馆有对联曰：“此地秫花多说部，曹雪芹记‘稻香村’，虚构岂能夺席；四时园景好诗家，范成大有《杂兴》

作，高吟如导先声。”秋花飘香之景，诸如小说、笔记、杂著等一类书籍都描写过，《红楼梦》大观园中的“稻香村”就是一例，宝玉借唐许浑诗“柴门临水稻花香”而命名。

梅花。成片配植，花时常能形成寒香，号称香雪，《红楼梦》第四十九回写一场大雪后，宝玉一早起来，“忙忙的往芦雪庵来。出了院门，四顾一望，并无二色，远远的是青松翠竹，自己却如装在玻璃盒内一般。于是走至山坡之下，顺着山脚刚转过去，已闻得一股寒香拂鼻。回头一看，恰是妙玉门前栊翠庵中有十数株红梅如胭脂一般，映着雪色，分外显得精神，好不有趣！”第五十回写芦雪庵梅花诗社，李纨罚宝玉从栊翠庵折一枝红梅来作瓶插，“只见宝玉笑欣欣掮了一枝红梅进来，众丫鬟忙已接过，插入瓶内”，“一面说一面大家看梅花。原来这枝梅花只有二尺来高，旁有一横枝纵横而出，约有五六尺，其间小枝分歧，或如蟠螭，或如僵蚓，或孤削如笔，或密聚如林，花吐胭脂，香欺兰蕙，各各称赏。”周瘦鹃先生在他所筑的紫罗兰庵中种植着十多株梅树，自成丽瞩，朋友们称之为小香雪海，他则自谦，称之香雪溪。沧浪亭闻妙香室北配植有数十株梅花（图 4-8），烟姿玉骨，肌含疏香。妙香本是佛教对一种殊妙香气的称谓，杜甫《大云寺赞公房》诗之三：“灯影照无睡，心清闻妙香。”也特指美妙的花香，北宋李复《雪中观梅花》：“破萼江梅争初吐，汉宫妙香闻百步。耐寒蛱蝶何自来，绕花翩翩那忍去。幽芳不载蔚宗谱，绝俗韵高吾最许。”破萼初开的梅花，犹似汉宫中的妙香，香闻百步；不怕寒冷的蝴蝶不知从何而来，绕花轻飞而又不忍离去；虽然梅花的幽香在南朝范晔（字蔚宗）所撰的《和香方》中没有记载，但诗人特别赞许梅花的绝俗韵高之美。

瑞香。瑞香（*Daphne odora* Thunb.）是一种以“香”命名的植物，又称睡香、蓬莱紫等，是瑞香科瑞香属的常绿小灌木，单叶互生，全缘；春天开花，顶生头状花序，淡紫色，密生成簇，据《清异录》卷上记载：“庐山瑞香花，始缘一比丘，昼寝盘石上，梦中闻花香酷烈，不可名。既觉，寻香求得之，因名‘睡香’。四方奇之，谓乃花中祥瑞，遂以瑞易睡。”其栽培品种尤以金边瑞香为多。

历史上曾有一桩官吏因瑞香一事而遭罢免的故事。据《宋史·霍端友传》记载：“端友以显谟阁待制知平江，改陈州。内侍石焘传诏索瑞香花数十本，端友不可，疏罢之。”霍端友是平阳霍氏后裔，宋徽宗赐穿金紫服，他为人正直，曾任平江（即苏州）知府，内侍石焘传诏，向他索要瑞香花，霍端友不从，遂被弹劾罢免。

瑞香因姿态矮小，多作林下地被植物，或缀以山石（图 4-9），花时紫花点点，别具风趣。范成大《瑞香花》诗云：“万粒丛芳破雪残，曲房深院闭春寒。紫紫青青云锦被，百叠薰笼晚不翻。酒恶休拈花蕊嗅，花气醉人醲胜酒。大将香供恼幽禅，恰在兰枯梅落后。”瑞香花蕊外紫内白，紫紫之花与青青之叶两色辉映，开花又恰在兰枯梅落之后，

图 4-8　沧浪亭闻妙香室北片配植的梅花

图 4-9　维摩精舍配植的金边瑞香

可补兰、梅之缺。它多供于佛堂禅室，而浓烈的花香会撩拨得幽室内悟禅的佛陀们禅心难定。

宋代吕大防《瑞香图序》云："瑞香芳草也，其木高才数尺。生山坡间，花如丁香，而有黄紫二种。冬春之交，其花始发，植之庭槛，则芳馨出于户外。"说明瑞香种植于庭院之中，古已有之。它也常作盆栽，是馈赠好友的佳品，朱祖谋《玉烛新》序曰："叔问赠瑞香，谓即离骚九章之露申也。赋此报谢，叔问以为有美人怀服之思。"词曰：

铅霜和影飐。是碎剪春愁，蕊珠宫样。麝尘院落，东风外、旋展流苏成析。钗梁未上，颗颗结、相思花网。端正看、分朵幽云，羞供少年新赏。

含风漫整新妆，怕短梦蓬莱，故宫潜怅。众香敛避，开落事、试问孤根谁傍。葳蕤玉障。解睡彻、芳韶骀荡。休赚取、属酒春人，熏笼夜帐。

叔问即郑文焯，为清季满族著名词家，与王鹏运、况周颐、朱祖谋被称为晚清四大词人，寓居苏州壶园等，与朱祖谋等有词唱和。《离骚•九章•涉江》云："露申辛夷，死林薄兮。"露申一作露甲，王象晋《群芳谱•花谱》："瑞香一名露甲，一名蓬莱紫，一名风流树。高者三四尺许，枝干婆娑，柔条厚叶。四时长青，叶深绿色。"辛夷即木兰。瑞香、木兰都是香木，属于"香草美人"之列，是忠贞贤良的象征，却枯死在了草木丛生的地方，表达了屈原生不逢时、虽有忠信却郁郁不得志的心境。朱祖谋因郑文焯送了他一盆瑞香而以词作为回报，因离骚之露申，以物起兴，对瑞香的花态观察入微，将它之花比拟为蕊珠仙宫中的花样，似剪碎的春愁，朵朵的幽云，洒落在香尘的院落和金钗之上，颗颗花蕊宛如织成的相思花网，羞怯怯地供人欣赏。瑞香被宋人推崇为"仙品只今推第一，清香元不是人间"（张孝祥《浣溪沙•瑞香》）。然后花开花落，蓬莱短梦，因此趁着芳华骀荡，还是拥香入梦吧。

同属另有一种结香（*Edgeworthia chrysantha* Lindl.），为落叶灌木，枝条粗壮而柔软，

图 4-10　结香

可打结，故名。冬末春初开花，呈金黄色（图 4-10），在园林绿地中常见。

含笑。含笑［*Michelia figo*（Lour.）Spreng］因春天开花时，花像荷花半开之态，故有含笑之名。它是木兰科含笑属的常绿大灌木，芽、嫩枝、叶柄、花梗均密被黄褐色绒毛；单叶互生，叶小全缘。花肉质，淡乳黄色，边缘带紫晕，香浓似蕉，所以俗称香蕉花。南宋徐玑《含笑花》诗中描写的特征是“瓜香浓欲烂，莲萼碧初匀”，生动而形象地描绘出了含笑花开如初放的碧莲，而其香似瓜熟欲烂之味。在古代，也被广为推崇，宋代李纲《含笑花赋》序曰：“南方花木之美者，莫若含笑，绿叶素荣，其香郁然，是花也，方蒙恩而入幸价，重一时，故感而为之赋。”其辞曰：

“夫何嘉木之姝嫭兮，蔼芬馥之芳容。结孤根于暖地兮，披素艳于幽丛。炫丽景之迟迟兮，浥零露之浓浓。默凝情而不语兮，独含笑于春空。其笑伊何粲兮，巧倩洞户初启……苞温润以如玉，吐芬芳其若兰。俯者如羞，仰者如喜。向日嫣然，临风莞尔……嗅之弥馨，察之愈妍。信色香之俱美，何扈芷而握荃……置之玉堂，违霜雪之凄冷，依日月之末光。凭雕槛而凝彩，度芝阁而飘香。破颜一笑，掩乎群芳。诚可以承天宠，而植椒房者乎。”

赋中将含笑比作嘉木中的美人，它花润如玉，芬芳若兰，临风莞尔，色香俱美，理应种植于宫殿之中，得到帝王的宠幸。

苏州园林中常将含笑作为基调树种配植（图 4-11），花时苞润如玉，香气扑鼻，临风莞尔，明高濂《调笑令 • 含笑花》：“含笑，含笑，半吐半开芳抱。有意无声倦容，唇吐莲花澹红。红澹，红澹，雨过花稀叶暗。”形象地描写了含笑的绰约芳姿。

栀子花。初夏时节的栀子花（*Gardenia jasminoides* Ellis）花香甚烈，它是茜草科栀子花属的一种常绿灌木，单叶对生或 3 叶轮生，全缘；花腋生，花冠白色，高脚碟状，落花前常变为黄色，相传它就是生长在西域的薝蔔花。李时珍在《本草纲目 • 木之三》说：“卮，酒器也。卮子象之，故名，俗作栀。司马相如赋云：‘鲜支黄烁’，注云：鲜支，

（a）含笑（沧浪亭）

（b）含笑之花

图 4-11　含笑

即支子也。佛书称其花为薝蔔。谢灵运谓之林兰，曾端伯呼为禅友，或曰薝蔔金色，非卮子也。”或认为薝蔔不是栀子，因为薝蔔的花为金色，然而栀子落花前亦为黄色，它的浆果熟时呈黄色，再转橘红色，为黄色染料，故又称黄栀子。《长物志•花木》云：“薝蔔一名越桃，一名林兰，俗名栀子，古称禅友。出自西域，宜种佛室中。其花不宜近嗅，有微细虫入人鼻孔，斋阁可无种也。”《学圃杂疏•花疏》说：“栀子，佛经名薝蔔。单瓣者六出，其子可入药。入染重瓣者，花大而白差可观。”（薝蔔也误写作檐蔔、詹蔔等）栀子花有清芬，向为佛家所重，故有禅友、禅客之称。栀子花开，正值夏季，为消夏良物，汪琬《消暑》诗云：“从来消暑无奇策，惟有杜门推第一。梧桐叶大凉阴生，栀子花繁暗香发。”对它推崇备至。

栀子花在古代常配植于阶前、曲栏处，或庭院中，南齐谢朓《咏墙北栀子》：“有美当阶树，霜露未能移。金蕡发朱采，映日以离离。幸赖夕阳下，馀景及西枝。还思照绿水，君阶无曲池。”美树当阶，金黄色的浆果发出朱砂般的色彩，只可惜没有曲池相照。唐代唐彦谦《离鸾》诗中有“庭前佳树名栀子”之句；北宋家于苏州的蒋堂，六岁时作了一首《栀子花》诗：“庭前栀子树，四畔有桠杈。未结黄金子，先开白玉花。”这是古代将栀子种植庭院之中的例证。沈周《薝蔔》诗云：“雪魄冰花凉气清，曲阑深处艳精神。一钩新月风牵影，暗送娇香入画庭。”（图 4-12）把栀子洁白无瑕的花比作雪魄冰花，表现出了栀子花的圣洁之性；而其花香又给深处的曲阑注入一股幽远的清气，在一钩弯弯的新月下，微风吹枝，花姿摇曳，娇态十足，将沁心的香气暗暗地送入诗人的画庭，其景其情，韵味无穷。苏州园林中常作绿篱用，或点缀于林缘、岩隙及庭隅，如留园北部园林、曲园等［图 4-13（a）］。

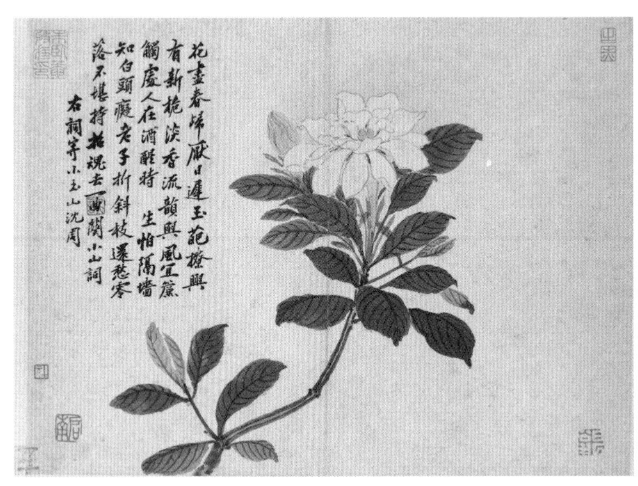

图 4-12 〔明〕沈周《卧游图册》之栀子花
（北京故宫博物院藏）

栀子花变种有重瓣栀子［'Fortuniana'，又名白蟾，图 4-13（b）］、水栀子等，在园林中颇多栽植。水栀子（*var. radicans* Makino.）又称雀舌栀子，植株矮小，枝常平展匍地；叶小，倒披针形，花小，重瓣［图 4-13（c）］；园林中常作地被植物或盆栽用。

夜合花。夜合花［*Magnolia coco*（Lour.）DC.］是木兰科木兰属的常绿灌木，叶倒卵状长椭圆形，先端尾状渐尖。夏季开花，顶生，花柄下弯，色白，花被 9 枚，外轮 3 枚带绿色，极香。乾隆《题钱维城画黔花八种》之“夜合花”，有注曰：“树高二三尺，

（a）曲园配植的重瓣栀子花

（b）重瓣栀子花（留园　茹军摄）

（c）水栀子

图 4-13　栀子花

叶如栗花，六瓣，绝类百合。别有三绿瓣包之花，藏叶中，香清而远闻。”（图 4-14）

图 4-14 〔宋〕佚名《夜合花图》（上海博物馆藏）

夜合花一般生长在浙江及以南地区，苏州偶有栽植。明代诗人对夜合花多有吟咏，如唐寅《题倦绣图》：“夜合花开香满庭，玉人停绣自含情。百花绣尽皆鲜巧，惟有鸳鸯绣不成。”陆师道《题夜合花》：“夜合花开香满庭，翠枝拂槛玉娉婷。诗人剩有高阳兴，相对冷然宿酒醒。”吴宽有《玉延亭西植夜合花》诗二首，其一：“夜合花开满树红，吴人贱汝号乌茸。家僮斫去为薪用，却向亭西植两丛（注云：东庄有夜合二株甚钜，家僮恶其覆水斫去之）”，然而从“夜合花开满树红”之句看出，此树开的红花，显然不是木兰科的夜合花，其实它是苏州人称之为“乌茸”的合欢（*Albizia julibrissin* Durazz.）。合欢属含羞草科，是一种落叶乔木，二回羽状复叶互生，小叶昼开夜合，故称合欢和合昏，夏季开花，头状花序排成伞房状，花色粉红如绒球，果为荚果（图 4-15）。西晋崔豹《古今注·草木第六》：“合欢树似梧桐，枝弱叶繁，互相交结。每一风来，辄自相解，了不相绊缀，树之阶庭，使人不忿。嵇康种之舍前。”《群芳谱·花谱》则称之为合驩，“合驩处处有之，枝甚柔弱。叶纤密圆而绿，似槐而小相对生，至暮而合。枝叶互相交结，风来辄解不相牵缀。五月开花，色如蘸晕。线下半白，上半肉红。散垂如丝。至秋而实，作荚子，极薄细，花中异品也。”吴宽东庄中这两株合欢因为树身很大，覆盖了水面，所以被家僮斫掉了，后来吴宽又在亭西栽植了两株，“两丛如杖植亭西，暑月能遮赤日低。待得成阴吾已去，后人须记白公题（自注：白乐天诗‘夜合花开日正西’）”（《玉延亭西植夜合花二首》

图 4-15 合欢（荚果）

其二），待合欢长成大树，可能诗人早已不在人世了，但后人却能记得白居易《闺妇》诗中的夜合花题诗了。

其他如池植之荷花、盆栽之米兰（米仔兰）等植物，夏秋之季，或风递荷香，或花香似兰，满室尽染。米兰（*Aglaia odorata* Lour.）又称米仔兰，为楝科常绿灌木或小乔木，圆锥花序腋生，花小似米粒，黄色；苏州多盆栽观赏。

桂花。秋天闻香的植物当首推桂花，无论是苏州园林或私家小院或是园林绿地中都栽植它，如虎丘旧有木樨径，“在花园街内，其地多艺花人所居，遍地种桂，高下林立。花时，人至其间，香沁肺腑，如行天香深处。乾嘉间，莫家滨一带桂花尤盛，游者往往自一天门渡至其处，徘徊不去”（《桐桥倚棹录》卷七），因此桂花花开的中秋时节，“但闻木樨香，不识花开处”（清初彭孙贻《闻木樨香作》），只要你走在苏州的大街小巷都能闻到木樨花香。苏州园林中以桂花为景的堂构很多，如网师园的小山丛桂轩、耦园的储香馆、怡园的金粟亭（图 4-16）等。

图 4-16　怡园金粟亭周边丛植的桂花

此外，有些植物的果实或种子能散发香气，如木瓜之果，熟时金瓜满树，香气袭人。柏树的种子可作香料，禅宗僧人在参禅时多焚柏子香，唐皮日休《奉和鲁望同游北禅院》：“吟多几转莲花漏，坐久重焚柏子香。”鲁望即陆龟蒙，皮日休《北禅院避暑联句》有诗注云：“院昔为戴颙宅，后司勋陆郎中居之。”北禅院即位于城东北齐门内的北禅寺，这里原为南朝刘宋时的戴颙宅，至唐归司勋陆郎中即陆洿；唐戴孚《广异记》“裴虬”条：“苏州山人陆去奢亭子者，即宋散骑戴颙宅也。”可见陆去奢的园亭亦在此地。明代冯惟敏《折桂令•焚柏子》词曰：“翠巍巍柏子浮烟，清似鸡舌，润比龙涎。芸草窗中，芝兰砌畔，椿桂堂前。”焚柏子清烟香似丁香（即丁子香，又名鸡舌香）、龙涎（即龙涎香，抹香鲸病胃的分泌物，是极名贵的香料，《香乘》：“诸香中，龙涎最贵重”）。芸草（芸香）、芝兰皆为香草，而椿、桂则为长寿之木，闻香则能使人长寿。

三、殷斓朱实，香色兼可胜似花

著籍吴县（今苏州）的叶梦得，在吴兴（现湖州）筑“石林”，“大抵北山一径，产杨梅，盛夏之际，十余里间，朱实离离，不减闽中荔枝也”。中国园林，尤其是早期园林的植物配植大多兼及生产，栽植果树可以弥补生活之需。苏州园林中的观果植物除了一些如枇杷、柑橘、柿子等既能食用又能观赏用之外，还有一些仅作观赏造景用的种类，如枸骨、南天竺等，而其果色尤以红色最为亮丽，观赏价值最高，黄色则次之。由于冬季开花的植物较少，为弥补其园林景观的萧条，所以常配植一些隆冬观果的植物，使得园景三季有花、冬季有果，正所谓“答遝离支果胜花”（清易顺鼎《寓台咏怀》）。

林檎。“鲜红艳丽、香气四溢的植物果实和种子也是鸟类觅食的主要对象，它为鸟类提供了丰富的食物来源，同时也是鸟类的栖息场所，群鸟嘤鸣枝头，给园林平添了几分生动。据观察，如红豆杉［*Taxus chinensis*（Pilger）Rehd.］、罗汉松［*Podocarpus macrophyllus*（Thunb.）D. Don］的红色肉质假种皮会招引白头鹎、乌鸫、灰喜鹊，枸骨、冬青等肉质核果会招引乌鸫、斑鸠、山斑鸠，火棘［*Pyracantha fortuneana*（Maxim.）Li］、石楠（*Photinia serrulata* Lindl.）等红色的肉质梨果会招引乌鸫、黑尾蜡嘴雀、灰喜鹊等鸟类的取食等”（卜复鸣《观果植物在传统园林中的应用》）。林檎是苏州古代园林中作为观赏和食用的常见花木之一，《学圃杂疏•花疏》云：“花红，一名林禽，即古来禽也。郡城中多植之。”《本草纲目》卷三十“果之二”说：“此果味甘，能来众禽于林，故有林禽、来禽之名。”因果甘甜引来鸟类，故而得名（图 4-17）。林檎（*Malus asiatica* Nakai）是一种蔷薇科苹果属落叶小乔木，它的别名很多，除林禽、来禽、花红之外，又有文林郎果、冷金丹、沙果、月临花等，开粉红色花（图 4-18），果比一般苹果略小，成熟时呈黄色或淡红色，香艳可爱，是花果并佳的观赏树木之一。中唐诗人元稹有《月临花》一诗咏之，形容其花：“巫峡隔波云，姑峰漏霞雪。镜匀娇面粉，灯泛高笼缬。”姑峰即姑射山之峰，《庄子•逍遥游》：“藐姑射之山，有

图 4-17 〔宋〕林椿《果熟来禽图》（北京故宫博物院藏）

图 4-18 〔元〕钱选《八花图卷》之来禽（北京故宫博物院藏）

神人居焉，肌肤若冰雪，绰约若处子。”高笼缬是以花缯束发名缬子髻，为古代妇女的一种高鬟发式。月光下，林檎花宛如隔着水波烟云的巫山神女、风姿绰约的姑射仙子；漏射出的月光映照在白雪般的粉嫩肌肤上，就像对镜梳妆的美女，娇施粉彩；掩映于绿树丛中的花朵，在月色下犹似泛着奇丽光华的高起发髻。

王献臣在拙政园中栽植林檎，有“来禽囿”一景，文徵明《拙政园图咏》序曰：“来禽囿沧浪池南北，杂植林檎数百本。”其诗云：“清阴十亩夏扶疏，正是长林果熟初。珍重筠笼分赠处，小窗亲搨右军书。”（图 4-19）方太古《十五夜饮王敬止园亭》诗云：“客子未归天一涯，沧江亭上听新蛙。春风莫漫随人老，吹落来禽千树花。”看来当时栽植规模还不小。因书圣王羲之有《青李来禽帖》“青李、来禽、樱桃、日给滕，子皆囊盛为佳，函封多不生”，讲明了林檎等四种植物种子的寄送方法。因此，作为佳果，林檎受到古代文人的特别青睐，“月临花结林檎果，香色真兼可。曾闻此果最来禽，赢得右军墨宝比兰亭”（清叶申芗《虞美人·林檎频婆》）。

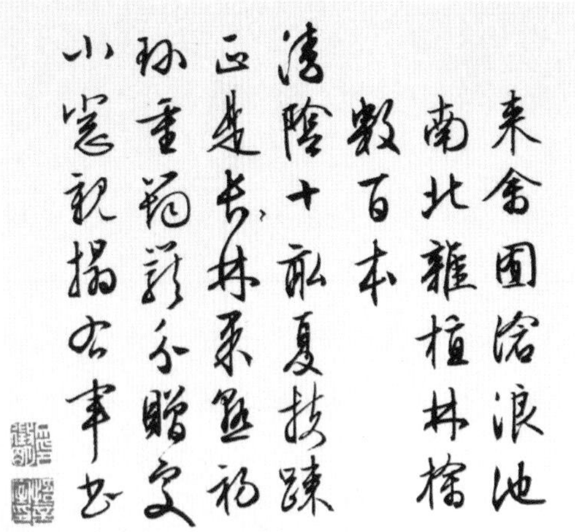

图 4-19 文徵明《来禽囿》诗

瓶兰。苏州园林原多瓶兰，亦称瓶兰花（*Diospyros armata* Hemsl.），为柿树科半常绿小乔木，树干苍古奇特，枝多而开展，枝端成棘刺；冬芽很小，先端钝，有毛。单叶互生，叶薄革质，长椭圆形至倒披针形，先端钝；花乳白色，芳香；浆果近球形，成熟时为橘黄色，有宿存花萼4枚；果柄长约1～2厘米（图4-20）。近似种乌柿（*Diospyros cathayensis* Steward），又称金弹子，枝细近黑色，叶长椭圆状披针形，先端钝圆；果柄长3～4（6）厘米。另有一种老鸦柿（*Diospyros rhombifolia* Hemsl.），过去常被误定为乌柿，但果柄较短，长1.5～2.5厘米；叶纸质，菱状倒卵形；果有蜡样光泽，顶端有小突尖，宿存萼片有明显条纹（图4-21）。现沧浪亭看山楼庭院之东北（图4-22）、拙政园听雨轩北庭之东北廊角等多处栽植有瓶兰，它既有柿子的橙红色果实，也有兰花的芳香，因而受到古代文人雅士的青睐，常配植于庭院一角或花窗前，每逢秋冬时节，果色橘红，挂满枝头，甚为可观。

图4-20　瓶兰（常熟翁同龢纪念馆）

柿树。苏州园林中，柿树（*Diospyros kaki* Thunb.）也是常见的观果树种之一。它是一种落叶乔木，树皮方块状开裂，单叶互生，浆果有膨大的宿存花萼，美味多汁，古人认为：一年种，百年收，可造福于后代。它宿存的花萼是我国古代的一种柿蒂纹纹样，这种似四瓣花纹的植物纹样，在中国传统建筑、器皿等图案中多有应用，战国时期出土青铜器、汉镜及漆器、瓦当、画像砖等就有柿蒂纹图案。《酉阳杂俎续集》卷九“支植上”说：“木中根固柿为最，俗谓之‘柿盘。’”柿盘即柿蒂纹盘底。

由于柿树叶果丰美，历来受到文人的青睐，《酉阳杂俎》卷十八说：“柿，俗谓：‘柿树有七绝：一寿，二多阴，三无鸟巢，四无虫，五霜叶可玩，六嘉实，七落叶肥大。’”

图4-21　老鸦柿

图4-22　沧浪亭配植的瓶兰花

因此园林中多有种植。夏可以取荫，北宋黄休复《茅亭客话》卷八："滕处士昌祐园中有一柿树。夏中团坐十馀人，敷张如盖，无暑气。云柿有七绝，颇宜种之。"秋可赏叶，经霜叶红如醉，不禁令人神往。它的果不但可以观赏，而且甜美可啖，梁简文帝《谢东宫赐柿启》曰："悬霜照采，凌冬挺润，甘清玉露，味重金液，虽复安邑秋献，灵关晚实，无以疋（匹）此嘉名，方兹擅美。"

由于柿叶宽大，古代也常以代纸，陆游《学书》诗云："九月十九柿叶红，闭门学书人笑翁。"杨万里也有"红叶曾题字，乌椑昔擅场"（《谢赵行之惠霜柿》）、"满山柿叶正堪书"（《食鸡头子二首》其二）等诗咏。关于柿叶临书的故事，唐代李绰在《尚书故实》一书中记载：当时有一名穷书生郑广文（郑虔），因家境贫寒，无钱买纸学书，得知慈恩寺的数间房间里堆放着柿叶当柴烧，"遂借僧房居止，日取红叶学书，岁久殆遍"。后来他把自己所写的柿叶诗和画封为一卷，进献给了唐玄宗，玄宗在柿叶书画尾部御笔题赐"郑虔三绝"，以褒扬他的诗书画。

图 4-23　〔南宋〕牧溪《六柿图》（日本京都大德寺龙光院藏）

因"柿"与"事""世"谐音，所以在民间常以柿与其他植物或物品组成"柿柿如意""百事大吉"等吉祥图案，如宋末元初僧人牧溪的《六柿图》在日本则被奉为国宝（图4-23）。

唐寅《金阊暮烟图》云："霜前柿叶一林红，树里溪流极望空。此景凭谁拟何处，金阊亭下暮烟中。"苏州原来有个金阊区，就是由金阊亭而命名的。可见明代有个时期那一带有柿子树林。《学圃杂疏•果疏》说："柿种多，吾地特宜。若海门柿、罐柿、无核火珠柿，皆甘冷可食，宜植墙隙。"清乾隆年间，桃花坞内有来燕堂，当时陈希哲有题额云："来燕堂之东，有红柿一本，盘郁四映，主人辟堂构数楹，颜其南轩曰'书叶'。"（谢家福《五亩园志馀》）现在苏州人家一般于住宅庭院中栽植一二，以取荫赏果，苏州园林中亦多栽植，留园又一村及射圃等都栽有柿子树（图 4-24），虬枝粗壮，大叶四展，布荫很广，到了秋季，则柿子由绿转黄，更由黄转为深红，一颗颗鲜艳夺目，真如苏东坡诗所云"柿叶满庭红颗秋"了。

（a）柿树（留园又一村）

（b）柿树（留园射圃）

图 4-24　柿树

构骨。构骨（*Ilex cornuta* Lindl. et Paxt.）又名鸟不宿、猫儿刺，《本草纲目》卷三十六“木之三”说：“此木肌白，如狗之骨。（李）时珍曰‘叶有五刺，如猫之形，故名’。”又说：“树如女贞，肌理甚白，叶长二三寸，青翠而厚硬，有五刺角，四时不凋。五月开细白花，结实如女贞、菝葜子，九月熟时绯红色。”唐代许浑《洞灵观冬青》诗云：“未秋红实浅，经夏绿阴寒。露重蝉鸣急，风多鸟宿难。”因其叶缘有扭曲的刺，因鸟难宿，故又名鸟不宿。周瘦鹃先生在《鸟不宿》一文中说：

鸟不宿的名称很别致，只为它那光泽的方形叶片，上下共有五角，每角都有尖刺，致使飞鸟不敢投宿其间，因此得名。可是鸟虽不宿，而偏喜啄食红子，尤其是白头翁，把它们当作佳肴美点，经常要来一快朵颐，即使被那叶上的尖刺刺伤了嘴和眼，也在所不顾。

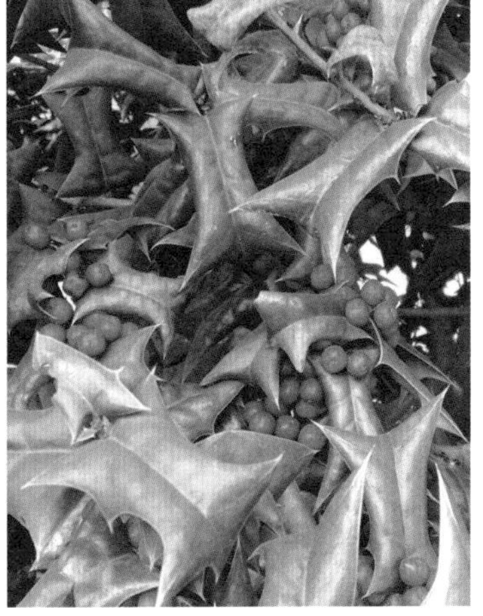

图 4-25　梯云室前配植的构骨

图 4-26　留园东园中配植的白玉兰与枸骨

图 4-27　拙政园东部园林中配植的黄果枸骨

图 4-28　冬青

枸骨是苏州园林中的主要观果树种之一，几乎每座古典园林中都配植有枸骨，如拙政园、留园、耦园等。网师园梯云室前有一株枸骨（图4-27），大树亭立，湖石相依，秋冬红果鲜艳，经霜雪而不凋，洵为奇观。因其果期很长，常迨至第二年春天果实尚在（图4-26），能与春花共舞春风。

枸骨有黄果枸骨（'Luteocarpa'）、无刺枸骨（'National'）等品种，前者在拙政园等偶有栽植（图4-27），后者则常在园林绿地中修剪成绿球形式，作冬春观果树种用。

冬青。冬青（*Ilex chinensis* Sims）又称万年枝，书载：宋徽宗曾以“万年枝上太平雀”作为院试的题目，却无一人知道，后来暗中打听，原来万年枝就是冬青树。徽宗时赐进士出身的韩驹，有《冬青》诗注曰：“禁中呼为万年枝”，其诗云：“离宫见尔近天墀，雨露常私养种时。寂寞一株岚雾里，无人识是万年枝。”明代初年，杭州城各街市，家家户户栽植冬青，以取吉祥之意。徐贲《题冬青十二红图》：“秋风吹老万年枝，山鸟飞来啄子时。”杨基《十二红图》诗：“何处飞来十二红，万年枝上立东风。”（十二红是一种候鸟，其尾羽末端红色，体形近似太平鸟而稍小，故又称小太平鸟）冬青叶果俱佳，隆冬时节，果色红艳（图4-28），是真正的“鸿运果”，可惜此树现在苏州园林中已不多见。吴江同里珍珠塔园有一株大叶冬青（*Ilex latifolia* Thunb.），边缘具疏锯齿，齿尖黑色（冬青则叶缘为钝齿），枝叶繁茂，核果深红醒目，实为可观（图 4-29）。

图 4-29　吴江同里珍珠塔园之大叶冬青

此外，还有一些芸香科的果木，在苏州园林中也多有应用，如耦园西花园假山东的柚子 [*Citrus maxima*（Burm）Merr.]（图 4-30）、沧浪亭假山东闲吟亭侧的香圆等。

图 4-30　耦园东部花园中配植的柚

除了一些乔木观果树种之外，苏州园林中还有一些如南天竺、枸杞、火棘等观果灌木。

南天竺。南天竺（*Nandina domestica* Thund.）又名南天竹、阑天竹、天烛子等，是小檗科南天竺属的常绿灌木，茎干直立，丛生状，幼枝常为红色；二至三回羽状复叶；圆锥花序顶生，花小而多，白色。果球形，秋冬呈鲜红色（图 4-31）。园林中另有一种玉果天竺（‘Leucocarpa’），秋冬时节果呈黄白色（图 4-32）。王象晋《群芳谱·木谱》云：

阑天竹，一名大椿；一名南天竺（或作东天竺）；一名南天烛，干生年久有高至丈馀者，糯者矮而多子，粳者高而不结子，叶如竹小，锐有刻缺，梅雨中开碎白花，结实枝头，赤红如珊瑚，成穗，一穗数十子，红鲜可爱，且耐霜雪，经久不脱。植之庭中，又能辟火，性好阴而恶湿，栽贵得其地，秋后髡其干，留孤根俟，春遂长条，肄而结子，则身低矮，子蕃衍可作盆景，供书舍清玩。

南朝梁程詧《东天竺赋》序中说，当时监署西庑有异草，“数本绿茎疏，节叶

图 4-31　南天竺（沧浪亭）

膏如剪，朱实离离，炳如渥丹”；秘书监柳恽对程督说：《西真书》上称它为东天竺，相传轩辕黄帝铸鼎南湖，百神受职，东海少君献上此物，“女娲用以炼石补天，试以拂水，水为中断，试以御风，风为之息。金石水火，洞达无阂”，轩辕以为这是个奇异的宝物，于是命人植于蓬壶之圃。

南天竺因果红可观，子多吉祥，“植之庭中，又能辟火”，又植之于黄帝蓬壶之圃，所以自古以来，庭院中多种植。清代蒋英《南歌子·南天竹》词曰：“清品梅为侣，芳名竹并称。浑疑红豆种闲庭。深爱贯珠累累、总娉婷。　不畏严霜压，何愁冻云凌。渥丹依旧叶青青。好共岁寒三友、插瓷瓶。”

图 4-32　玉果南天竺

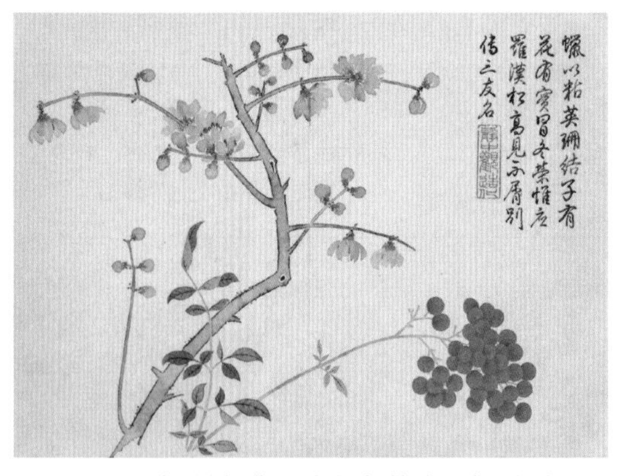

图 4-33　钱维城《四季山水花卉册》之南天竺与蜡梅（藏处不详）

南天竺因又名天竹，所以芳名与竹并称；它品格清高，不畏严霜，翠叶青青，幽姿娉婷，隆冬时节，更是朱实累累，雪中润泽光艳的朱砂红果总能与破雪而出的梅花相伴为侣。果似红豆的南天竺既可植于闲庭院，又可在冬春与松、梅瓶插，在百花凋零寂寞的季节里，增添一分生机。

南天竹是江南园林中常见的观果植物，《学圃杂疏·花疏》说：“然吾所爱者天竹，累累朱实扶摇绿叶之上，雪中视之尤佳。”康熙年间著名的词人顾贞观《忆江南云》：“江南好，寒掩小窗纱。积雪红垂天竹子，微泉碧注水仙芽。幽事属谁家。”写出了江南人家喜欢庭植南天竹和冬日在室内汲泉注水盆养水仙的清斋雅事情境。在传统配置中，常将南天竹和蜡梅相配，点缀于庭角山石间，或背衬粉墙，冬春时红果黄花，分外醒目，俨似一幅花鸟图画，周瘦鹃先生誉称为“岁寒二友”（图 4-33）。晚清薛时雨《一萼红·旧宅中阑天竹独存作此赏之》词曰：“古墙东。见一枝濯濯，摇落不随风。佛国因缘，山家点缀，园林雪后殷红。曾经过、画阑培植，挺孤芳、留待主人翁。艳夺朱樱，珍逾绛蜡，色亚青松。　　多少名园别馆，叹沧桑过眼，人去梁空。七尺珊瑚，千林锦绣，繁华都付狂蜂。最难得、丹成粒粒，耐冰霜、节与此君同。一任蓬蒿没径，黄月濛濛。”

枸杞。枸杞（*Lycium chinense* Miller）是茄科枸杞属的披散型灌木，又名枸檵子，叶小，互生；五、六月间由叶腋中开漏斗状淡紫色花，呈伞房花序。浆果深红色或橙红色。《诗经•小雅》中有《四牡》《北山》等多篇提及枸杞，如《四月》中的“山有蕨薇，隰有杞桋”，杞即枸檵。《古今图书集成•草木典》引《本草》曰：“枸杞，一名地骨，春夏采叶，秋采茎实，冬采根，皆可食。”李时珍说：“枸杞二树名。此物棘如枸之刺，茎如杞之条，故兼名之。”说它兼有似枸橘的枝有刺和茎如细长柔韧的杞柳，所以名之。枸杞茎大而坚直者，可作手杖，俗称仙人杖，刘禹锡有诗云：“枝繁本是仙人杖。”因此，枸杞也是长寿的象征，李时珍在《本草纲目》卷三十六“木之三”记载：“世传蓬莱县南丘村多枸杞，高者一二丈，其根盘结甚固。其乡人多寿考，亦饮食其水土之气使然。又润州开元寺大井旁生枸杞，岁久，土人目为枸杞井，云：‘饮其水甚益人也。’”当地人认为长寿与枸杞井有着直接密切的关系。唐代高僧皎然《湛处士枸杞架歌》云：

天生灵草生灵地，误生人间人不贵。
独君井上有一根，始觉人间众芳异。
拖线垂丝宜曙看，裴回满架何珊珊。
春风亦解爱此物，袅袅时来傍香实。
湿云缀叶摆不去，翠羽衔花惊畏失。
肯羡孤松不凋色，皇天正气肃不得。
我独全生异此辈，顺时荣落不相背。
孤松自被斧斤伤，独我柔枝保无害。
黄油酒囊石棋局，吾羡湛生心出俗。
撷芳生影风洒怀，其致翛然此中足。

诗中描述了井边棚架上枸杞的翠影花羽的仙姿神态，表达出对湛处士翛然出尘的由衷羡慕。

枸杞宜植于庭院之中，明代徐笃《庭前枸杞红熟》诗云：“寂寂虚庭秋到时，和云和雨两三枝。幽人读得南华后，旋摘深红入酒卮。”秋天，在庭院中的枸杞红熟之时，读读《庄子》（又称《南华经》），采摘些枸杞泡泡酒，也不失为养生之道。苏州园林中多丛植于峰石或岩隙之间（图 4-34），在苏州、扬州等地的太湖石峰或墙垣上常能见到，如留园岫云峰，“有枸杞老树一株，粗达 4 厘米，穿石孔而出，秋日朱实离离，宛若珠联，蔚为大观，洵属难得”（陈植《观赏树木学》）。

图 4-34 留园冠云楼前太湖石上配植的枸杞

葡萄。像葡萄一类藤木或蔓生灌木在古典园林或传统庭院中用作垂直绿化。葡萄（*Vitis vinifera* L.）由西域引入我国，其名亦作蒲陶、蒲萄或蒲桃等。因它的圆锥花序而发育成成串的浆果，不但可供食用或酿酒，还可用于观赏，深受当时士人贵族的喜爱。北周庚信《燕歌行》云："蒲桃一杯千日醉，无事九转学神仙。"说明了饮葡萄酒带来的畅神。南朝何思澄《南苑逢美人》（一作《拟古诗》）云："媚眼随羞合，丹唇逐笑分。风卷蒲萄带，日照石榴裙。"则是把葡萄的枝蔓比拟成了美人的风吹裙带。葡萄作为绘画题材大约始于唐宋，宋元间的温日观性嗜酒，善草书，他画的水墨葡萄，其枝叶皆草书法，人称温葡萄（图 4-35），元代张梦应《题温日观墨葡萄图》诗云："浓淡累累半幅披，却疑月架影参差。凭君问取乘槎使，还似宛西旧折枝。"葡萄藤蔓绵长，果丰多籽，在民间被赋予了多子多孙的含义，并常与松鼠相搭配，松四季长青，"不老松"是长寿的象征；鼠不但繁殖能力强，而且子是地支的第一位，属鼠；所以二者相配，寓意子孙众多，

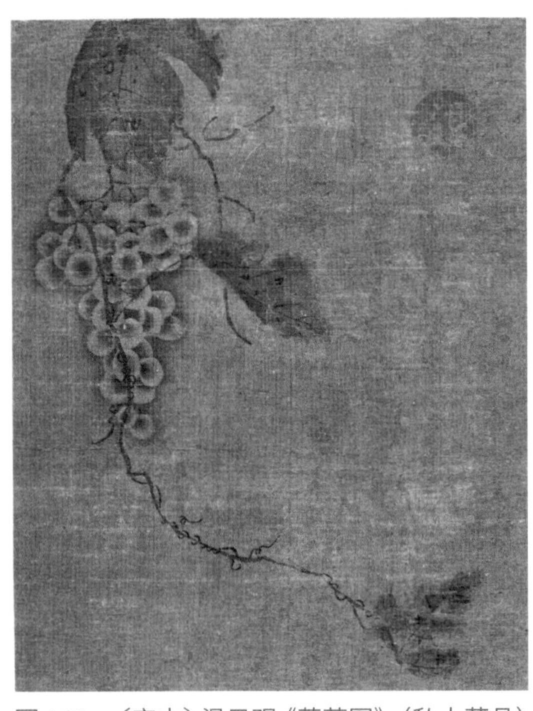
图 4-35 〔宋末〕温日观《葡萄图》（私人藏品）

图 4-36 〔明〕韩希孟《绣宋元名迹册•葡萄松鼠图》（北京故宫博物院藏）

万代绵长，多子多福，体现了农耕社会对生活美好的愿景（图 4-36），其图案被广泛应用于园林建筑的装修装饰之中（图 4-37）。

葡萄夏日叶密阴厚，植于庭院则可供夏秋纳凉，王世懋说它是“宜于水边设架，（果实）一年可生，累垂可玩”（《学圃杂疏•果疏》）。现留园的又一村还保留着葡萄棚（图 4-38），体现了农耕文明的田园风光。

其他如蔷薇科的火棘［*Pyracantha fortuneana*（Maxim.）Li，图 4-39］、平枝栒子（*Cotoneaster horizontalis* Decne.，又名铺地蜈蚣，图 4-40），红豆杉科的红豆杉［*Taxus chinensis*（Pilger）Rehd.，图 4-41］，茄科的白英（*Solanum lyratum* Thunb.，图 4-42）等一些观果植物在园林中亦偶有应用。

图 4-37　葡萄松鼠图案石雕（拥翠山庄）

图 4-38　留园又一村之葡萄架

图 4-39　火棘（曲园）

图 4-40　平枝栒子

图 4-41　红豆杉

图 4-42　白英

园林植物的果实是种子植物中最重要的繁殖器官，为了吸引鸟类啄食，帮助它们将种子播撒得更远，因此鸟播植物的果实一般都很鲜艳。苏州园林中常见的琼花（木绣球）、白玉兰（图4-43）、蔷薇、栾树（图4-44）等一些著名花木或树种的果实也具有一定的观赏价值。

图4-43　白玉兰之果实

图4-44　全缘叶栾树之蒴果

四、挺玉难成，摘景全留杂树

古树名木是一座城市的历史记忆，它不单单是一种绿化景观。计成在《园冶•相地》中说："多年树木，碍筑檐垣；让一步可以立根，斫数桠不妨封顶。斯谓雕栋飞楹构易，荫槐挺玉成难。"对于旧园，"妙于翻造，自然古木繁花"，并说："摘景全留杂树。"即造景要全留杂树。吴宽《记园中草木二十首》其一"槐"云："东园忆初购，粪壤频扫除。墙下古槐树，憔悴色不舒。况遭众攀折，高枝且无馀。爱护至今日，浓阴接吾庐。数步已仰视，伟哉钜人如。非藉此荫庇，谁结幽亭居。立为众木长，奴仆柽与榆。"诗人初购时的东庄已经荒芜，只有墙边的一株古槐树还在，但也遭到攀折，经过养护，古槐恢复了生机，显得高大伟岸，浓阴满地，后来又在古槐之侧建了座幽亭。王世贞筑弇山园时，原地有一株古朴，"大且合抱，垂荫周遭，几半亩，旁有桃、梅之属辅之。始僧售地，欲并伐此树以要余，余谓山水台榭，皆人力易为之，树不可易使古也，盖之价，至二十千而后许，为亭以承之，曰'嘉树'"（王世贞《弇山园记》），山水台榭皆可人为，唯树木不能在短时间内成为古树，王世贞便依赖大可合抱的古朴，因地制宜地建了一座嘉树亭。沈复对"明末徐俟斋先生隐居处"极为欣赏，"园依山而无石，老树多极迂回盘郁之势。亭榭窗栏尽从朴素，竹篱茅舍，不愧隐者之居。中有皂荚亭，树大可两抱。余所历园亭，此为第一"（《浮生六记•浪游记快》）。留园在1954年修复前，华东区的领导柯庆施至苏州，当时苏州市负责人静候其是否要修复时，说："此园假山在，大树在，建筑虽圮，修理甚速，易恢复。”一代名园得以“长留天地间”。因此，建筑能很快地营造，但如要培育荫浓的大树却是很难，所以利用原有的古树、老树对营造园林是极为重要的。

苏州现存园林历史悠久，常遗存着一些百年以上的古树，后代园主在重新造园时也能充分地利用这些古树，因势利导，因地制宜地与建筑、峰石、山池等相配合，形成了独特的如画景致。网师园看松读画轩前的古柏和白皮松，沧浪亭、留园等都有一些古枫杨，它们与建筑相配合，形成了极佳的景致。留园曲溪楼前的两株枫杨和拙政园梧竹幽居临水处的古枫杨（图 4-45），将其树干下部留空，使其不占底部空间，以现空透，避免遮碍建筑物，使景物极富层次；枝干近檐分枝，树身向上生长，亭亭如盖，爽气自来。留园绿荫轩与明瑟楼间原有高大的青枫（鸡爪槭），不但其姿态婀娜，婆娑宜人，而且作为建筑空间的过渡，极富层次感（图 4-46）；后因立地条件较差，造成古枫死亡，现虽经补植，则景观顿减。

图 4-45　拙政园梧竹幽居临水处的古枫杨

图 4-46　留园绿荫轩与明瑟楼间的鸡爪槭（引自刘敦桢《苏州古典园林》）

苏州园林中还遗存着一些相对少见的乡土树种，如南方枳椇、皂荚、梓树、糙叶树、楝树、臭椿、厚壳树以及百龄以上的榔榆、朴树、枫杨等杂树。还有一些虽非乡土树种，却偶尔生长的树种，如拙政园见山楼南、右岸的蜀榆，以及其东部园林中的薄壳山核桃等。

图 4-47 〔明〕沈周《三梓图》（印第安纳波利斯艺术博物馆）

梓树。梓树（*Catalpa ovata* G. Don）是紫葳科梓属的落叶乔木，古人视梓为良材，可制成各种器具，《搜神记》卷十八记载：“吴时有梓树巨围，叶广丈馀，垂柯数亩，吴王伐树作船。”梓材即材之美者，梓匠是指两种匠人：梓即梓人（木工），造器具；匠为匠人，主要建造宅屋。古代宅旁多植桑与梓，《诗·小雅·小弁》：“维桑与梓，必恭敬止。”《朱熹集传》：“桑、梓二木。古者五亩之宅，树之墙下，以遗子孙给蚕食、具器用者也……桑梓父母所植。”所以借指故乡或乡亲父老。北宋陆佃《埤雅》卷十四曰：“今呼牡丹谓之花王，梓为木王，盖木莫良于梓，故《书》以梓材名篇，《礼》以梓人名匠也。”

沈周游天平山，在范公祠瞻仰由范仲淹手植的三株梓树，不由对范公设置义庄、赡济族人之善行心生景仰，画下了《三梓图》，并有诗题云：“范公手种千岁物，宜尔子孙加意培。番番落叶与世换，得得好春从地来。愿同季札保嘉树，因读周书知美才。为君弄笔写其象，白日风雨惊蒿莱。”（图 4-47）以三株干生树瘿、枝密交错的千岁梓树形象象征范仲淹留予后代子孙的遗泽。

梓树大可数十围，老干上挺，旁枝交让，花繁而形如蛱蝶（图 4-48），苏颂说：“今近道皆有之，宫寺人

（a）梓树之花

（b）梓树之蒴果

图 4-48 梓树

家园亭亦多植之。”《吴门表隐》卷七记载：“孙春阳南货店在皋桥西。其地明唐寅读书处，有古梓树一株，其大合抱，树本犹存。”唐伯虎的父亲唐广德在阊门内皋桥西经营着一爿小酒肆，那里有一株梓树，唐伯虎曾读书其下，一直到清代道光年间树还在。苏州有条十梓街，位于旧吴王子诚即平江府署前，街名的来历一说是取《后汉书》中冀州刺史应顺（字华仲）廉直无私，有梓树生于厅前，“太守署前树十梓”而得名；一说是因古时沿街有十株梓树而名之。楸是梓的同科同属树种，二者树形、叶形相似，因此古人常将梓、楸混淆不清，“旧说：椅即是梓，梓即是楸”（《埤雅》卷十四）。唯梓树花色淡黄，楸树花色淡红，易于辨识。现苏州文庙棂星门外对植有两株楸树，树龄在200年左右。园林中如拙政园西部倒影楼西等有楸树配植于曲径园路处，春时淡红色花朵栖息于绿叶丛中，娇嫩可爱（图4-49）；夏时楸荫千章，翳蔽云天。

图4-49　拙政园西部园林之楸树

【小知识】梓树、楸树、黄金树

三者都是紫葳科梓属的落叶乔木，单叶对生或3叶轮生。

梓树（*Catalpa ovata* G. Don）叶长宽近相等，全缘或浅波状，常3浅裂；两面均粗糙，花淡黄色，有黄色条纹和紫色斑点；蒴果线形，下垂，长20～30厘米。

楸树（*Catalpa bungei* C. A.Mey.）叶三角状卵形，基部有时侧裂或具有1～2尖齿；叶背无毛；花冠淡红色，顶生伞房状总状花序花少，蒴果线形，长25～45厘米。

黄金树［*Catalpa speciosa*（Warder ex Barney）Engelmann］叶卵心形，花冠白色，蒴果线形，长30～55厘米。

榔榆。苏州园林中百年树龄的榔榆（*Ulmus parvifolia* Jacq.）甚多，如拙政园别有洞天边、小沧浪前（图4-50）、留园中部假山临水等处，均可见到它的身影，这是因为它好生于湿润之地，又耐干旱瘠薄土壤，适应性强之故。榔榆亦写作椰榆，它的树

图 4-50　拙政园小沧浪临水处的古榔榆

皮呈斑驳状，枝条纤柔下垂，随风飘舞，依依如柳，犹能与池水相协调。清代郝懿行之妻王照圆所辑《梦书》说："榆为人君，德至仁也；梦采榆叶，受赐恩也；梦居树上，得贵官也；梦其叶滋茂，福禄存也。"古人认为：梦里梦到采摘榆树的叶子，会得到赏赐；梦到居住在榆树之下，就会做显贵之官；梦到榆树生长的叶子生长繁茂，则会福禄双全。

与榔榆同属榆科的糙叶树也是苏州园林中常能见到的树种之一，如拙政园见山楼北对岸、留园远翠阁西、沧浪亭入口临水处、苏州公园茶室北临水处等都能见到。朴树则更为普遍。

【小知识】榔榆、榉树、朴树、糙叶树

榔榆、榉树、朴树、糙叶树均为榆科树种，但分属于不同的四个属。在苏州园林中常见。

榔榆（*Ulmus parvifolia* Jacq.）树皮呈薄鳞片状剥落，斑然可爱（图 4-51）。小枝纤柔下垂，依依如柳。叶小，边缘有单锯齿，羽状脉，侧脉直达齿尖。秋季，在叶腋中开黄绿色小花（其他榆树一般在春天开花），翅果圆似小钱。

榉树［*Zelkova serrata*（Thunb.）Makino］树皮光滑不裂，枝条直伸。叶较大，表面粗糙，叶缘为桃圆形锯齿，羽状脉，侧脉直达齿尖（图 4-52）。入秋叶色红褐可观。小坚果歪斜。

朴树（*Celtis sinensis* Pers.）树皮不裂。叶基部全缘，中部以上有锯齿，三出脉呈弧形，侧脉不达齿尖；核果近球形（图 4-53），秋时呈红褐色，果柄与叶柄等长。

糙叶树［*Aphananthe aspera*（Thunb.）Planch.］树皮如构树，黄褐色。叶面粗糙，有硬毛，叶缘有锯齿，三出脉，侧脉直达齿尖（图 4-54）。核果球形，成熟时呈黑色。

枳椇。枳椇（*Hovenia acerba* Lindl.）是鼠李科枳椇属落叶乔木，又称南枳椇、拐枣，

图 4-51　榔榆的斑驳树皮

图 4-52　榉树之叶片

图 4-53　朴树之叶与果

图 4-54　糙叶树之叶

古作枳枸，《诗经·小雅·南山有台》中有“南山有枸，北山有楰”句，陆玑疏义云：“枸树一名枸骨，今官园种之。”经古人辩证，这里的“枸”其实就是枳椇。说明古代就把枳椇种植于官家园林之中。朱熹注云：“楰，鼠梓，树叶木理如楸，亦名苦楸。”楰则是一种紫葳科的梓属植物。枳椇的叶如桑叶，三出脉；果成熟后果梗肥大，可食，俗称鸡爪梨（图 4-55）。对于枳椇的形态，李时珍在《本草纲目》卷三十一“果之三”中有详细的描述：“枳椇，木高三四丈，叶圆大如桑柘，夏月开花，枝头结实如鸡爪形，长寸许，纽曲开作二三岐，俨若鸡之足距，嫩时青色，经霜乃黄，嚼之味甘如蜜。每开岐尽处，结一二小子，状如蔓荆子，内有扁核，赤色，如酸枣仁形。飞鸟喜巢其上，故宋玉赋云：‘枳椇（句）来巢’。”唐代颜真卿也有“巢鸟来枳椇”之句，说明鸟类喜欢在枳椇树上筑巢。枳椇树高荫浓，是极佳的庭荫树种，清初查慎行有“小圃重樊因枳椇”之句，花圃中因为种有枳椇，而要用重重篱笆去保护它，以防别人偷食。现今虎丘五十三参侧以及苏州各园林中，如沧浪亭看山楼前、艺圃假山等处均可见到百年以上的枳椇。

皂荚。皂荚（*Gleditsia sinensis* Lam.），又名皂角、鸡栖等，是苏木（云实）科皂荚属的落叶乔木或小乔木，树干和大枝上有分枝的圆形尖刺，一回羽状复叶，初夏季节开黄色的蝶形小花，结实成荚，长扁如刀。它的荚果富胰皂质，可以去污垢，所以名皂荚。李时珍的《本草纲目》卷三十五下“木之二”云：“荚之树皂，故名。《广志》谓之‘鸡栖子’，《曾氏方》谓之‘乌犀’，《外丹本草》谓之‘悬刀’。”可见别名甚多。又说：“皂树高大，叶如槐叶，瘦长而尖，枝间多刺，夏开细黄花。”皂荚宜于书屋，明代有对联云：“皂荚倒垂千锭墨；芭蕉斜卷一封书。”康熙四十三年（1704年），工诗善画的叶燮受业弟子陆稹所建的水木明瑟园，全祖望评之为“吴中台榭甲天下，而以水木明瑟园为最”（全祖望《陆茶坞墓志铭》）。其地先为隐士徐白的滭上草堂，园内有皂荚庭，在滭上书堂的后庭，有“鸡栖一树，直扨清霄，曲干横枝，连青接黛，每曦晨伏昼，不受日影，下有蔀屋，偃憩者莫不忘返矣”（何焯《题滭上书屋》）。清王士禛在《香祖笔记》卷十二中记载：“宋王文宪家，以皂荚末置书中，以辟蠹。”所以植之书屋庭院中，也算是物义相得，原来苏州园林中亦较常见。现在拙政园东部园林的积土大假山上就遗有皂荚树（图4-56），其密叶如槐，绿阴低亚，秋来结荚果，下出叶底，离离可观。

图4-55 枳椇

图4-56 拙政园东部园林土山上的皂荚

关于皂荚也有好多故事，《太平广记》等书在“登第皂荚”中都记载：泉州孔庙，庭宇严峻，学校之盛拟于藩府，庭中有皂荚树，每次有州人将登第即生一荚，习以为常。有一年忽然生了一荚半，大家不知道这是什么意思，直到这一年泉州人陈逖进士及第，而黄仁隶学究及第[1]，大家才知道原来如此。不过黄仁隶因学究及第，引以为耻，想再考进士科。后来这棵皂荚树在原来生半荚之后，再生全荚，黄仁隶进士及第。数年后文庙遭火灾，这棵皂荚树就不再生豆荚了。北宋彭乘的《墨客挥犀》记载，唐朝华清宫七圣殿的西南角有一株皂荚，数人合抱，枝干生长得不是太好，相传是唐明皇和杨贵妃一道栽植于此，每年所结的豆荚，必有十数个合在一起，呈合欢状。宋人朱翌有诗咏之：“泉鸣三汤春濛濛，合欢皂荚双垂红。”（《吴道子华清宫图》）双皂荚历来被视为祥瑞，“一蒂双葩心两同，风力雨绵神其功。中官始奏献奇异，祥图瑞牒挥毫锋。四海万方只一株，缭绕周墙百丈馀”（北宋陈叔度《双皂荚行》）。

红豆树。红豆树（*Ormosia hosiei* Hemsl. et Wils.）是蝶形花科花榈木属的常绿乔木，小枝绿色，裸芽；羽状复叶互生，圆锥花序，花冠白色或淡紫色，荚果扁卵圆形，种子鲜红色，即所谓的红豆。相传南朝梁昭明太子萧统手植的江阴顾山红豆树，是目前江南最古老的红豆树。苏州地区古红豆树遗存甚多，如常熟曾园一株，相传为明代园主钱岱所植（图 4-57），距今也有 400 多年的历史了。清初，在升龙桥之南、葑门内

（a）常熟曾园红豆树

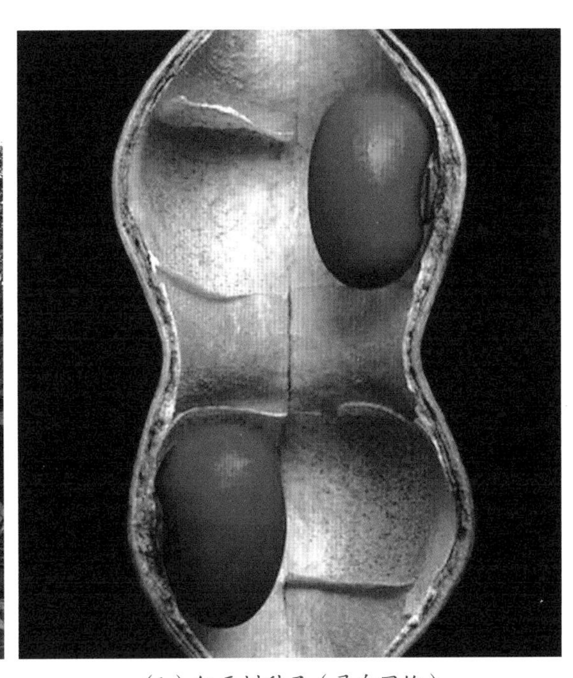

（b）红豆树种子（录自网络）

图 4-57　红豆

1　古代科举有进士科、明经科，后者只要通五经或之一即可，这种考试叫学究，相对简单，宋神宗时废。

冷香溪之北有座红豆书庄，为惠周惕所居。周惕原名恕，字元龙，吴县人，因其东渚旧宅南有一条形如砚台的小溪，故自号砚（研）溪；晚年移居苏州葑门，宅前有一株红豆树，故自号红豆主人。年少时从徐枋游学，受业于汪琬，康熙三十年（1691年）进士，选翰林院庶吉士，曾任密云县知县，有善政，卒于官。乾隆年间的阮葵生在《茶余客话》卷九中记载："苏州城内东南有东禅寺，旧植红豆树，相传白鸽禅师所种，老而朽矣，久之复萌新枝，惠元龙（周惕）移一枝入阶前，自号'红豆主人'，绘《红豆新居图》，题而和者百数十人。"戴延年《吴语》亦云："东禅寺红豆树，旧传白鸽禅师所种，老而朽，复萌新枝。惠研谿移一枝植阶前，生意郁然，因自号红豆主人，目存上人为作《红豆新居图》，惠自题《红豆词》十首，属和者二百馀家。四方名士过吴门，必停舟舆访焉。六十年来，铁干霜皮，有参天之势矣。"后庚申兵燹，树被伐，遗址仅存。顾震涛《吴门表隐》卷九记载："铁树即红豆，郡中只有四树，一在元墓山寺内；一在城东酒仙堂，宋白鸽禅师手植；一在升龙桥南惠太史周惕宅，周惕少从酒仙堂分折栽成；一在吴衙场明给谏之佳宅内，后易宋、易彭，今为吴刺史诒穀所居。"又《红兰逸乘》记载："葑门踏车弄口薛一瓢宅中，有红豆树一枝，宋时物也。彭氏取子种之，越五十三年始花，结子颇多。"现苏州古城区迎枫桥弄和王长河头均残存有300多年树龄的红豆树。

钱谦益晚年与柳如是居常熟白茆红豆村庄别业。这里本是元代顾细二的补溪草堂，到了明代万历年间，其后人顾玉柱次子顾耿光（字介明，号曲江）在此辟池种荷，人称芙蓉庄；曲江又从南海移植两棵红豆树，种植在南楼佛阁旁，后归朱氏，再为顾玉柱外甥钱谦益所有，名红豆树庄；顺治十八年，当钱谦益八十岁时，庄园里的一棵二十年不曾开花的红豆树，这年夏五月突然开花数枝，秋九月结子一颗，钱氏为之赋诗十首，序曰："红豆树二十年复花，九月贱降时，结子才一颗，河东君遣僮探枝得之。老夫欲不誇为己瑞，其可得乎，重赋十绝句。"其诗云："院落秋风正飒然，一枝红豆报鲜妍。夏梨弱枣寻常果，此物真堪荐寿筵。"（其一）"千葩万蕊叶风凋，一捻猩红点树梢。应是天街浓雨露，万年枝上不曾销。"（其六）乾隆年间的顾光旭作《贺新凉》词，注云："常熟芙蓉庄红豆树顾曲江处士手植，后归钱牧斋。适牧斋八十寿，其花盛开结宝，因以为瑞……。"关于这株红豆树后来的情况，据清代乾隆年间的常熟人王应奎所撰的《柳南随笔》卷五中记载："芙蓉庄在吾邑小东门外，去县治三十里，白茆顾氏别业也。某尚书为宪副台卿公外孙，故其地后归尚书。庄有红豆树，又名红豆庄，树大合抱，数十年一花，其色白，结实如皂荚，子赤如樱桃。顺治辛丑，是花盛开，邑中名士咸赋诗纪事。至康熙癸酉再花，结实数斗，村人竞取之。时庄已久毁，惟树存野田中耳。今树亦半枯，每岁发一枝，讫无定向。闻之土人，所向之处，稻辄歉收，亦可怪也。”孙原湘在他的《天真阁集》卷二十八中有《芙蓉庄看红豆花诗》一序，说：“吾乡芙蓉庄红豆树，自顺治辛丑花开后，至今百六十又四年矣。乾隆时树已枯，乡人将伐为薪，发根而蛇见，遂不敢伐。阅数年复荣，今又幢幢如盖矣。今年忽发花满树，玉蕊檀心，中挺一茎，独如丹砂，茎之本转绿，即豆荚也。辛烈类丁香，清露晨流，香彻数里，见日则合矣。王生巨川邀余往观，为乞一枝而归，叶亦可把玩，玲珑不齐。王生言，至秋冬时，丹黄如枫也。道光四年五月记。”花时不但香闻数里，连枝叶都可以把玩，而且到了秋天叶黄如枫树，可谓它的花、枝、叶、果都具有观赏价值。道光四年即公元 1824 年，这株历尽沧桑的红豆树至今还在。

孩儿莲。孩儿莲似为红茴香（*Illicium henryi* Diels）下的一个变种或变型，属八角科八角属的常绿小乔木，单叶互生、轮生或近轮生，全缘；花肉红色，花柄长，向下弯曲，雄蕊 11 ~ 14 枚（图 4-58），在苏州未见果。红茴香和莽草（*Illicium lanceolatum* A.C.Smith）古代通称莽草或芒草、菵草等，现代文献也常将红茴香作为莽草的别名，或将莽草作为红茴香的别名。两者的果与八角［又称八角茴香（*Illicium verum* Hook.f.）］相似，但都有毒，误作调味香料时，会发生严重中毒现象。它们的区别是：八角的雄蕊多为 13、14 枚，蓇葖果通常为 8 枚，呈轮生辐射状排列，饱满，先端钝。红茴香的雄蕊 11 ~ 14 枚，蓇葖果 7 ~ 9（13）枚，先端有长尖。莽草的雄蕊 6 ~ 11 枚，蓇葖果 10 ~ 13 枚，先端有长而弯曲的尖头，嫩叶叶柄常红色，杭州植物园有栽培。莽草又名红桂，唐李商隐《燕台诗·秋》：“金鱼锁断红桂春，古时尘满鸳鸯茵。”沈括在《梦溪笔谈》中说：“今莽草蜀道、襄汉、浙江、湖间山中有，枝叶稠密，团栾可爱，叶光厚而香烈，花红色，大小如杏花，六出，反卷向上，中心有新红蕊倒垂下，满树垂动摇摇然，极可玩。襄汉间渔人竞采以捣饭饴鱼，皆翻上，乃捞取之……唐人谓之‘红桂’，以其花红故也。李德裕《诗序》曰：‘龙门敬善寺有红桂树，独秀伊川，移植郊园，众芳色沮。乃是蜀道莽草，徒得佳名耳。’”（《补笔谈》卷三）。明靳学颜《莽草赋》：“余道商颜谷中，见

图 4-58　孩儿莲（东山雕花楼提供）

莽草橘叶桂茎，丹萼素蕾，意若自负，不侍凡卉者，厥形丽也，一叶入吻，百内溃裂。”

《吴门表隐》卷四记载：“孩儿莲，树大叶浓，花厚色红，专治血症。在百狮子桥赵氏宅内，一在洞庭东山，翁汉津分植吴中，只此二株。”苏州园林中最负盛名的孩儿莲当属东山春在楼（俗呼雕花楼）花园的一株，《太湖备考》卷六记载：孩儿莲“木似桂，花如棋子大，色状与莲花同，花不香，挼其叶嗅之，辛芳如茴。吴中向无此种，顺治间东山翁汉津为云南河西县令，携归后为席氏所有，珍为奇品。然第花不结子，根无萌芽，欲传其种不可得，好事者以过枝法分之，今有一、二十本，而滇来之初树亦萎矣。此花惟东山有之，他处绝无。”（图 4-59）当时沈畯作有《孩儿莲赋》咏之。翁汉津即翁天章（字汉津），翁彦陞次子，清《河西县志》“本朝知县”条载：“翁天章，江南生员，顺治十八任。”从顺治十八年（1661 年）到康熙二年（1663 年）离任，做了两年左右的河西县令（河西县今属玉溪通海县）。过枝法即植物嫁接中的靠接，如《汝南圃史》介绍白玉兰与紫玉兰的靠接之法：“此花不实，以辛夷并植其侧，过枝接生，其花九瓣，色白微碧，状类芙蕖。”翁天章从云南河西县移植而来的孩儿莲因开花不结子，又不生根蘖，因此，有人用靠接法繁殖了一二十株，而原来的母本却枯死了。现在春在楼（俗呼雕花楼）花园的一株孩儿莲应该是这一二十株中的一株，至今已有 360 多年的树龄了。这株长于小池之侧、假山之旁的孩儿莲高达 7 米左右，主干通直，上半部木质部有枯腐，形成了狭长而稍带扭曲的“历史伤疤”，虽历经沧桑，却枝条蓬勃，生机盎然，每逢四、五月份花期，满树红花点点如樱桃，花形玲珑而娇小多姿，花色红润如孩儿脸，朵朵娇羞下垂，惹人喜爱（图 4-60），被誉为“江南奇花”。

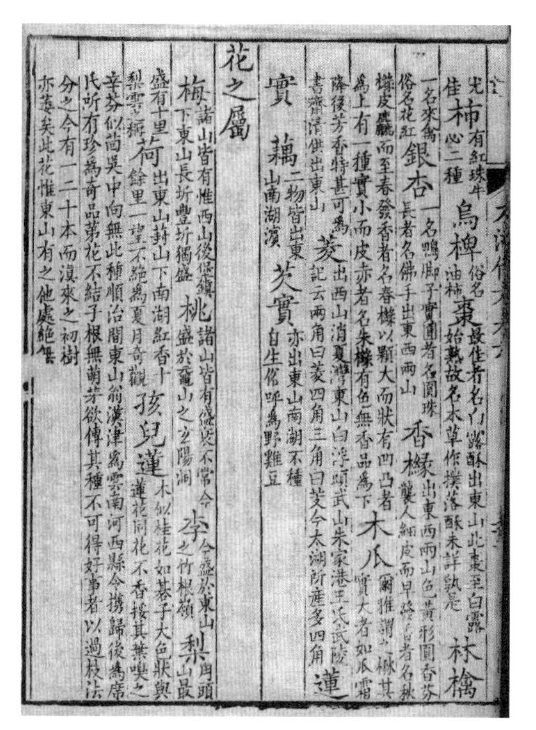
尤佳 柿 有紅珠牛心二種 烏椑 俗名油柿 棗 最佳者名白露酥出東山此棗至白露始熟故名本草作撲落酥未詳孰是 林檎 一名來禽俗名花紅 銀杏 一名鴨脚子實圓者名圓珠長者名佛手出東西兩山 香櫞 出東西兩山色黃形圓香芬襲人細皮而早發者名秋櫞皮麤而至春發香者名春櫞以顆大而狀有四凸者為上有一種實小而皮赤者名朱櫞有色無香品為下 木瓜 爾雅謂之楙其實大者如瓜霜降後芳香特甚可為書齋清供出東山 菱 出西山消夏灣東山白浮頭武山朱家港王氏武陵記云兩角曰菱四角三角曰芰今太湖所產多四角 蓮實 藕 二物皆出東山南湖濱 芡實 亦出東山南湖不種自生俗呼為野雞豆

花之屬

梅 諸山皆有惟西山後堡鎮下東山長圻豐圻獨盛 桃 諸山皆有盛衰不常今盛於黿山之玄陽洞 李 今盛於東山之竹根嶺 梨 出東山最盛有十里梨雲之稱 荷 出東山蔣山下南湖紅香十餘里一望不絕為夏月奇觀 孩兒蓮 木似桂花如棊子大色狀與蓮花同花不香挼其葉嗅之辛芬似茴吳中向無此種順治間東山翁漢津為雲南河西縣令攜歸後為席氏所有珍為奇品第花不結子根無萌芽欲傳其種不可得好事者以過枝法分之今有一二十本而滇來之初樹亦萎矣此花惟東山有之他處絕無

图 4-59 《太湖备考》有关孩儿莲的记载

苏州其他地方所植的孩儿莲，高度一般都在 4 米以下，如东山嘉树堂的孩儿莲也配植在小池之侧，太湖石立峰之旁，双干耸峙，青葱蓊郁，负坚质而敷妙花，蔚然可观（图 4-61）。

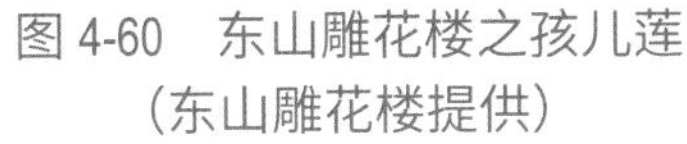

图 4-60　东山雕花楼之孩儿莲
（东山雕花楼提供）

图 4-61　东山嘉树堂配植的孩儿莲

楝树。楝树（*Melia azedarach* L.）又称苦楝，是楝科楝属的落叶乔木，叶互生，2 ~ 3 回奇数羽状复叶；春夏之交开淡紫色的小花，圆锥花序（图 4-62），有清香，花时正值黄梅季节，又是枇杷初熟之时，被誉为“吴中四杰”之一的元明间吴县人杨基有“黄梅雨晴桑重绿，南风楝花开蔌蔌”（《赠吴居易别》）、“细雨茸茸湿楝花，南风树树熟枇杷”（《天平山中》）等诗咏，正是其写照。它的核果呈橙黄色，球形，经冬不落，南宋罗愿在《尔雅翼》卷九中说：“楝木高丈馀，叶密如槐而尖。三四月开花，红紫色。芬香满庭。其实如小铃，至熟则黄。俗谓之苦楝子。”其果又称金铃子。江南自初春至初夏，五日一番风，称之花信风，以梅花风最先，楝花风为最后一番花信，凡二十四番（图 4-63），春去夏来，“院里莺歌歇，墙头蝶舞孤。天香薰羽葆，宫紫晕流苏。晻暧迷青琐，

图 4-62　楝花

氤氲向画图。只应春惜别，留与博山炉”（晚唐温庭筠《苦楝花》），春去莺歇蝶孤，日薰香暖，宫内香雾氤氲似图画的景象也因春离而去，只留与了薰香用的博山炉。楝树是苏州土生土长的树种，野生者尤多，以前农宅前常多有种植，以供造房子时用作椽子，北魏贾思协《齐民要术》说：“其长甚疾，五年后可作大椽。北方人家欲构堂阁，先于三五年前种之。其堂阁欲成，则楝木可椽。”古人还认为楝叶可避邪恶，《本草纲目》卷三十五上“木之二”楝集解云：“陶弘景曰：‘处处有之。俗人五月五日取叶佩之，云辟恶也。’”五月五日即端午节。

怡园画舫斋（松籁阁）侧有一株高大的楝树（图 4-64），参天的树冠，荫翳充茂；夏初之时，坐于斋阁之内，“只怪南风吹紫雪，不知屋角楝花飞”（杨万里《浅夏独行奉新县圃》）；冬春时节则果黄如金铃，野鸟“啄食楝实饮华池”（东汉崔骃《七言诗》）。而你倘若闲吟北宋梅尧臣《楝花》一诗，最能领略到楝树之美：“紫丝晕粉缀鲜花，绿罗布叶攒飞霞。莺舌未调香萼醉，柔风细吹铜梗斜。”美人晕红粉妆般的紫色花丝，如点点的藓花联缀在一起，团栾稠密；满树的绿叶，似碧绿的绮罗，攒簇着彩霞飞动般的楝花；枝头鸣歌的黄莺，因被楝花浓郁的芳香所迷醉，已经很难成调了，古铜色的楝枝，在暖风的吹拂下，斜斜地依偎在春风里。

臭椿。臭椿与香椿是与楝树的形态相似的树种，《本草纲目》卷三十五上“椿樗”条云：“香者名椿，臭者名樗。”又说：“椿樗易长而多寿考，故有椿栲之称。《庄子》言：‘大椿以八千岁为春秋’是矣。椿香而樗臭，故椿字又作櫄，其气熏也。樗字从雩，

图 4-63　缂丝乾隆御制诗花卉册中的楝花（北京故宫博物院藏）

图 4-64　怡园画舫斋侧的楝树

其气臭，人呵呼之也。”臭椿在苏州园林中常见，它生长较快，树身又大，能填补园林大空间。但在相对较小的庭院空间中配植，有时树身过大，会影响空间的结构，如拙政园海棠春坞院墙南的高大臭椿，与精致小巧的庭院不太协调，因此，只有通过修剪，控制它的生长，以取得与庭院的调和。香椿因其长寿，后用来形容高龄，如椿龄、椿寿等，亦用以指父亲，如椿庭（古称母亲居室为萱堂，因以萱为母亲或母亲居处的代称），椿萱即指父母（图4-65），“灵椿寿及八千岁，萱草同生寿亦同。白发高堂进春酒，凤皇飞下采云中”（沈周《题椿萱图》）。香椿树的嫩枝叶可供食用，苏颂《本草图经》卷十二云：“但椿木实而叶香，可啖。”徐光启《农政全书》卷三十八曰：“其叶自发芽及嫩时，皆香甘，生熟盐腌皆可茹。”苏州人称之为香椿头，是春天喜欢的食材之一，清代顾仲《养小录》说：“香椿细切，烈日晒干，磨粉，煎腐中入一撮，不见椿而香。”现在香椿炒鸡蛋则是常见的做法。香椿在苏州园林中偶见，《长物志•花木》：“椿树高耸而枝叶疏，与樗不异，香曰椿，臭曰樗。圃中沿墙宜多植，以供食。”（图4-66）今留园还读我书处南侧小庭中有一株古椿，树体伟岸，枝荫满庭。

图 4-65 〔明〕沈周《椿萱图》（安徽博物馆藏）

（a）香椿（艺圃）

（b）香椿（留园）

图 4-66 香椿

【小知识】臭椿、香椿

臭椿［*Ailanthus altissima*（Mill.）Swingle］为苦木科臭椿属落叶乔木。叶大，奇数羽状复叶互生，全缘，叶基两侧各具 1 ~ 2 个粗锯齿，齿背有臭腺。圆锥花序，淡绿色；翅果，冬季常宿存在树上。冬态：枝条上的叶痕大，有 9 个维管束痕。

香椿［*Toona sinensis*（A. Juss.）Roem］则是楝科香椿属落叶乔木。偶数羽状复叶互生，全缘或有疏离的小锯齿。圆锥花序顶生，白色；蒴果，种子有长翅。冬态：枝条上的叶痕大，有 5 个维管束痕。《本草纲目》："江东呼为虎目树，亦名虎眼。谓叶脱处，有痕如虎之眼目，又如樗蒲子，故得此名。"

厚壳树。厚壳树［*Ehretia thyrsiflora*（Sieb. et Zucc.）Nakai］为紫草科厚壳树属落叶乔木，无毛或被稀疏柔毛，缘有整齐的锯齿，聚伞花序圆锥状，顶生或腋生，花冠白色，核果黄色或橘黄色。苏州园林中如网师园、耦园、狮子林（图 4-67）以及曲园、文庙等庭院中常残存着这种自然生长的乡土树种，其枝叶郁茂，绿叶如云，晚春时节，繁英满树，略带香气。近似种粗糠树（*Ehretia macrophylla* Wall.），叶面极粗糙；花白色至淡黄色，芳香。

鹅掌楸。在艺圃的乳鱼亭的东南侧有一株鹅掌楸［图 4-68（a）］，树形端庄，枝序秩然，翠荫覆地。鹅掌楸［*Liriodendron chinense*（Hemsl.）Sarg.］因它的叶片呈马褂状，所以又称马褂木，属木兰科鹅掌楸属的落叶乔木，小枝上有环状托叶痕；叶近基部每边有 1 个侧裂片；五月开花，花被片 9 枚，黄绿色，幽香宜人，为孑遗植物之一［北美鹅掌楸 *L. tulipifera* Linn. 叶近基部每边有 2 个侧裂片。杂种鹅掌楸的性状则介于二者之间，图 4-68（b）］。

（a）厚壳树（狮子林）

（b）厚壳树之叶与花序

图 4-67　厚壳树

（a）鹅掌楸（艺圃）

（b）东山雕花楼之杂种鹅掌楸之花

图 4-68　鹅掌楸

此外，如生长在拙政园见山楼前假山驳岸处的 2 株蜀榆（*Ulmus bergmanniana var. lasiophylla* Schneid.），叶长圆状椭圆形或倒卵状矩圆形，尖头边缘有明显的锯齿，叶背密被弯曲之柔毛。不仅在苏州城市中仅见，而且依依临水，秋色红艳，画意堪浓（图 4-69）。

五、借景偏宜，若对邻氏之花

计成说："内构斋馆房室，借外景，自然幽雅，深得山林之趣。"（《园冶•书房基》）园林内构筑建筑庭院，须借取外部的园林之景。像日本的枯山水庭院，院内全由白沙和"十五尊石"、青苔构成，在由熟土筑成的围墙外却有花树荫翳，或能观赏到远处树木茂密的小山。早期的枯山水庭院内曾植有樱花，"后来，樱花树从枯山水庭院中移植出去，但是每逢樱花盛开的季节，它仍然会将游客的眼球从枯燥的岩石沙滩吸引过来。繁茂的樱花树摇曳着漂亮的花枝，从园外围墙上探出头去，以此强调枯山水庭院缺少的魅力"(英•斯图尔特《世界园林文化与传统》）。

图 4-69　蜀榆（拙政园）

《园冶·相地》说："借景偏宜，若对邻氏之花。"邻家花开，就要发挥借景的妙用，以能收尽无限的春光。清代查慎行也说："大抵为园多借景，别家高树挂朱藤。"（《初夏园居十二绝句》其三）在造园中，由于占地有限，加上造景重在空灵，宜多留"空白"，善于外借优美的山林景色或风景，"借者，园虽别内外，得景则无拘远近，晴峦耸秀，绀宇凌空，极目所至，俗则屏之，嘉则收之，不分町畽，尽为烟景，斯所谓'巧而得体'者也"（《园冶·兴造论》）。借景手法有远借、邻借、仰借、俯借、应时而借以及镜借等。

远借。就是向远处借景，"高原极望，远岫环屏"（《园冶·借景》），如沧浪亭看山楼、拙政园见山楼、网师园撷秀楼等，以前都能眺望苏州西南近远郊的上方山、天平山、灵岩山等的山林景色，即所谓的远借。"远峰偏宜借景，秀色堪餐"（《园冶·园说》），网师园撷秀楼一匾，为清末俞樾所题，上有跋文曰："少眉（即鸿裔之子李庚猷）观察世大兄于园中筑楼，凭栏而望，全园在目。即上方山浮屠尖亦若在几案间。晋人所谓千岩竞秀者，具见于此！因以'撷秀'名楼，余题其楣。光绪丙申腊月曲园俞樾记。"留园西部土山上原有"望西南诸峰林壑尤美之亭"，取意于欧阳修的名文《醉翁亭记》"环滁皆山也，其西南诸峰林壑尤美，望之蔚然而深秀者，琅琊也"句意，登斯亭，则西南远山黛痕一抹，在晴空的背景下，风景格外引人。

邻借。即相邻之间的借景，"堂开淑气侵入，门引春流到泽"（《园冶·借景》），"窗虚蕉影玲珑"（《园冶·城市地》），所谓的"一枝红杏出墙来"便是邻借的典型（图 4-70）。邻借有庭院与庭院之间的借景，也有园外相邻之间的借景，正所谓"隔墙飞花带莺声，都因无情却有情"（元郝经《阳春怨》）。留园中部借景西部土山之枫林景色，如值深秋，云墙之外，醉红撼枝，娆艳似绵，为园内观枫叶佳处；而西部园林亦以高大的银杏树作为邻借观赏，秋时叶色纯黄，粲然可观（图 4-71）。

苏州园林中有很多花窗及空窗，打破了空间的局限，起到相邻空间的互通，使景

图 4-70　网师园出墙的二乔玉兰

图 4-71　留园西部借景中部银杏

色更加幽深（图 4-72）。

仰借。“寓目一行白鹭，醉颜几阵丹枫……凭虚敞阁，举杯明月自相邀”（《园冶•借景》），园林中的仰借，就是在造景中留出一定的空间，在纵向上突破空间局限，通过树冠空隙，“仰望青松梢，上有白雪翎”（南宋白玉蟾《暮云辞》，图 4-73），或仰望天空、白云苍狗，或以观柳梢之月，虽“仰望青云多鼎贵，无由换骨学飞仙”（南宋王炎《次韵巴陵罗簿送行》），却也能仰观宇宙之大，游目骋怀。而池边设矶，“水际安亭”，或“仰望碧天际，俯磐绿水滨”（王羲之《兰亭诗》）或“仰望孤峰知耸峻，前临积水见波澜”（唐方干《酬将作于少监》），如拙政园、留园、艺圃等由假山临水处可仰借山林幽亭（图 4-74），狮子林湖心亭（观瀑亭）则可仰看瀑布悬深林，“举首望飞泉，日暮未肯归”，正所谓“举头自有深情”（《园冶•掇山》）。

俯借。如拙政园西部补园建于假山之上的宜两亭，能俯借中部花园的山池景色（图 4-75），其既是俯借，也是邻借。留园的闻木樨香轩，清代刘氏寒碧庄时名餐秀轩，坐此可俯视中部山水园景色，亭台楼阁，前后参差、高下相呼，掩映于古木奇石之间；小蓬莱飞落于碧沼绿水之中，春时紫藤花发成穗，色紫而艳，披垂摇曳，一望煜然。东南则花墙廊屋，楼阁相续，层层布局，与北侧假山叠岸，幽亭林木，

图 4-72　留园洞天一碧的空窗邻借竹石

图 4-73　仰借（留园远翠阁）

图 4-74　仰借（艺圃）

其苍郁的山林气氛与池东南参差错落的楼馆亭轩形成了鲜明的对比。陆游诗云："常倚曲阑贪看水，不安四壁怕遮山。"（《巴东令廨白云亭》）倚栏观水，锦鳞来去于垂藤藻荇之间，濠濮会心自当不远（图 4-76），也可看作是俯借之例。

图 4-75 宜两亭俯借中部园林景色

图 4-76 留园濠濮亭之锦鲤

应时而借。春时"好鸟迎春歌后院，飞花送酒舞前檐"（李白《题东溪公幽居》）；夏日"蝉噪林逾静，鸟鸣山更幽"（南朝王籍《入若邪溪诗》）；秋则"仰借秋霞劈锦笺"（清张竹坡《黄鹤楼遭兵燹感题》）；冬则"梅花一夜窗中见，昨冬少雪春无霰。寒来借景苦无多，窗小只须三百片"（明徐渭《谑雪》）。园林之景，无时不借，"若夫日出而林霏开，云归而岩穴暝，晦明变化者，山间之朝暮也。野芳发而幽香，佳木秀而繁阴，风霜高洁，水落而石出者，山间之四时也。朝而往，暮而归，四时之景不同，而乐亦无穷也"（欧阳修《醉翁亭记》）。

镜借。司空图《诗品》云："空潭写春，古镜照神。"宗白华先生在《美学散步》一书中说："镜借就是凭镜借景，使景映镜中，化实为虚（苏州怡园的面壁亭处境逼仄，乃悬一大镜，把对面假山和螺髻亭收入镜内，扩大了境界）。园中凿池映景，亦此意。"并举王维的"隔窗云雾生衣上，卷幔山泉入镜中"以及叶令仪的"帆影都从窗隙过，溪光合向镜中看"诗句作例，说"这就是所谓的镜借了"。现在拙政园的得真亭内也是放了一面大镜，将假山、花树、廊亭、旱船等纳入镜中，宛如一幅发光的水彩画。

网师园的彩霞池能将池周的景物和天光行云尽收池中。冬春之季，池边梅花"竹外一枝斜更好"；仲春时节，池岸假山上"君不见紫藤花开墨池涨"（有对联曰"护研小屏山缥缈"，池如砚池，云岗假山则似砚屏）；夏秋之时"藤萝掩映月增明"，待月迎风花影浮；冬则水中藻荇交横，苍松古柏、亭台岸树倒影池中（图 4-77），人行池岸，恰如初唐虞世南《赋得吴都》诗云："吴趋自有乐，还似镜中游。"最能体现出晋人的那种"最高的晶莹的美的意境"（宗白华语）。天平山庄前的什景塘也有这种镜借的意韵。

图 4-77　网师园池中倒影宛如空潭写春

第二节　亭榭廊架的植物配置与赏析

亭榭轩廊是园林中最富情趣的建筑物，“安亭得景，莳花得景笑春风”（《园冶·城市地》），它们或“随意合宜”，或“制亦随态”“助胜则称”（《园冶·屋宇》），只要适景而筑，便能增加景境之美。

一、奇亭巧榭，构分红紫之丛

计成说：“花间隐榭，水际安亭，斯园林而得致者。”（《园冶·亭榭基》）亭是中国园林中最常见的建筑物，东汉刘熙《释名》：“亭，停也，亦人所停集也。”亭为休憩或凭眺之所。亭可以说是中国山水和园林中“人化自然”的一种哲学表达。宗白华先生在《中国艺术意境之诞生》一文中说：“中国人爱在山水中设置空亭一所。戴醇士说：‘群山郁苍，群木荟蔚，空亭翼然，吐纳云气。’一座空亭竟成为山川灵气动荡吐纳的交点和山川精神聚积的处所。倪云林每画山水，多置空亭，他有‘亭下不逢人，夕阳澹秋影’的名句。张宣题倪画《溪亭山色图》诗云：‘石滑岩前雨，泉香树杪风。江山无限景，都聚一亭中。’苏东坡《涵虚亭》诗云：‘惟有此亭无一物，坐观万景得天全。’唯道集虚，中国建筑也表现着中国人的宇宙意识。”因此，苏州园林中哪处不是山巅置亭，乔柯成荫，绿树生烟？如拙政园之雪香云蔚之亭、留园之可亭、怡园之螺髻亭等。

苏州园林中的亭，是苏州山水空间的重要组成部分，同时也是园林开敞空间的主要景色，它无论在山岩，还是水际，抑或平地，它所在位置必是园林中的观赏节点，即所谓的“安亭得景”（《园冶·相地》）。大型假山上置亭，宜于远眺，多以古木映衬。颐和园有座亭子叫“画中游”，亭就是整幅山水或花木画卷的焦点和中心，当你进入亭中，你就成了画中之人。水际安亭，远可仰眺园林景色，近可观水赏荷，如拙政园荷风四面亭，它以荷花为主题，四面皆水，岸植垂柳，池内荷花亭亭，夏秋时节，绿浪翻红蕊，荷风送香，若逢幽鸟声远，则更是意趣高远。网师园的月到风来亭，清代宋宗元网师小筑时名花影亭，是个四面临水的湖心亭，当时临近花圃琅玕圃，闲坐于亭中，花影重重，香气霏霏，“虚亭四敞占芳洲，花气沉沉花影浮”（宋宗元《花影亭》），岸花四照，曲水镜明，天光云影，徘徊于碧水之间，庄培因有诗云：“鸟语花香帘外景，天光云影座中春。”

在园林开敞空间中，亭常点缀于路旁、林中，或配植乔木，古木苍郁，松柏簇拥，景状入诗兼入画，如拙政园东部园林的天泉亭、天平山的御碑亭（图 4-78）等。唐代

图 4-78　天平山御碑亭侧的古枫香

苏州的郡府中，有东、西两亭，白居易有“常爱西亭面北林，公私尘事不能侵”及“直廊枉曲房，窈窕深且虚。修竹夹左右，清风来徐徐”等诗咏之（《题西亭》）；宋代郡府中有四照亭，在四周“各植花石，随岁时之宜：春海棠，夏湖石，秋芙蓉，冬梅”（范成大《吴郡志》卷十四），秋芙蓉即木芙蓉。《匏翁家藏集》卷第十九有吴宽《记园中草木二十首》其二“榆”：“始我种三榆，近在亭之左。西日待隐蔽，阴成客能坐。七年长渐高，密叶已交锁。生钱闻可食，贫者当果蓏。”诗人在亭旁种了三株榆树，期待能遮蔽西晒的太阳，好在此待客；好在栽种了七年后，榆树已经长高，密叶交织，并已结实，榆钱可食，也是贫穷之家的蔬果了；“其一忽憔悴，啮腹缘蚁蜾。持斧欲伐之，材未中船舵（榆性坚可为舵）。藤蔓方附丽，不伐亦自可。古人无弃物，守圃尝用跛。”其中一株因被蚂蚁啮食而枯萎了，本想把它砍了，但它的木材也派不了什么用场，做不了船舵，好在有藤萝攀援其上，不伐亦可；《老子》说：“是以圣人常善救人，故无弃人；常善救物，故无弃物。是谓袭明。”圣人善于物尽其用，而无物不用，这是遵循大道的智慧；园居嘛，就是安于愚拙驽顿。吴宽家的玉延亭，亭侧有老槐垂翠，是夏日纳凉的好去处，他的《如梦令·玉延亭午坐》词曰：“午枕莫教重睡，亭上老槐垂翠。暑气此间消，一阵好风随至。多事，多事。又过菜畦行水。”明代王氏拙政园有座槐雨亭（图4-79），“逾杠而东，篁竹阴翳，榆槐蔽亏，有亭翼然，西临水上者，槐雨亭也。”（文徵明《王氏拙政园记》）王献臣号槐雨，槐花开时，花飞如雨，如穿花蝴蝶般纷纷扬扬。文徵明《槐雨亭》诗云：“亭下高槐欲覆墙，气蒸寒翠湿衣裳。疏花靡靡流芳远，清荫垂垂世泽长。八月文场怀往事，三公勋业付诸郎。老来不作南柯梦，犹自移床卧晚凉。”拙政园嘉实亭因取北宋王庭坚《古风》“江梅有嘉实”之句而得名，原为种植梅花的瑶圃，现亭的周围则为枇杷林。其他如待霜亭、尔耳轩等均置于园林的开敞空间之中。

图4-79　槐雨亭（文徵明《拙政园图咏》）

【小知识】桧柏亭

圆柏枝条密生，终年翠绿，可缚扎成各种造型，因此，是制作盆景的绝佳材料。明代的王氏拙政园东北隅有一座得真亭，它用四角栽植的四株桧柏的树冠缚扎成亭（图 4-80），并取左太冲《招隐》诗“峭蒨青葱间，竹柏得其真”句意命名。这也是一种别出心裁的植物建筑类型。在明代还有用竹、梧桐等竹木的树冠或顶梢缚扎而成屋顶的植物亭台，如《遵生八笺》“桧柏亭”条说：“植四老柏以为之，制用花匠竹索结束为顶成亭，惟一檐者为佳，圆制亦雅，若六角二檐者俗甚。桂树可结，罗汉松亦可。若用蔷薇结为高塔，花时可观，若以为亭，除花开后，荆棘低垂，焦叶蠡虫，撩衣刺面，殊厌经目，无论玩赏。”桂花树、罗汉松和蔷薇都可以结梢为亭，或像蔷薇一类植物攀援在棚架上结为亭子。现在位于小沧浪水院左侧的得真亭只是沿用了原有的亭名而已。

另一种则是“奇亭巧榭，构分红紫之丛”（《园冶•屋宇》），依据花木的品性创造意境，深化主题，如牡丹亭、筼筜亭、爱晚亭等。怡园的南雪亭，因亭南配植梅花而得名，原匾为杜文澜所书，跋云：“周草窗云，昔潘庭坚约社友，聚饮于南雪亭梅花下，传为美谈。今艮庵主人新辟怡园建一亭于中，种梅多处，亦颜‘南雪’二字，意盖续南宋之佳会。而泉石竹树之胜，恐前或未逮也。”（现为瓦翁补书）南宋潘庭坚名牥，才高气劲，跌宕不羁，傲侮一世，六七岁时就和人诗云：“竹才生便直，梅到死犹香。”当时就有人说他寿命不长。周密《齐东野语》卷四：“尝约同社友剧饮于南雪亭梅花下，衣皆以白。既而尽去宽衣，脱帽呼啸。”后来又再置酒于瀑泉亭，潘牥酒豪，竟然脱巾髽髻，裸立于流泉之下，冷水冲头，高吟《濯缨》之章，因寒气深入经络间，回家后便卧病而亡。顾文彬曾集辛弃疾词为亭联，曰：“高会惜分阴，为我攀梅，细写茶经煮香雪；长歌自深酌，请君置酒，醉扶怪石看飞泉。”怡园的金粟亭（图 4-81），周边遍植桂花，因其色黄如金，花小如粟，故而得名。金粟还是“金粟如来”的省称，即维

图 4-80　文徵明《拙政园图咏》中的得真亭

图 4-81　〔清〕顾沄《怡园图册》之怡园金粟亭（南京博物院藏）

摩诘大士。南宋赵十洲《霜天晓角·桂》词曰：“姮娥戏剧。手种长生粒。宝干婆娑千古，飘芳吹、满虚碧。　　韵色。檀露滴。人间秋第一。金粟如来境界，谁移在、小亭侧。”桂花宝干婆娑，枝叶浓青，满囊金粟，露湿天香，正所谓“蟾宫第一枝”。怡园还有一座面壁亭，隔水面对大假山石壁，翠叠临流，用菩提达摩面壁十年的典故。

环秀山庄外海棠亭是以海棠为主题的园亭，其构造无论是平面，还是柱、枋、藻井、椽头等均为海棠式样。据陈从周先生介绍，该亭原建于别处的假山上，雕镂精细，东、西两门都会自然开阖，人走到相距一步多时，门即豁然洞开，既入则猝然自关，不烦人力。后来该亭移到了现在的环秀山庄墙外，年久失修，然而它的周边虽不见海棠，却有蜡梅色娇、丛竹半遮（图 4-82）。蜡梅喜阳，但怕风，有西墙遮挡，花时花影拂墙，砌竹摇翠，

图 4-82　海棠亭（环秀山庄）之植物配置

幽亭自有绝尘之感。

在古代诗词中，构筑在台上用以观赏景物的建筑物统称为榭，如“风台累翼，月榭重栖”（南朝沈约《郊居赋》），那是赏月之榭；“中天表云榭，载极耸昆楼”（唐许敬宗《奉和圣制登三台言志应制》），那是高耸入云的楼台；“中有陵风榭，回望川之阴”（沈约《登玄畅楼诗》），陵风则是高峻之意。而花榭则是指建于花木丛中的台榭，晚清才女吴藻《雪狮儿·咏猫》：“饱卧蔷薇花榭。渐双睛、圆到夕阳红亚。小样痴肥，响踏楼头鸳瓦。衔蝉记画。”写尽了慵懒之猫饱卧蔷薇花榭的神态；衔蝉是猫名“衔蝉奴”的省称，明王志坚《表异录·羽族》：“后唐琼花公主，有二猫，一白而口衔花朵，一乌而白尾，主呼为衔蝉奴、昆仑妲己。”而清初陈世祥的“此日相逢，文选楼头，琼花榭边。有累朝丽句，旧传邺架，一枝仙蕊，独种蓝田。”（《沁园春·题其年〈乌丝集〉》）则是将陈维崧（字其年）的《乌丝集》比作独种蓝田的“一枝琼花仙蕊”[1]。

《园冶·亭榭基》云：“惟榭只隐花间，亭胡拘水际。通泉竹里，按景山颠。或翠筠茂密之阿，苍松蟠郁之麓；或借濠濮之上，入想观鱼；倘支沧浪之中，非歌濯足。”苏州园林中的榭多为水阁，常位于池畔，或花际，并多与荷花有关，如沧浪亭的藕花小榭，拙政园、怡园的藕香榭等，也是构成园林山水空间的主要元素之一。

二、曲廊宛转，通花渡壑花木深

陈从周先生说：“填词有‘过片’，造园亦必注意‘过片’，运用自如，虽千顷之园，亦气势完整，韵味隽永。曲水轻流，峰峦重叠，楼阁掩映，木仰花承，皆非孤立。其间高低起伏。闿畅逶迤，处处皆有‘过片’，此过渡之笔在乎各种手法之适当运用。即如楼阁以廊为过渡，溪流以桥为过渡。”丛树曲径、游廊溪桥，皆为“过片”。而廊是苏州园林中常见的建筑式样之一，它是联系建筑物的脉络，也是建筑庭院空间的过渡。计成在《园冶·立基》中说：“廊基未立，地局先留，或余之前后，渐通林许。蹑山腰，落水面，任高低曲折，自然断续蜿蜒，园林中不可少斯一断境界。”在立基之前就要先留空间，逐渐通往林间。

清初顾汧的凤池园内池侧有长廊，“迤池西指，竹覆长廊……其有新桐抽绿，篱菊舒黄”（顾汧《凤池答客难》），在长廊侧配植竹类、乔木，以及一些观赏性较强的花灌木，是苏州园林中传统的植物配置方法。

一是以植物为主题的廊，如耦园有樨廊和筠廊，它不但可用以分隔园林空间，形

1　南梁昭明太子萧统编《文选》，文选楼、邺架都是指藏书处；琼花榭虽不一定是实指，然而琼花也常比作一种仙苑之花。

成东花园的境界，而且还能形成丛竹掩映、岩桂翠浓的诗化园林空间。樨廊位于东花园西侧，由城曲草堂逶迤向南，再东折达便静宧（听橹楼），曲折多变，廊侧因多植桂花（木樨）而名之（图 4-83）。筠廊则位于东花园的东侧，自双照楼下的还砚斋东南，南接望月亭，达吾爱亭止，曲廊随形而曲，并形成若干小空间，以布置竹石小景。

图 4-83　耦园樨廊之桂花

二是用植物丰富廊周边的空间。苏州园林中廊的形制变化多端，《园冶·屋宇》说："廊者，庑出一步也，宜曲宜长则胜。古之曲廊，俱曲尺曲。今予所构曲廊，之字曲者，随形而弯，依势而曲。或蟠山腰，或穷水际，通花渡壑，蜿蜒无尽，斯寤园之'篆云'也。"庑是厅堂的外廊，庑外接廊，依势而曲，或依墙而筑，或通花渡壑。如留园长廊，由涵碧山房沿中部园林之西墙，经闻木樨香轩，至西北角的半野草堂，再沿北墙东折，直达浮翠阁下，全长约 85 米（如加上其由涵碧山房南沿约 50 米，总长 130 余米），是苏州园林中最长的长廊。或曲折，或高下（俗称爬山廊），渡幽涧，通曲房，沿墙一侧，多由书条石作装饰，面向园林一面，或花树荫翳，远处观之，曲廊半隐半现，景色深远（图 4-84）；或点缀一二乔木，形成疏朗开阔的空间（图 4-85）。

图 4-84　留园中部长廊前的植物配置（茹军摄）

图 4-85　留园中部长廊侧的朴树

三是廊的曲折幽深，常留出大小不同的小片空间，则巧妙地布置树石小品，极富诗意，又能入画，如网师园梯云室西、五峰书屋北有较大的空间，便用曲廊布置，划分出大小不同的空间，空间较大处配植鸡爪槭（图 4-86）和紫薇等植物，小空间则布置蕉石（图 4-87），形成一个开阖的空间。留园揖峰轩则利用与院墙形成的一规则小空间内配植孝顺竹（慈孝竹），再以高耸的斧劈石，孤峰峭绝、高竹拂檐、丛篁奇石，极富雅意（见图 3-88）。

图 4-86　网师园走廊隙地较大空间配植的鸡爪槭

图 4-87　网师园走廊隙地小空间配植的芭蕉

三、架木为轩，一架藤花满院香

在苏州园林中，比较开敞的园林空间，也常以花架作为空间过渡，如蔷薇架、木香棚等。《红楼梦》第十七回写贾政等为大观园题额一事时，“转过山坡，穿花度柳，过了荼蘼架，再入木香棚，越牡丹亭，度芍药圃，入蔷薇院，出芭蕉坞，盘旋曲折。忽闻水声潺湲，泻出石洞，上则萝薜倒垂，下则落花浮荡”，园林植物就是在这么目不暇接的生动画面中不断呈现给游人。“彩花廊下映华栏”（唐张籍《寒食内宴》），“绕廊花影横庭小，小庭横影花廊绕”（清陈枋《菩萨蛮》），又是何等的诗意。棚架花廊在园林中的应用，自古就是流行，在《敦煌歌辞》里就有一首《浣溪沙•开园穿池》词云：“山后开园种药葵。洞前穿作养生池。一架嫩藤花簇簇，雨微微。　坐听猿啼吟旧赋，行看燕语念新诗。无事却归书阁内，掩柴扉。”在山丘辟园，是为了种植药葵，再在山洞前开凿一座养生池，池上筑有一座花架，藤花开时，簇簇竞放，在细雨的滋润下，更显娇嫩。无事柴扉轻掩，闲坐书阁，坐听猿啼，行看燕语，似赋似诗，那是何等的惬意。药葵即药蜀葵（*Althaea officinalis* Linn.），它自然生长于新疆塔城市一带，是锦葵科药葵属的多年生直立草本，茎密被星状长糙毛；叶卵圆形，缘有圆锯齿，两面密被星状绒毛，花淡红色或白色，花期七月（图4-88）。

图4-88　药葵（录自网络）

木香。木香（*Rosa banksiae* Ait.）是蔷薇科蔷薇属的攀援小灌木，《花镜》说：一名“锦棚儿”，四月开花，尤以开紫心小白花者最为名贵，花时香馥清远，望若积雪；黄花者虽不香，却也能散发出一种清香，“碧罗乱萦小带，翠虬寒、一架清香”（宋史可堂《声声慢•和陆景思黄木香》）。木香至晚在唐代时已用作棚架，邵楚苌《题马侍中燧木香亭》诗云：“春日迟迟木香阁，窈窕佳人褰绣幕。淋漓玉露滴紫蕤，绵蛮黄鸟窥朱萼。横汉碧云歌处断，满地花钿舞时落。树影参差斜入檐，风动玲珑水晶箔。”

春天还留在马燧（字洵美，乃中唐名将）家中的木香亭上，迟迟不肯归去；美似佳人的花儿还散布在锦幛绣幔状的树冠之上；晶莹的朝露垂滴在花上，小小的黄莺偷偷地看着艳丽的花朵；天空中飘过的碧云竟然也被黄莺的鸣歌而停留；满地的落花宛如金翠珠宝制成的首饰，因柔枝风舞而落；参差的树影斜依在亭檐，恰似精巧玲珑的水晶帘在风中摆动。此诗以木香亭之艳丽，花容鸟语，引而为舞，写尽美景良辰。

宋明以降，木香作为棚架美化植物已普遍应用于园林。明代顾大典在吴江有谐赏园，其《谐赏园记》曰：在烟霞泉石亭“亭后遍植蔷薇、荼蘼、木香之属，骈织为屏，芬芳错杂，烂然如锦，不减季伦步障也”。《长物志•花木》说：“尝见人家园林中，必以竹为屏，牵五色蔷薇于上。架木为轩，名‘木香棚’。花时杂坐其下，此何异酒食肆中？”文震亨认为这种做法比较俗气；计成也认为：“芍药宜栏，蔷薇未架；不妨凭石，最厌编屏。”（《园冶•城市地》）这大概是晚明文化阶层的一种普通看法。芍药宜以玉砌雕栏护之，而蔷薇之类攀援植物并不一定要用棚架相扶，不妨凭依山石，如网师园之石壁上的紫藤、殿春簃露台侧的紫藤（图 4-89）以及留园揖峰轩前的白花紫藤等，最忌编成花屏。可能木香等棚架植物的应用已经盛行于民间，因而被认为为俗气，究其原由，正如李渔在《闲情偶寄•种植部》中所说的：“藤本之花，必须扶植。扶植之具，莫妙于从前成法之用竹屏。或方其眼，或斜其槅，因作葳蕤柱石，遂成锦绣墙垣，使内外之人，隔花阻叶，碍紫间红，可望而不可亲，此善制也。无奈近日茶坊酒肆，无一不然，有花即以植花，无花则以代壁。此习始于维扬，今日渐近他处矣。市井若此，高人韵士之居，断断不应若此。”

图 4-89　网师园殿春簃露台侧配植的紫藤

拙政园西部倒影楼（拜文揖沈之斋）之北有白木香圆形棚架，其树龄已在百年以上，花时高架万条，香馥清远，望如香雪（图 4-90）；倒影楼西南河岸处则有黄木香棚架，亦为百年以上树龄（图 4-91），南宋苏泂有诗云“黄香千叠最宜春”（《送黄木香与九兄》其一）。宋人对木香的评价甚高，北宋张舜民《木香》其二诗云：“广寒宫阙玉楼台，露里移根月里栽，品格虽同香气俗，如何却共牡丹开？”木香花色如玉，香冽醉人，本是天上之物，来到人间，与牡丹争妍。

图 4-90　拙政园西部园林之白木香

图 4-91　拙政园西部园林之黄木香

蔷薇。蔷薇为棚架粉墙的美化佳树，李时珍说："蔷薇野生林堑间，春抽嫩蕻，小儿掐去皮刺，食之，既长则成丛，似蔓。而茎硬多刺，小叶尖薄有细齿，四五月开花，四出，黄心。有白色、粉红二者……人家栽玩者，茎粗叶大，延长数丈，花亦厚大，有白黄红紫数色，花最大者名'佛见笑'，小者名'木香'，皆香艳可人。"(《本草纲目》卷十八上"草之七"）它有一名叫"买笑花"（图 4-92），据《贾氏说林》记载：汉武帝所宠幸的一名宫人叫丽娟，年方十四，玉肤柔软，吹气胜兰；一次与丽娟看花时，蔷薇始开，态若含笑。"帝曰：'此花绝胜佳人笑也。'丽娟戏曰：'笑可买乎？'帝曰：'可'。丽娟遂取黄金百斤作买笑钱，奉帝为一日之欢"（《说郛》卷三一下），蔷薇名买笑，自丽娟始。白居易《裴常侍以题蔷薇架十八韵见示，因广为三十韵以和之》诗云：

图 4-92　〔宋〕马远《白蔷薇图》
（北京故宫博物院藏）

托质依高架，攒花对小堂。晚开春去后，独秀院中央。
霁景朱明早，芳时白昼长。秾因天与色，丽共日争光。
剪碧排千萼，研朱染万房。烟条涂石绿，粉蕊扑雌黄。
根动彤云涌，枝摇赤羽翔。九微灯炫转，七宝帐荧煌。
淑气熏行径，清阴接步廊。照梁迷藻棁，耀壁变雕墙……

这是白居易为和裴潾所作的咏蔷薇架的长句，描写庭院中的蔷薇架，千条万花，红云粉蕊，似七宝帐一样耀人眼目；它的清凉树荫与走廊相接，庭院中的小径也充盈着花香之气；花影照得梁架迷乱，映衬在粉墙上变成了一幅彩绘。裴潾曾为李德裕平泉山居赋四言诗十四首，兼述山泉之美，并自书于石，立于平泉之山居。

蔷薇在苏州园林中的配植较为普遍，元末的顾阿瑛（顾玉山）在昆山筑园池，名玉山佳处，有碧梧翠竹堂、芝云堂诸胜，其中的钓月矶轩前就栽有蔷薇，“轩前一架蔷薇树，犹放疏花向落晖”（袁华《顾玉山新成钓月矶轩》）。清代乾嘉年间的著名藏书家吴翌凤居苏州城内的槐树巷，筑有东斋，庭有“蔷薇抽条负墙而上，春秋之交，娇艳溢目，馣馤蒸鼻，睡未起，蜂喧若雷，落花红斑斑，布地如铺锦”（吴翌凤《东斋记》）。

荼蘼。宋代人最重荼蘼（酴醾、荼蘼），苏东坡说它“不妆艳已绝，无风香自远”（《杜沂游武昌，以酴醾花菩萨泉见饷》二首其一），李廌亦云“无华真国色，有韵自天香”（《荼蘼洞》），晁补之则赞之曰：“唤将梅蕊要同韵，羞杀梨花不解香。”（《荼蘼》）据元林坤《诚斋杂记》卷下记载：北宋仁宗时的文学家范镇居许下，在长啸堂前作荼蘼花架，每年春季荼蘼花开时，便宴客其下，并约定，如有花堕于酒杯中，便要满饮一大杯，微风一过则举座无遗，当时称之为“飞英会”。宋代诗人曾端伯把荼蘼花名之为“韵友”，张景修以荼蘼为“雅客”［图 4-93（a）］。荼蘼也常植于官厅，北宋张耒《咸平县丞厅酴醾记》曰：“丞居之堂，庭有酴醾。问之邑之老人，则其为枢密府时所种也。既老而益蕃，延蔓庇覆，占庭之大半。其花特大于其类，邑之酴醾皆出其下，盖其当时筑室种植，以待天子之所，必有珍丽可喜之物，而后敢陈，是以独秀于一邑，而莫能及也。”

图 4-93（a）　〔清〕钱维城《万有同春图卷》中的芍药和荼蘼花（波士顿美术馆藏）

明代王象晋《群芳谱·酴醾》云：“酴醾一名独步春，一名百宜枝杖，一名琼绶带，一名雪缨络，一名沉香蜜友。藤身灌生，青茎多刺，一颖三叶，如品字形。面光绿，背翠色，多缺刻，花青跗红萼，及开时，变白带浅碧。大朵，千瓣，香微而清，盘作高架，二三月间烂漫可观。盛开时，折置书册中，冬取插鬓，犹有馀香，本名荼蘼，一种色黄似酒，故加酉字。”荼蘼花名常与木香相混淆，北宋张邦基《墨庄漫录》卷九云：“酴醾花或作荼蘼，一名木香，有二品，一种花大而棘长条而紫心者，为酴醾。一品花小而繁，小枝而檀心者，为木香。”所以到了晚明，都弄不清什么是荼蘼花了，王世懋在《学圃杂疏•花疏》中说：“木香惟紫心小白者为佳，圃中有架，宋人绝重酴醾香，今竟不知何物，疑即是白木香耳。今所谓酴醾白而不香，定非宋人所珍也。”清初陈淏子《花镜•藤蔓类考》解释道：“荼蘼花，一名佛见笑，又有独步春、百宜枝、雪梅墩数名。蔓生多刺，绿叶青条，须承之以架则繁。花有三种：大朵千瓣，色白而香，每一颖著三叶台品字；青跗红萼，及大放，则纯白。有蜜色者，不及黄蔷薇，枝梗多刺而香。又有红者，俗呼番荼蘼，亦不香。诗云：‘开到荼蘼花事了’，为当春尽时开也。”

文震亨在《长物志》中提到佛见笑，却没有荼蘼。现在一般认为荼蘼就是佛见笑，为蔷薇科悬钩子属的重瓣空心泡［*Rubus rosifolius var. coronarius*（Sims）Focke］，为直立或攀援灌木，小枝圆柱形，疏生较直立皮刺。小叶 5 ～ 7 枚，下面沿中脉有稀疏小皮刺，花重瓣，白色，芳香［图 4-93（b）］。

图 4-93（b） 重瓣空心泡（王国良摄）

四、开径逶迤，莳花笑以春风

计成在《园冶•铺地》中说：“翠拾林深，春从何处是。”苏州园林中的园路曲折逶迤，“绕梅花磨斗，冰裂纷纭”，围绕种植梅花的路面应当铺成冰裂纹，寓意梅花挺立于冰天雪地之中；“当湖石削铺，波纹汹涌”，在太湖石周边，则应该将瓦片仄铺成“波纹”状，以衬托峰石宛如兀立于波纹汹涌之中。

园林曲径只有花树掩映，才能体现“花木通幽院落深”之境。中国古代园林的园路两侧一般不采用规整式的修剪整形绿篱，而是采用自然式的花篱，苏州园林中的小径常用一些披散型花灌木点缀，如蔷薇科的棣棠、郁李、绣线菊，木樨科的金钟花、迎春花等，正所谓“莳花得景笑春风”（《园冶·城市地》）。明代高濂在《遵生八笺·起居安乐笺》中列有“九径”一条目，出自南宋杨万里《三三径》一诗，诗序云：“东园新开九径，江梅、海棠、桃、李、橘、杏、红梅、碧桃、芙蓉，九种花木，各植一径，命曰‘三三径’云。”其诗曰：“三径初开是将卿，再开三径是渊明。诚斋奄有三三径，一径花开一径行。”汉代蒋诩以廉直著称，因不满王莽执政，辞官隐退故里，用荆棘塞门，以杜绝来客；而家中另辟三条小径，唯与高士求仲、羊仲往来。陶渊明《归去来辞》有“三径就荒，松竹犹存”之句，杨万里号诚斋，他却占有了九径，每径一花，以供赏玩。

蔷薇。明代王献臣拙政园有蔷薇径一景，在得真亭前，从图中可以看出，蔷薇径是由低矮的竹篱上攀援生长着的蔷薇（图 4-94），文徵明诗云：“窈窕通幽一径长，野人缘径撷群芳。不嫌朝露衣裳湿，自喜春风屐齿香。”这里所谓的野人借指隐逸者。在春风里，沿着长长的通幽蔷薇花径，采撷各种艳丽的芳草，自是朝露湿衣、屐齿着香了。陆游《东篱记》云：“放翁日婆娑其间，掇其香以嗅，撷其颖以玩。”

图 4-94　文徵明《拙政园图咏》中的蔷薇径

玫瑰。王氏拙政园中与蔷薇径毗邻的还有玫瑰柴一景，文徵明在诗序中说：“玫瑰柴匝得真亭，植玫瑰花。”柴是指篱落，就是在得真亭周边种植了很多玫瑰花，并有诗云：“名花万里来，植我墙东曲。晓雨散春林，浓香浸红玉。”说明这些玫瑰花也是从万里之外引种而来的。玫瑰（*Rosa rugosa* Thunb.）又称刺玫花、徘徊花等，为蔷薇科蔷薇属落叶灌木；小枝密生细刺和刚毛，叶背密被绒毛，白居易有诗“菡萏泥连萼，玫瑰刺绕枝”，所以古人以玫瑰为“刺客”；花有白、红、紫等色，四五月开花（图 4-95）。月季花（*Rosa chinensis* Jacq.）则为常绿或半常绿灌木；小枝具粗刺，无毛，叶背也无毛（图 4-96）。两者易于辨别。《汝南圃史》说：“玫瑰，玉之香而有色者，以花之色与香酷似，故名……类蔷薇而色紫香腻，艳丽馥郁，真奇葩。《西湖游览志余》云：‘宋时，宫院多采之，结为香囊，芬氤袅袅不绝，故又名徘徊花。’”《长物志》云：“玫瑰一名‘徘徊花’，以结为香囊，芬氲不绝，然实非幽人所宜佩，嫩条丛刺，不甚雅观。花色亦微俗，宜充食品，

图 4-95　古代四季老玫瑰（王国良摄）

图 4-96　中国古代月季品种之月月红（王国良摄）

不宜簪带。吴中有以亩计者，花时获利甚多。”玫瑰因多刺，不适宜佩戴，但种植它主要是作为香料，多以取利。“三四月间收花，阴干，入茶叶内，极香。摘花瓣，捣烂，和白糖霜梅，印成小饼，略啖一二，满室俱香。又取花瓣，捣入香屑，制作方圆扇坠，香气袭人，经岁不改”（《汝南圃史》），认为它的实用价值要大于审美价值。

棣棠。南朝宋齐间诗人王俭《春诗》诗云：“轻风摇杂花，细雨乱丛枝。”春天杂花受风，摇曳生姿。文震亨对棣棠颇为推崇：“余谓不如多种棣棠，犹得风人之旨。”（《长物志·花木》）棣棠［*Kerria japonica*（L.）DC.］是一种蔷薇科棣棠属的披散型丛生小灌木，小枝绿色；单叶互生，叶缘有重锯齿，花色金黄（图 4-97）。据说浙江安吉一带称棣棠为“地藏王花”，唐代新罗国（朝鲜三国之一）的金乔觉到九华山为僧，居神光岭，圆寂后颜面如生，他的弟子们视他为地藏菩萨化身，建肉生塔，外建宝殿，殿的四周栽植棣棠花，故而得名。范成大《沈家店道傍棣棠花》云：“乍晴芳草竞怀新，谁种幽花隔路尘。绿地缕金罗结带，为谁开放可怜春。”棣棠作为花、枝、叶俱美的花篱植物，在苏州园林中也配置在园路曲径旁边的山石之间，尤其是重瓣棣

（a）棣棠之花

（b）重瓣棣棠

图 4-97　棣棠（留园）

棠（‘*Pleniflora*’），春时黄花朵朵，花圆如球，繁而不香；冬则绿枝丛出于或灰或黄的叠石之中，颇具雅趣。

郁李。郁李（*Cerasus japonica* Thunb.）也是适宜于路侧点缀的花木之一，如留园西部园林的小径旁多有栽植（图 4-98）。它是蔷薇科李属的落叶小灌木，小枝细密，冬芽 3 枚并生，叶缘有尖锐重锯齿；春天花叶同放，花色粉红；有红花、白花、重瓣等品种，尤以花呈玫瑰红色的重瓣郁李（‘Roseo-plena’）最为可观，果实成熟时呈深红色。《诗经》中的常棣就是现在的郁李，“常棣之华，鄂不韡韡。凡今之人，莫如兄弟”（《小雅•常棣》），它的花鲜明茂盛的样子，有兄弟亲密之义；“其实大如李，正赤食之甜”（《诗经疏》），郁李果时丹实满条，宛如悬珠，味甘酸可食。白居易说它是“树小花鲜妍，香繁条软弱。高低二三尺，重叠千万萼”并有题记曰：“花细而繁，色艳而黯，亦花中之有思者，速衰易落，故惜之耳。”（《惜郁李花》）。陆龟蒙有《郁李花赋》：“试问山翁，得郁李之春丛。移来砌下，出自山中。长沾涧雨，迥洒岩风。曾不得，次玉堂而展低艳，承画阁而逞微红，虚在芳菲之数，徒干造化之功。弱植欹危，繁梢襞积。一枝上能万其肤萼，一萼中自参其丹白。”

曲径通幽，“翠拾林深”，也是苏州园林的常见植物配置手法。园路的两侧，夏季需要遮阴，因此除了配置一些花木观赏外，也常种植一些乔木，“断桥对峙清溪曲，小径斜通绿树阴”（明谢迁《越城览胜》）。在竹林中辟以小径，或在园路两侧种植高竹，以形成曲径，这是一种常用的配置手法，如留园西部大假山的西端，栽植刚竹，形成幽径（图 4-99）。

松、竹、梅。它们是我国最传统的植物配置之一，被广泛应用于园林的庭院、角隅、游廊以及路侧，也是古代绘画的主要题材之一，如明代文嘉等的《药草山房图卷》即属于这一类园林图像（图 4-100）：山房两侧湖石嵌空，高松偃蹇，梧槐蓊郁，屋中有高士闲谈；从篱门到山房有一段用卵石铺就的蜿蜒小径，两侧修竹成林，竹下有两位高士且

图 4-98　郁李（留园）

图 4-99　留园西部园林之竹径

行且吟，表达出了药草山房竹木繁茂的勃勃景象，在这良辰美景里，高朋满座，雅趣盎然。谢环的《香山九老图》写意地描绘了唐武宗会昌五年（845 年）二月二十四日，胡杲、吉旼、刘真、郑据、卢贞、张浑（澤）及白居易在洛阳履道坊乐天居处雅集，饮酒作诗，后于夏天又有李元爽、禅僧如满再加入，号为“九老”，画面中有一条铺满了碎石的蜿蜒小径贯穿其中，丛竹、苍松、老梅、湖石等布置在卵石曲径的两侧（图 4-101）。这从《七老会诗》中也可看到，“三春已尽洛阳宫，天气初晴景象中。千朵嫩桃迎晓日，万株垂柳逐和风”（卢真），“自亲松竹且清虚”（吉旼），“临阶花笑如歌妓，傍竹松

图 4-100 〔明〕文嘉、钱穀、朱朗《药草山房图卷》（上海博物馆藏）

图 4-101 〔明〕谢环《香山九老图》（美国克利夫兰美术馆藏）

声当管弦”（刘真），“风吹野柳垂罗带，日照庭花落绮纨。此席不烦铺锦帐，斯筵堪作画图看”（张浑），这是比较写实的描绘。其他如晚明沈士充所画王时敏在太仓的乐郊园之藻野堂一景（《郊园十二景图》），画面中，堂前一条石砌的曲径，两侧长松落落、桂树郁郁，这原是王时敏祖父王锡爵当年莳弄芍药之处。

其他植物。苏州园林中也常在园路之侧配植一些诸如梅、红叶李（图 4-102）、桃、杏、海棠、紫薇等各色传统花木以及榆叶梅、锦带花（图 4-103）、海仙花、琼花、日本绣球等。琼花（*Viburnum macrocephalum* Fort. f. keteleeri（Carr.） Rehd.）又称聚八仙、蝴蝶花等，是

图 4-102 红叶李（留园）

忍冬科荚蒾属的落叶灌木或小乔木，裸芽，顶生聚伞花序集成伞房状，周边为萼片发育而成的不孕花，中间为米粒状的两性小花；核果红色而后变黑色，是花、果俱佳的观赏树种（图 4-104），它其实是木本绣球花（*Viburnum macrocephalum* Fort.）的原种。

【小知识】琼花、木本绣球、日本绣球、八仙花

琼花、木本绣球、日本绣球同为忍冬科荚蒾属落叶灌木或小乔木，裸芽，单叶对生，叶缘有细齿。

琼花，因隋炀帝下扬州看琼花的故事而成为一代名花，誉为“天下无双”。在宋代尤以扬州后土庙的琼花最为著名，“维扬一株花，四海无同类，年年后土祠，独比琼瑶贵，中含散水芳，外围蝴蝶戏，酴醾不见香，

（a）可园园路侧配植的锦带花和月季等

（b）锦带花（可园）

图 4-103　锦带花

（a）琼花（留园）

（b）琼花之果（留园）

图 4-104　琼花

芍药惭多媚……”（宋韩琦《后土庙琼花》）。琼花为“昆山三宝”之一（昆石、并蒂莲），在亭林公园有二百多年树龄的琼花树，花时千点真珠擎素蕊，绿白色的外侧不孕花如蝶翩翩。

木本绣球又称斗球，花序全为大型白色不孕花，开似绣球，故名。自春至夏开花不绝，极为美观（图 4-105）。

日本绣球（*Viburnum plicatum* Thunb.）又称蝴蝶荚蒾、粉团、蝴蝶绣球花等，树姿开展，叶卵形至倒卵形，聚伞花序组成伞状复花序，全为大型白色不孕花，绣球形（图 4-106）。

八仙花［*Hydrangea macrophylla*（Thunb.）Ser.］又称绣球花、阴绣球等，为八仙花科（虎耳草科、绣球花科）八仙花属（绣球属）的落叶小灌木，枝圆柱形，常形成一球形灌丛；叶对生，大有光泽，倒卵形至椭圆形，有粗锯齿。花粉红色、淡蓝色或白色，中间为两性花（图 4-107）。绣球花的伞房状聚伞花序近球形，全为不孕性花，花形丰满，大而美丽，其花色能红能蓝，令人悦目怡神（图 4-108），主要品种有紫阳花（洋绣球）等。

图 4-105　留园涵碧山房庭院中配植的木绣球（茹军摄）

图 4-106　日本绣球（拙政园）

（a）八仙花

（b）绣球花

图 4-107　八仙花

图 4-108　沈周《东庄图》之朱樱径（南京博物院藏）

除了花木之外，古人还喜欢在园路之侧配植一些可食用兼及观果的植物，如明吴宽的东庄有朱樱径，在蜿蜒的卵石小径两侧分列着三组朱樱，每组三株，共九株，前后错落，画面生动（图 4-108）。在绿叶红果的丛树中，一位身着宽衣长袍之士策杖前行，沿着小径，朝着西北，走向远方，他是“策杖何所适，高歌度林丘”的园主，还是走向折桂桥（东庄二十四景之一）科举应试及第的吴宽？成化二十年进士、拜南礼部尚书的邵宝有《朱樱径》诗咏之：“叶间缀朱实，实落绿成阴。一步还一摘，不知苔径深。”（《匏翁东庄杂咏》）后梁宣帝《樱桃赋》云：“懿夫樱桃之为树，先百果而含荣。”《史记·叔孙通列传》载，叔孙生曰：“古者有春尝果，方今樱桃熟，可献。愿陛下出，因取樱桃，献宗庙。上许之。诸果献由此兴。”先于百果的樱桃是祭祀宗庙的贡品，即“荐新”；同时樱桃又是赏赐官员尝新的佳果，《唐摭言》记载：唐代新进士尤重樱桃宴。因此，樱桃一向为文人所重，苏州原也产樱桃，光福元墓的谷口，以前以产樱桃而著称，释德元《玄墓探梅》有云：“溪边杨柳萌新绿，谷口樱桃缀小红。”

【小知识】樱桃

樱桃（*Cerasus pseudocerasus* Lindl.）又名朱樱，为蔷薇科李属落叶小乔木，三、四月开花，伞房状花序，白色，略带红晕，四、五月果熟，呈鲜红色。花时彩霞，果若珊瑚。明李时珍说：“其颗如璎珠，故谓之樱。”虽非桃，其形肖桃，故曰樱桃。《群芳谱》说：樱桃大者如弹丸，小者如珠玑。生时青，熟时，色鲜莹红者为朱樱；紫色皮内有细黄点者为紫樱，味最珍重；果皮为黄色者称之为蜡樱；小而红者谓之樱珠。王世懋《学圃杂疏》：“百果中，樱桃最先熟。即古所谓含桃也。吾地有尖圆大小二种，俗呼小而尖者为樱珠，既吾土所宜，又万颗丹的，掩映绿叶，可玩澹圃中，首当多植。”

苏州园林中的水池上多曲桥，它的功能除了渡水通路之外，或作观鱼，如艺圃的乳鱼桥；或以赏荷（图 4-109），如艺圃的度香桥。而桥头植柳更是一种常见的植物配置方法，“一株闲伴霜陵桥，斜倚东风学舞腰”（元善住《忆王孙•咏柳》），杨柳依依，烟波渺渺，更富诗意。此外，在桥头配植姿态较佳的树木，古木斜依，款款生情，如网师园看松读画轩西南水湾上的曲桥之侧的白皮松（图 4-110）、拙政园之香洲旱船的平桥之侧的黄杨（图 4-111）等，树干斜出，四季常青，经年不败，与周边景物配合，常保调和。

图 4-109　拙政园曲桥与荷花（左彬森摄）

图 4-110　网师园曲桥处配植的白皮松

图 4-111　拙政园香洲桥头配植的黄杨

〔宋〕佚名《盥手观花图》

第五章 四时清供——园林室内空间的植物布置与赏析

苏州园林中的建筑类型颇多，无论是厅堂楼馆还是斋室轩阁，均留有一定的室内空间配置四季花木，或陈设盆景，或置瓶插花，从而成为一门艺术。清供，顾名思义就是清雅的供品，它起源于祭祀，至汉代产生佛前供花。唐宋以降，文人常在室内案头上陈设供于赏玩的物品，包括盆景、插花以及奇石、古玩等雅玩之物，甚至是时令水果，体现了求雅的审美情趣。至宋明，案头清供成为文人间的一种高雅的流行文化，被视为文人风雅的标志之一。后来清供元素被广泛运用到绘画之中，便形成了品类丰富的清供图，这类图像尤以《岁朝清供图》为最（图 5-1）。

第一节　盆景插花的室内布置与赏析

盆景与插花是古代文人修身养性、体验幽栖逸事的重要内容之一（图 5-2），它是日常园居生活的一部分，以冀从中感悟人生的真谛。在怡园的白石精舍内悬有一副郑板桥的对联：“室雅何须大；花香不在多。”在室内陈设上，强调的是装点环境，以少胜多，情调高雅。

一、树石为“绘”，试以盆景当苑囿

盆景和园林是中国哲学土壤上成长的“一枝二花”，它们在立意、布局、造景等方面手法相同或相似，并相互借鉴，如果说

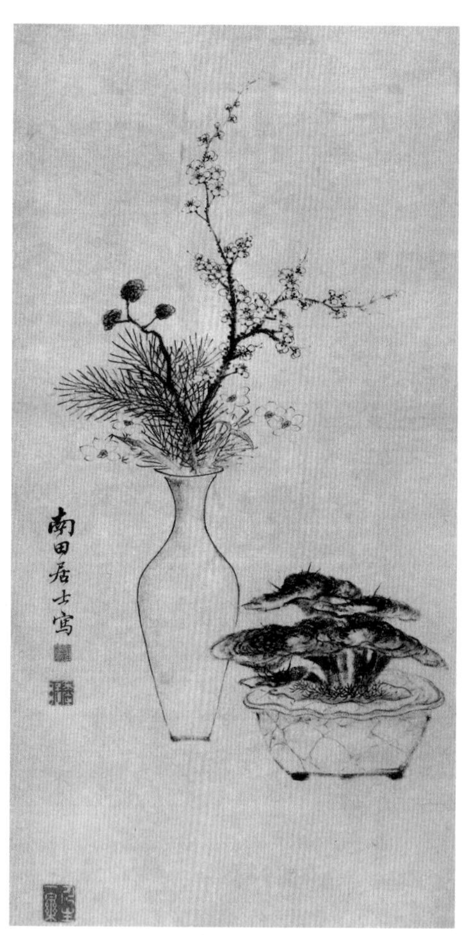

图 5-1　〔清〕潘是稷《岁朝清供图》（收藏不详）

图 5-2　〔明〕仇珠《女乐图轴》中的插花（左上）（北京故宫博物院藏）

“园林艺术不仅替精神创造一种环境，一种第二自然”（黑格尔《美学》第三卷第三章），那么盆景无疑是一种“缩取江南地”“盆里画潇湘”的第三自然，周瘦鹃先生诗云：“冷艳幽香入梦闲，红苞绿萼簇迴环；此间亦有巢居阁，不羡逋仙一角山。”（《梅花时节》）苏州盆景强调自然，充分反映了天人合一的自然观和比德君子的审美观，历来受到文士阶层的宠爱，其流风所至，遍及民间。苏州人即使家中无花园，也会在天井或窗台等处莳养花草或盆景，正如《花镜•种盆取景法》所云：“至若城市狭隘之所，安能比户皆园。高人韵士，惟多种盆花小景，庶能免俗。”对于没有经济实力造园的文人来说，只能如张潮所说的那样，“居城市中，当以画幅当山水，以盆景当苑囿”了。

从现有的资料来看，苏州盆景大约起始于唐代，周瘦鹃先生在《盆栽趣味》一书中认为：“盆栽和盆景大约起始于唐代。”并以唐人冯贽《记事珠》“王维以黄瓷斗贮兰蕙，养以绮石，累年弥盛”一例举证。1979年王世襄先生在香港《大公报》上发表的《盆景起源于何时》一文，以唐章怀太子李贤（武则天次子）墓前甬道东壁上的侍女图为证，认为二侍女手中托盘中有假山、小树的画像是中国盆景早在唐代就已出现的例证。其实这是一种类似于现在奶油酥乳或似冰激凌的食品，名“酥山”（图5-3）。

图5-3　唐章怀太子墓壁上侍女托盘中的酥山

中唐以后出现了“盆池”这一盆景形式。韩愈、张蠙、杜牧、姚合、齐己等都有《盆池》诗咏；陆龟蒙卜居苏州临顿里（即现拙政园一带），皮日休《临顿（里名）为吴中偏胜之地陆鲁望居之不出郛郭旷若郊墅余每相访款然惜去因成五言十首奉题屋壁》其九诗云：“与杉除败叶，为石整危根。薜蔓任遮壁，莲茎卧枕盆。”陆龟蒙《移石盆》诗云：“移得龙泓潋滟寒，月轮初下白云端。无人尽日澄心坐，倒影新篁一两竿。”即盆池中植荷花，天光月影和一二新篁倒映水中，可尽日“坐游”，得以静心。这是中国山水盆景的最初形式之一，并首次提出了“澄心坐游”这一盆景审美特征。

北宋政和年间，苏州人朱冲、朱勔父子由蔡京带入禁中，最初不过进献三株黄杨，却受到宋徽宗赵佶的宠信，平步青云，营造艮岳（即万寿山）时，主事花石纲，掠夺江南的奇树竹石。这一时期的《听琴图》（图5-4）和《十八学士图》中均有树木盆景出现。朱勔被诛后，他的子孙移居虎丘一带，从事造园叠石为业，游于王侯之门，俗

图 5-4 〔宋〕赵佶《听松图》中陈设的盆景（北京故宫博物院藏）

称为花园子。从此虎丘成了苏州盆景花木的传统培育之地。南宋范成大还从四川引种莲花海棠，“自蜀东归，以瓦盆漫移数株置船尾，才高二尺许。至吴乃皆活，数年遂花，与少城无异”（《吴郡志》卷三十“土物下”），少城即成都城西。南宋曾任知平江府的袁说友有《植花于假山》诗云：“岩石棱棱巧，盆池浅浅开。空山初幻化，方丈小飞来。屈曲清泉溜，参差细草栽。只今山在眼，著眼便徘徊。”这大概是一种盆景式的园景。

明代王鏊在《姑苏志》卷十三“风俗”中说：“虎丘人善于盆中植奇花异卉、盘松古梅，置之几案，清雅可爱，谓之盆景。”这可以说是对盆景最早的定义。苏州盆景讲究画意，多以画理构思、剪裁，注重布局、蟠扎、配石以及景、盆、架的搭配和品评，“苏州好，小树种山塘。半寸青松虬千古，一拳文石藓苔苍。盆里画潇湘”（沈朝初《忆江南》），它是将自然中最典型的风景通过艺术剪裁引入到室内空间，装点生活，是江南文士闲雅生活的一部分（图 5-5）。

盆景是“案头山水”，在园林厅堂中或书斋几案间陈设盆景是历代闲雅生活的时尚。明代吴宽虽在北京做官，亦养梅花盆景，其《盆梅红白二色二月尽始开》诗云：“燕山何处识天寒，细蕊初开春欲阑。之子莫将桃叶咏，有人真作杏花看。素姿似是留晴雪，冷艳分明缀渥丹。缩取江南地来此，暗香浮室胜芝兰。”燕京的春天即将过去，红梅却刚刚细蕊初开，但你千万别把它混作桃杏；白梅花开宛如残留的晴雪，素雅的花瓣与脸色红晕似的红梅缀连在一起，分外娇艳；土物皆从江南来到燕京，置之室内，暗香浮动，尤胜芷兰。苏东坡《红梅》诗有“怕愁贪睡独开迟”“故作小红桃杏色”“酒晕无端上玉肌”之句，均为描写红梅迟开的佳句。李日华在《味水轩日记》卷二中写到：“购得盈尺小昆石一，峦岫窍穴俱具，置之案头，以代少文之画。”少文即南朝宋画家宗炳（字少文）；并说：“乃知盆玩虽微，皆主人福荫所持。”（卷七）沈复亦说：“点缀盆中花石，小景可以入画，大景可以入神。一瓯清茗，神能趋入其中，方可供幽斋之玩。”（《浮生六记•闲情记趣》）给生活增添了闲雅之趣。

图 5-5 〔明〕仇英《春庭行乐图》中的盆景和插花（南京博物院藏）

树木盆景。历史上的苏州盆景种类齐全，树木盆景是主要的类型之一。文震亨在《长物志•花木》中说：“最古者以天目松为第一，高不过二尺，短不过尺许，其本如臂，其针若簇，结为马远之欹斜诘曲、郭熙之露顶张拳、刘松年之偃亚层叠、盛子昭之拖拽轩翥等状，栽以佳器，槎牙可观。又有古梅，苍藓鳞皴，苔须垂满，含花吐叶，历久不败者，亦古……又有枸杞及水冬青，野榆、桧柏之属，根若龙蛇，不露束缚锯截痕者，俱高品也。”天目松即生长在浙江天目山的松树，就是现在的黄山松（*Pinus taiwanensis* Hayata），《花镜•花木类考》云：“千岁松产于天目、武功、黄山，高不满二三尺，性喜燥背阴，生深岩石榻上，永不见肥，故岁久不大，可作天然盆景。”苔须垂满的古梅即范成大《梅谱》中所提及的苔梅：“其枝樛曲万状，苔藓鳞皴，封满花身，又有苔须垂于枝间，或长数寸，风至，绿丝飘飘可玩。”（图 5-6）只是苔藓生长需要一定的湿度，否则容易干枯死亡。

图 5-6 〔明〕仇英《汉宫春晓图》中的苔梅（台北故宫博物院藏）

水冬青一说是现在的小叶女贞，又说是水蜡或小蜡。《花镜•花木类考》：“又一种水冬青，叶细而嫩，利于养蜡子，取白蜡。”吴其濬《植物名实图考》：“小蜡树，湖南山阜多有之，高五六尺，茎叶花俱似女贞而小，结小青实甚繁……或又谓：水冬青叶细嫩，与冬青无大异，可放蜡，此是就人家种莳之树，与野生者而言，亦强为分别耳。宋氏杂部所云‘水冬青，叶细利于养蜡子’，亦即指此。李时珍谓：‘有水蜡树，叶微似榆，亦可放虫生蜡。’与此异种。”女贞或蜡树类在现代分类学上属木犀科（*Oleacea*）植物，而冬青则为冬青科（*Aquifoliaceae*）植物，用以观叶或观果。

室内陈设的树木盆景除了松柏和梅花等那种体现一种人格精神的植物材料之外，一些观花、观果的盆景则能体现四季特色，进行四季清供。明代江宁（今南京）人顾起元在《客座赘语》卷一中说：“近年花园子自吴中（即苏州）远至，品目益多，虎刺之外，有天目松、璎珞柏、海棠、碧桃、黄杨、石竹、潇湘竹、水冬青、水仙、小芭蕉、枸杞、银杏、梅花之属，务取其根干老而枝叶有画意者，更以古瓷盆、佳石安置之。其价高者，一盆可数千钱。”海棠、碧桃、梅花是春天观花的盆景。石竹（*Phyllostachys nuda* McClure）即灰竹，竿壁厚，陈植先生《长物志校注》云：“木竹，又称石竹，秆孔甚小，近于实心。陈仅《竹荟》：‘木竹出杭州灵隐山中，坚致通节脉，今人采为杖，笋坚味甘可食。’”另有一种属于石竹科石竹属的多年生草本植物的石竹（*Dianthus chinensis* L.），一名石菊，又名绣竹，夏秋开红、深紫等色的观花植物（图 5-7），《群芳谱•花谱》说：“石竹草品纤细而青翠，花有五色，单叶、千叶，又有剪绒娇艳夺目，㛹娟动人。”《花镜•花草类考》云：“若能使霜雪不侵，其干若渐老，亦可作盆景。”石竹主要在夏季室内观赏，“长夏幽居景不穷，花开芳砌翠成丛。窗南高卧追凉际，时有微香逗晚风”（宋杨巽斋《石竹》）。

观果盆景也是苏州传统盆景的主要类型之一，如冬青、枸杞、虎刺、南天竺、枸骨（图 5-8）、火棘（图 5-9）等。虎刺是苏州传统的盆景植物之一，明代苏州人周文华在《汝南圃史》卷之七中说：“虎刺如狗橘，最难长大，宜种阴湿地，春初分栽，四月开细白花，花四出。花开时，子尤未落，红白相间，甚可爱。花落结子，至冬红如丹砂。有二种叶，细者佳，吴人多植盆中，以为窗前之玩。”《考槃余事》卷四云：“次则枸杞，当求老本虬曲，其大如拳，

图 5-7 〔清〕恽寿平《瓯香馆写生册》中的开花石竹（天津博物馆藏）

图 5-8　构骨盆景（留园）

图 5-9　火棘盆景（留园）

根若龙蛇。至于蟠结，柯干苍老，束缚尽解，不露做手，多有态若天生。然雪中枝叶青郁，红子扶疏，点点若缀，时有‘雪压珊瑚’之号，亦多山林风致。”

《汝南圃史》卷之七辨析道：“天竹形似竹，而柔脆如蔷薇，四五月间开细白花，至秋结子成穗，色红，老杜所谓‘红如丹砂’，此足以当之。《齐云山志》云：‘天竹实干敷枝叶于顶，雪中结红实，鸟雀喜啄之。其性喜阴，植必宜于墙下，至有长丈余者，秋后分栽。”明代昆山人周士洵（字孺予，号允斋）《树艺篇》云：“珊瑚叶如山茶而小，又有桃叶珊瑚，亦名树珊瑚。夏开白花，秋结红子如山，珊瑚叠叠可爱。今人多栽小盎以供玩，三月中可分栽。别有一种蔓生，名雪珊瑚。”

山水盆景。除了树木类盆景之外，山水盆景也是苏州盆景的主要形式之一，它起源于唐代的盆池。沈复夫妇在日常生活中常莳弄盆景，从中追求山水雅趣，其制作的山水盆景：“用宜兴窑长方盆叠起一峰：偏于左而凸于右，背作横方纹，如云林石法，巉岩凹凸，若临江石矶状；虚一角，用河泥种千瓣白萍；石上植茑萝，俗呼云松。经营数日乃成。至深秋，茑萝蔓延满山，如藤萝之悬石壁，花开正红色，白萍亦透水大放，红白相间。神游其中，如登蓬岛。置之檐下，与芸品题：此处宜设水阁，此处宜立茅亭，此处宜凿六字曰‘落花流水之间’，此可以居，此可以钓，此可以眺。胸中丘壑，

图 5-10 〔宋〕刘松年（传）《玩古图》中的山水盆景和供石（藏处不详）

图 5-11 朱子安《一枝呈秀》榆树（郑可俊摄）

若将移居者然。”（《浮生六记•闲情记趣》）用盆景来达到“丘壑望中存”的审美满足。清代龚翔麟《小重山》咏盆景词云：“三尺宣州白狭盆。吴人偏不把、种兰荪。钗松拳石叠成村。茶烟里，浑似冷云昏。 丘壑望中存。依然溪曲折、护柴门。秋霖长为洗苔痕。丹青叟，见也定消魂。”在三尺的白石盆中，并不只是用来种菖蒲，而是借鉴造园的手法，缩龙成寸叠砌成高松灵石的园林村景，视野之中，在茶烟冷云处，柴门前曲溪萦绕，秋雨洗苔，幽美之景，即便是丹青高手，见了也会惊叹不已(图 5-10）。

在技法上，“至剪裁盆树，先取根露鸡爪者，左右剪成三节，然后起枝……枝忌对节如肩臂，节忌臃肿如鹤膝”。一盆盆景的培育是一个连续生命成长的创作，“一树剪成，至少得三四十年”（《浮生六记•闲情记趣》）。

苏派盆景。苏派盆景在传承历代苏州盆景的造型技法和诗情画意的基础上不断创新。代表人物之一的朱子安先生在汲取传统的基础上，根据江南各种树木在达到一定生长年限后就会“封顶”，形成圆弧形的树头，侧枝则向外伸展形成枝片的特征，对野外挖掘的树桩在造型和培育上，采用棕丝绑扎和用“粗扎细剪，剪扎并用；以剪为主，以扎为辅”等技法，呈现出清秀淡雅、古朴自然的艺术风格，赓续了江南文化的艺术精神（图 5-11）。

苏派盆景的另一代表人物周瘦鹃先生，他“一方面是自出心裁的创作；一方面是取法乎上，仿照古人的名画来做”（《盆栽趣味》），创作了不少具有诗情画意的盆景作品，树石盆景有唐寅的《蕉石图》、沈周的《鹤听琴图》，以及张大千的《松岩高士图》等；山水盆景有仿宋代范宽的《长江万里图》一角、元代倪云林的《江干望山图》等。他的《饮马图》（图 5-12）等成为了当代盆景界丛林式树石盆景的范式，当下动势盆景（风吹式）亦明显受其顺风式梅花盆景的影响而所谓的盆景创新。

盆景陈设。对于盆景的陈设，文震亨在他的《长物志 • 花木》中说：“盆玩，时尚以列几案间为第一，列庭榭中者次之。”周瘦鹃先生认为无论是几案还是庭榭，盆景的养护都必须在自然有阳光的庭院或园圃的环境中，然而根据季节或需要移入室内案头陈设观赏。苏州园林中厅堂的盆景常陈设于其槅断（亦称纱槅）前的天然几（狭长而两端作云头起翘的长桌）或供桌上，并随季节不同而布置不同的盆景，但也不拘一格，如春天以观花的梅桩、紫藤、杜鹃花（图 5-13）为多，秋天以观果的火棘、枸杞、虎刺盆景为主，一些杂木如三角枫、雀梅、黄杨等盆景除落叶期之处，均可布置。冬季多为松、竹、梅盆景（传统苏州人一般“柏树不进门”）。清代词人李符《小重山》咏松树盆景云：“红架方瓷花镂边。绿松刚半尺，数株攒。劚云根取石如拳。沉泥上，点缀郭熙山。　　移近小阑干。剪苔铺翠晕，护霜寒。莲筒喷雨算飞泉。添香霭，借与玉炉烟。”说的是在红木几架上陈设着松树盆景，它种植在镂边的方瓷花盆中，点缀着山石，就像宋代画家郭熙的山水寒林之景。移到栏杆边，铺上青苔，用壶喷上水（苏州一带把喷壶嘴说成莲蓬头），恰似借得庐山香炉峰的云气一般。上阕说盆景的造型和景致，下阕讲的就是盆景的陈设和养护了。

图 5-12　周瘦鹃《饮马图》（录自《拈花集》）

图 5-13　杜鹃盆景（拙政园）

周瘦鹃先生在《盆盎纷陈些子景》一文中说：“窗明几净，供上一个富有诗情画意的盆景，朝夕坐对，真可谓悦目赏心，怡情养性，而在紧张劳动之后，更可调剂精神，乐而忘倦。”他对盆景在几案上陈设及观赏，认为有几个必要条件：一是树的姿态要美；二是盆景要力求古雅，并且大小要配合得好；三是盆盎下要衬以合适的几座；四是陈设时必须高低参差、前后错综。如果在一两个盆景之外，配上一瓶花，或一盆菖蒲，或一座石供，用这样的方法陈列起来，正合着古人所说的“五雀六燕，铢两悉称”（比喻均衡、两者轻重相等）了。

同时盆景还常用于礼仪场所，如传统的“六台三托一顶”盆景，陈设于寿庆的厅堂，甚至国家礼仪也用盆景来烘托气氛（图 5-14）。

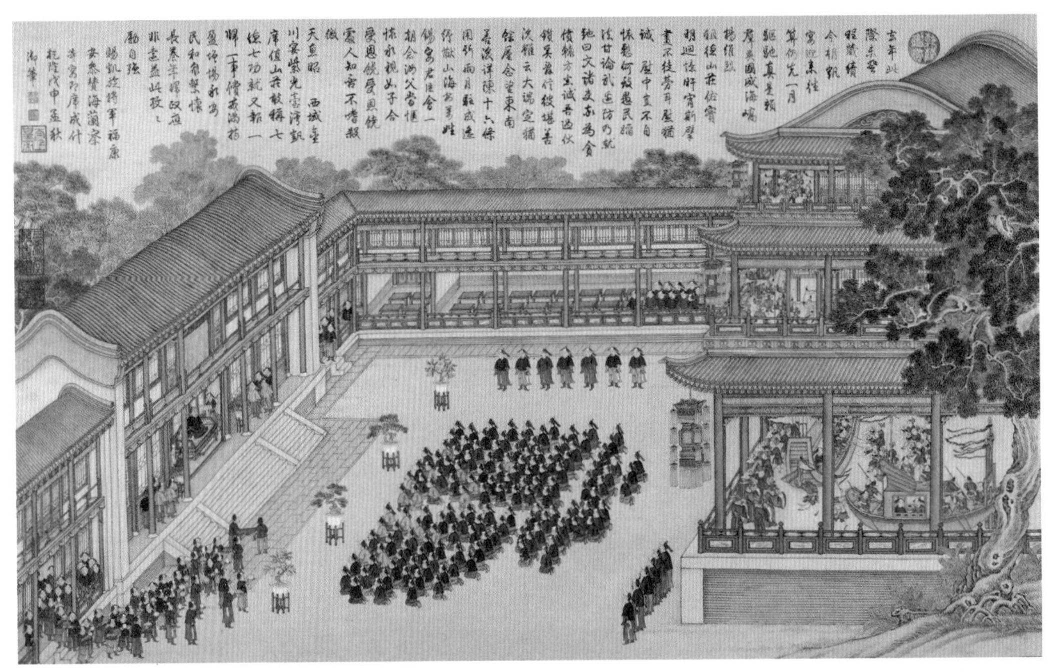

图 5-14　〔清〕佚名《平定台湾战图》之“清音阁凯宴将士”中的盆景布置（北京故宫博物院藏）

二、花寄瓶中，萃千林四序于一瓯

中国的插花艺术大约产生于汉代，晋《汉宫春色》载西汉惠帝的张皇后“每诸花秀发，罗置左右，异香满室。”随着佛教的传入，产生了佛前供花。到了魏晋南北朝，插花已流行于文士之间。北周庾信《杏花诗》诗云：“春色方盈野，枝枝绽翠英。依稀映村坞，烂熳开山城。好折待宾客，金盘衬红琼。”将盛开的杏花红琼折枝插于金盘之中，迎接即将到来的宾客，这算是一种礼仪插花了。到了唐代，欧阳詹作《春盘赋》：“多事佳人，假盘盂而作地，疏绮绣以为春。丛林具秀，百卉争新。一本一枝叶陶甄之妙致；片花片蕊得造化之穷神。”春盘本是立春或岁朝所制作的食盘，用来馈赠亲友。而这位“多事佳人”却能以盘盂为大地，做出丛林百卉，争奇斗艳，一派生机。“始曰春兮，受春有未衰之意；终为盘也，进盘则奉养之诚。”春盘表达的是春天生生不息，馈赠表示奉养的诚心。“庭前梅白，蹊畔桃红。指掌而幽深数处，分寸则芳菲几丛。呼嗡旁临，作一园之朝露；衣巾拂拭，成万树之春风。原其心匠，始窥神谋创运。从众象以遐览，物群形而内蕴。”以其“心匠”，通过“神谋创运”，这春盘俨然是一座春天的园林。“欲玩扶疏，期买青山以树；要窥菡萏，待疏绿召而栽”（《全唐文·欧阳詹》），若要高低疏密有致，还可以在春盘内叠山理水，栽树植荷。《謦忘录》载罗虬撰《花九锡》：“亦须兰蕙梅莲辈，乃可披襟。若夫容（芙蓉）、踯躅、望仙，山木野草，直惟阿耳，尚锡之云乎。重顶帷（障风），金错刀（剪折），甘泉（浸），玉缸（贮），雕文台座（安置），画图，翻曲，美醑（赏），新诗（咏）。”（宋陶谷《清异录》）九锡（赐）是古代天子赐给诸侯或大臣的九种器物，是一种最高礼遇。插花只有兰蕙梅莲才能令人舒畅心怀（披襟），而木芙蓉、望仙花（亦名篦春）、杜鹃花这类山木野草则不适宜用作插花。“九锡”中列举了插花的环境要用双重顶的幔帐，花材的剪取要用错金的花剪，插花所用的水必须是甘甜的山泉，所用的器皿必须是似玉的瓷器[1]，插花必须放置在雕以花纹的几座上（台座旧指宰相之位，可见陈设位置之尊）。画图、翻曲、美醑、新诗则还要对插花作品进行描容、谱曲、饮酒赏花和赋诗这一系列赏花礼式活动。

宋代，插花是四大闲雅之事之一（图 5-15），吴自牧《梦粱录》卷十九：“烧香点茶，挂画插花，四般闲事，不适累家。”随着经济的发展，花卉逐渐进入寻常百姓之家，插花开始在民间流行。近代画家吴湖帆有《清平乐》一词咏之：“春风拂槛。芳信凭谁探。满苑莺声娇自占。认取翠深红艳。　枝头偷摘缤纷。漫

图 5-15　〔宋〕佚名《盥手观花图》（天津博物馆藏）

1　袁宏道《瓶史》“器具”：“尝见江南人家所藏旧觚，青翠入骨，砂斑垤起，可谓花之金屋。其次官、哥、象、定等窑，细媚滋润，皆花神之精舍也。”

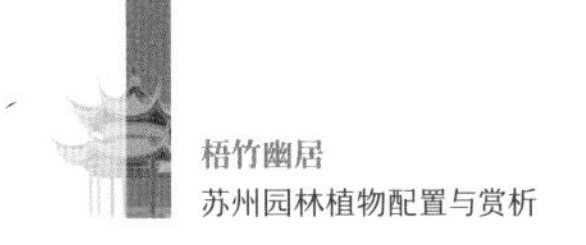

留玉指纤痕。携了小篮何去，囊归多少花魂。”

到了明代，文人插花多以瓶插为主，出现了张丑《瓶花谱》、袁宏道《瓶史》等插花专著。

张丑原名谦德，字青父，号米庵等，苏州昆山人。《瓶花谱》是他十八岁时的著作，所以他在序中说：“余亦稚龄，作是数语。其间孰是孰非，何去何从，解者自有定评。”他提出插花要根据季节和厅堂的大小因地制宜，“凡插贮花，先须择瓶：春冬用铜，秋夏用磁，因乎时也。堂厦宜大，书室宜小，因乎地也。贵磁、铜，贱金、银，尚清雅也；忌有环，忌成对，象神祠也。”（《瓶花谱•品瓶》）又说：“小瓶插花，宜瘦巧，不宜繁杂。若止插一枝，须择枝柯奇古，屈曲斜袅者。欲插二种，须分高下合插，俨若一枝天生者，或两枝彼此各向，先凑簇像生，用麻丝缚定插之。”瓶花讲究清雅，“瓶中插花，止可一种、两种，稍过多便冗杂可厌。独秋花不论也”（《瓶花谱•插贮》）。对于插花的品赏，袁宏道在《瓶史•清赏》中说：“茗赏者，上也；谈赏者，次也；酒赏者，下也。”又说：“寒花宜初雪，宜雪霁，宜新月，宜暖房；温花宜晴日，宜轻寒，宜华堂；暑花宜雨后，宜快风，宜佳木荫，宜竹下，宜水阁；凉花宜爽月，宜夕阳，宜空阶，宜苔径，宜古藤巉石边。”

清代的沈复应该是插花的行家里手，常被友人请去作插花布置，当时苏州醋库巷有座洞庭君祠，俗呼水仙庙，“余为众友邀去插花布置”。他对于插花有其独特的理论和实践，对于插花的布局，讲究位置得宜，偏斜取势，“宜偏斜取势，不可居中，更宜枝疏叶清，不可拥挤”。在花材的搭配上追求清疏透气，切勿繁杂冗乱。“其插花朵，数宜单，不宜双，每瓶取一种，不取二色，瓶口取阔大，不取窄小，阔大者舒展不拘。”插花时：“必先执在手中，横斜以观其势，反侧以取其态；相定之后，剪去杂技，以疏瘦古怪为佳；再思其梗如何入瓶，或折或曲，插入瓶口，方免背叶侧花之患。”并提出起把宜紧，即“自五七花至三四十花，必于瓶口中一丛怒起，以不散漫、不挤轧、不靠瓶口为妙”，而且瓶口宜清，即“或亭亭玉立，或飞舞横斜。花取参差，间以花蕊，以免飞钹耍盘之病。叶取不乱，梗取不强”，力求避免呆板僵硬，追求灵动、飘逸的艺术效果。“用针宜藏，针长宁断之，毋令针针露梗”（《浮生六记•闲情记趣》），以体现自然之趣。

沈复还自创花插，以固定花材，“若盆碗盘洗，用漂青、松香、榆皮面和油，先熬以稻灰，收成胶，以铜片按钉向上，将膏火化，粘铜片于盘碗盆洗中。俟冷，将花用铁丝扎把，插于钉上”，在完成盆碗盘洗等广口器皿插花后，要尽可能抹去人工的痕迹，“然后加水，用碗沙少许掩铜片，使观者疑丛花生于碗底方妙”。在插花的室内陈设上讲究布置错落，追求自然雅趣，“视桌之大小，一桌三瓶至七瓶而止，多则眉目不分，即同市井之菊屏矣。几之高低，自三四寸至二尺五六寸而止，必须参差高下，互相照应，以气势联络为上，若中高两低，后高前低，成排对列，又犯俗所谓‘锦灰堆’矣。或密或疏，或进或出，全在会心者得画意乃可”（《浮生六记·闲情记趣》）。

插花的好处是不随风雨之苦，也不随富贵贫贱之限。“家无园圃，枯坐一廛，则眼前之生趣何来？即有芳华，一遭风雨，则经年之灌溉皆虚，不若采千林于半匋（卣），萃四序于一甄，古人瓶花之说，良有以也。贮之金屋，主人之赏鉴犹存，聊借一枝，贫士之余芬可挹。”（《花镜·养花插瓶法》）家中没有园林，只能枯坐于屋内，了无生趣；即使圃中有花，然而一经风雨，一年的辛劳则白费了；因此不如采撷万千山林中的花草插于器皿中，萃集四季景色于陶器中；所以古人为什么要插花，就是这个原因；花插于花器之中，可以欣赏品评；对于贫寒之士来说，暂且借得一枝，亦可挹取其余香。这也是清贫雅士的行乐之法。

其次是插花花材的选取，一是四季皆宜，不拘一格，如春之梅、夏之荷（图 5-16）、秋之菊（图 5-17）、冬之果，“即枫叶竹枝，乱草荆棘，均堪入选。或绿竹一竿配以枸杞数粒，几茎细草伴以荆棘两枝，苟位置得宜，另有世外之趣”（《浮生六记·闲情记趣》）。二是四时花草，随处可取，重在以意巧裁。明代高濂说：“幽人雅趣，虽野草闲花，无不采插几案，以供清玩。”即使是食茶之花的“茗花”（即茶花，见图 3-46），“色月白而黄心，清香隐然。瓶之高斋，可为清供佳品，且蕊在枝条，无不开遍”（《遵

图 5-16 〔明〕沈周《瓶荷图》（天津博物馆藏）

图 5-17 〔宋〕佚名《胆瓶秋卉图》（北京故宫博物院藏）

生八笺燕·闲清赏笺》）这与唐宋时期的插花择材已是很大的不同。袁宏道《戏题黄道元瓶花斋》诗云："朝看一瓶花，暮看一瓶花，花枝虽浅淡，幸可托贫家。一枝两枝正，三枝四枝斜，宜直不宜曲，斗清不斗奢。仿佛杨枝水，入碗酪奴茶。以此颜君斋，一倍添妍华。"一瓶布置于幽斋，则给室内倍添几分美丽的风光。

插花与盆景一样，讲究花景与盛器的统一协调，袁宏道说："养花，瓶亦须精良，譬如玉环飞燕，不可置之茅茨；嵇阮贺李，不可请之酒食店中。"（《瓶史·器具》）好花就好像唐代杨玉环、汉代赵飞燕一样的后宫美人，不可安置之于茅屋；名花也像曹魏时期的嵇康、阮籍和唐代的贺知章、李白那样不拘礼法的名士，是不可请之于酒馆饭铺的，因此插花最讲究花与器的配合。周瘦鹃先生在《绰约婪尾春》一文中记载："吾园芍药大开，有红、白、浅红三色，色香不让牡丹，剪了几枝插胆瓶中，供之爱莲堂中，香满一堂。白色的五枝，用雍正黄瓷插供，更觉娟净可喜，因忆清代满族诗人塞尔赫有咏白芍药诗云：'珠帘入夜卷琼钩，谢女怀香倚玉楼。风暖月明娇欲堕，依稀残梦在扬州。'在花前三复诵之，觉此花此诗，堪称双绝，真的是花不负诗，诗不负花了。"白花配以黄色瓷瓶，既有色彩之对比，又显得雍容华贵，尚不负芍药的名头。

园林插花常根据建筑性质而有所变化，高镰在《遵生八笺》"瓶花三说"中说"瓶花之具有二用"，即"堂中插花"和"书斋插花"，厅堂插花要"乃以铜之汉壶，大古尊罍"等（图5-18），"高架两旁，或置几上，与堂相宜"；而书斋插花，则"瓶宜短小，以官哥瓶胆……匾壶，俱可插花"，小瓶插花"折宜瘦巧，不宜繁杂，宜一种，多则二种，须分高下合插，俨若一枝天生二色方美"。

图5-18　曲园春在堂插花布置

插花可分为日常插花和节庆时令插花。沈复在《浮生六记·闲情记趣》中说："余闲居，案头瓶花不绝。芸曰：'子之插花，能备风晴雨露，可谓精妙入神。而画中有草虫一法，盍仿而效之。'余曰：'虫踯躅不受制，焉能仿效？'芸曰：'有一法，恐作俑罪过耳。'余曰：'试言之。'曰：'虫死色不变，觅螳螂蝉蝶之属，以针刺死，用细丝扣虫项，系花草间，整其足，或抱梗，或踏叶，宛然如生，不亦善乎？'余喜，如其法行之，见者无不称绝。求之闺中，今恐未必有此会心者矣。"沈复插花，四季不绝，而且"能备风晴雨露，可谓精妙入神"，能把绘画中的草虫应用到插花中去，关键是还能"宛然如生"。对于懂得生活而有情趣的人来说，无论是适意，还是病中，都离不开四季花卉，沈周《病中折菊为供》诗云："忧怀判与菊无私，忝此篱根烂漫枝。强借陶瓶应秋事，因将病眼洗寒姿。梦中笑口簪花伴，枕上清斋止酒诗。小阁纸帘岑寂地，药烟零乱鬓丝垂。"虽在病中，却也能"梦中笑口簪花伴"。

节庆时令插花，如端午节、岁朝等。

端午节。《清嘉录》卷五曰："（五月）五日，俗称端五。瓶供蜀葵、石榴、蒲、蓬等物，妇女簪艾叶、榴花，号为'端五景'"（图5-19），并引方志云："家买葵、蒲、艾贮之堂中。"古人认为五月是毒虫疫疠聚集的"恶月"，蝎子、蜈蚣、壁虎、蟾蜍、蛇被称作五毒。而端五那天是天地阴阳交接的时刻，妖魅在人间行邪施疟，蛰伏的毒虫开始出动，因此需要驱瘟辟邪。唐《艺文类聚》卷四"五月五日"引《夏小正》曰："此日蓄采众药，以蠲除毒气。"又引南朝宗懔《荆楚记》曰："荊楚人以五月五日并踏百草，采艾叶，以为人悬门户上，以禳毒气。"南宋《西湖老人繁盛录》说："虽小家无花瓶者，用小坛也插一瓶花供养，盖乡土风俗如此。寻常无花供养，却不相笑，惟重午不可无花供养。"重午即农历五月初五日端午节，如果这一天家中不插一盆花供养，则会被人耻笑。沈周《端午小酌》诗云："堂瓶烂漫葵枝倚，奴髻鬅鬙艾叶垂。"苏州人至今还有每过端午节，在门上挂艾草、菖蒲的习俗（图5-20）。

图5-19 〔明〕项圣谟《五瑞图》之菖蒲、蜀葵、萱花、榴花以及桃子、枇杷等

图5-20 〔清〕徐扬《端午故事图册》之悬艾人（北京故宫博物院藏）

艾（*Artemisia argyi* Levl. et Van）又称艾蒿、冰台等，是菊科蒿属的多年生草本植物，略呈半灌木状，植株有浓烈香气，可以薰走蚊虫，因而被视为驱毒植物；它全草可入药，有去湿散寒、止血消炎等功效，李时珍说："医家用灸百病，故曰灸草，一灼谓之一壮，以壮人为法也。"（《本草纲目》第十五卷"草之四"）用艾草灼灸，可使人体补充阳气，帮助久病不愈的人恢复健康。古代常制作成艾人、艾虎等形象佩挂以辟邪。

菖蒲（*Acorus calamus* L.）是天南星科菖蒲属的多年生草本植物，叶基生，叶片呈剑形状，因此称之蒲剑（图 5-21），唐李咸用《和殷衙推春霖即事》："柳眉低带泣，蒲剑锐初抽。"端午节悬挂门上，可以辟邪，清代有门联曰："艾旗招百福；蒲剑斩千邪。"用菖蒲、艾叶可以浸制药酒，端午节饮之，可以去疾疫，苏轼《端午帖子词》："万岁菖蒲酒，千金琥珀杯。"菖蒲为肉穗花序，另有一种黄菖蒲（*Iris pseudacorus* L.），又名黄鸢尾，则是鸢尾科鸢尾属的多年生草本，花大黄色，常数朵顶生（图 5-22），园林中亦常见。

图 5-21 〔清〕余樨《端阳景图》之菖蒲与蜀葵（北京故宫博物院藏）

图 5-22 黄菖蒲

蜀葵［*Althaea rosea*（Linn.）Cavan. Diss.］的花色彩鲜艳且丰富，花开五色，常被称作五色蜀葵（图 5-23）。《学圃杂疏·花疏》说：“蜀葵，五色千叶者佳，性亦能变，黑者如墨，蓝者如靛，大都莺粟类也。广庭中、篱落下，无所不宜。”五色象征阴阳调和，正是端午的主题，它能调和盛夏的燥热和火气，具有去火润燥、通便利肠以及治疗妇科疾病、胎位不正等多种功效。《群芳谱》：“五月繁华，莫过于此，庭中篱下，无所不宜。”唐寅《川泼棹》曲：“碧碧草沿阶，海榴半吐绽，蜀葵如锦簇，那更令节蕤宾。”蕤宾即指端午节。《水浒传》第十三回写道：“时逢端午，蕤宾节至，梁中书与蔡夫人在后堂家宴，庆贺端阳。”端午节时，沿阶碧草，石榴初绽，蜀葵如锦。

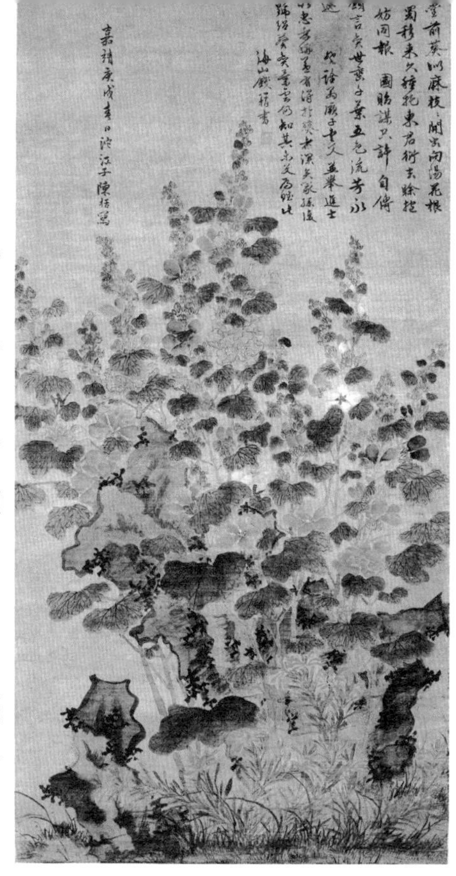

图 5-23 〔明〕陈栝《五色蜀葵图》（北京故宫博物院藏）

【小知识】蜀葵、秋葵、锦葵

蜀葵［*Althaea rosea*（Linn.）Cavan. Diss.］，为锦葵科蜀葵属二年生直立草本，茎枝密被刺毛。单叶互生，近圆形，掌状 5 ~ 7 浅裂，有锯齿；花单生或近簇生，排列成总状花序，花大，杯状，基部合生，有红、紫、白、粉红、黄和黑紫等色，单瓣或重瓣，花期 6 月（图 5-24）。

图 5-24 蜀葵

锦葵（*Malva sinensis* Cavan. Diss.）叶圆心形或肾形，5 ~ 7 浅裂，裂片先端圆或钝，基部圆或近心形，具圆锯齿，花 2 ~ 6 朵簇生叶腋；花冠紫红或白色，匙形或倒心形，先端微凹，花期在春末夏初（图 5-25）。《群芳谱》：“丛低，叶微厚，花如小钱，文彩可观，又名钱葵。”

秋葵［*Abelmoschus manihot*（Linn.）Moench Meth.］即黄秋葵，是锦葵科秋葵属的一年生草本，叶掌状 5 ~ 9 深裂，裂片长圆状披针形，具粗钝锯齿，花单生于叶腋间，花黄色，内面基部紫色，夏秋开花（图 5-26）。

岁朝清供。岁朝清供则是过年节的清供。岁朝即岁之朝也，就是大年初一，《清嘉录》引《尚书·大传》说："正旦为岁之朝，月之朝，日之朝，谓之'三朝'"。新年到来时，将花卉、果品等精心摆置在厅堂或书房等案几之上，或渲染成画，以祈福纳祥，这是明清文人的习惯。乾隆帝弘历题明代吴县人陆治的《岁朝图》诗云："寓意吉言图岁朝，椿梅点缀报春韶。三元雅称为清供，胜彩金珠逊觉遥。"并注云："百合、柿子、如意寓百事如意"（图 5-27）。明清时期，即使是民间也流行瓶插天竺、蜡梅等以作

图 5-25 锦葵

图 5-26 〔明〕文徵明《秋葵折枝图》（台北故宫博物院藏）

图 5-27 〔明〕陆治《岁朝图》之梅花、山茶、水仙、柿子、百合等（台北故宫博物院藏）

岁朝清供，如明末章法《苏州竹枝词》描述苏州百姓家当时“万户千门新气象，一瓶天竹与梅花”的景象，正如郑板桥题画诗所云：“寒家岁末无多事，插枝梅花便过年。”

在苏州的传统习俗中，还有在除夕那天将冬青、柏枝、芝麻秸插于屋檐端，称之为节节高。又有将黄楮（一说黄阡）纸剪成断续成串，引而伸之，悬挂在店铺中，叫“富贵弗断头”，又名“兴隆”。

第二节　花草瓜果的室内布置与赏析

苏州园林中，除了厅堂屏槅前的天然几上常布置盆景、插花之外，在天然几两侧还设置高几花架，供四季花卉陈设（图 5-28），而在书斋小轩等则有瓜果陈设，亦多见于佛堂禅室（图 5-29）。

一、切要四时，随赏案头四季花

计成在《园冶·借景》中说：园林景物的布置要“切要四时”。四时者，一年之春、夏、秋、冬，一日之朝、昼、夕、夜。园林室内植物布置要考虑的是四季有花，以供朝夕之赏，宋末苏州人顾逢《供花即事》诗云：“满地盆花间样栽，四时长有好花开。劝君莫惜供花费，只恐园丁不献来。”

春之兰。春天常于室内清供梅、兰等观花植物。以兰花（*Cymbidium* ssp.）为例，明代张应文在《罗钟斋兰谱》“封植第二”中说“兰产于闽而芳袭于吴”，真所谓“楚材晋用”。苏州人善种兰花，据王世懋《学圃杂疏·花疏》记载：“虎丘戈生曾致一盆，叶稀而长，稍粗于兴兰，出数蕊，正春初开花，特大于常兰，香亦培之，经月不凋，酷似马远所画。”明代虎丘人戈生所培育的盆兰，酷似南宋画家马远所画，极具画意。

图 5-28　艺圃博雅堂花架上的植物布置

图 5-29　〔清〕顾尊涛《语石和尚像》中的插花与果供（南京博物院藏）

现在园林中尤以沧浪亭最为著名。20 世纪 60 年代朱德同志曾三次到苏州园林，并赠兰蕙和《兰花谱》，后政府主管部门在沧浪亭建兰圃（图 5-30），办花展（图 5-31）。

我们现在所称的兰花一般指兰科兰属的春兰（*Cymbidium goeringii*，图 5-32）、建兰（*Cymbidium ensifolium*）、墨兰（*Cymbidium sinense*）、蕙兰（*Cymbidium faberi*）和寒兰（*Cymbidium kanran*）等。我国栽植兰蕙的历史悠久，至少可追溯到唐代。孔子作《琴操·猗兰操》中所记载的“自卫反鲁，隐谷之中，见香兰独茂，喟然叹曰：‘兰当为王者香，今乃独茂，与众草为伍’”和《诗经·郑风·溱洧》“溱与洧，方涣涣兮。士与女，方秉蕑兮。女曰观乎，士曰既且”中的兰、蕑，以及屈原在《离骚》中有关兰、蕑、蕙的记载，它们是否是现在所指兰科的兰花，在学术界存在争议，一般认为那时所说的兰、蕑是现在的菊科的泽兰（*Eupatorium japonicum* Thunb.）。但受先秦比德思想的影响，兰的天然幽香成为了君子人格的象征，李白咏兰诗云：“为草当作兰，为木当作松。兰秋香风远，松寒不改容。”（《于五松山赠南陵常赞府》）王维有《兰》诗云：“根移地因偏，花老色未改……婆娑靖节窗，髣髴灵均佩。”种兰、养兰、赏兰是一种人格的自我观照（图 5-33），拙政园兰雪堂之名就取自于李白的“独立天地间，清风洒兰雪”诗句，表达了园主高洁洒脱的人格品质。

图 5-30　沧浪亭兰圃

图 5-31　沧浪亭兰花展陈设中蕙兰名品“南阳梅”

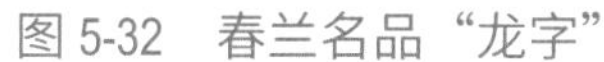

图 5-32　春兰名品“龙字”

图 5-33　〔清〕蒋廷锡《盆兰图》（藏处不详）

一般花木，凡花一落则萎瘁不可观，唯独兰花，花落后茎叶可赏，因此在园林中常陈设于书案、窗前，花时万态千妍，兰香芳馥，四座芬郁，怡神默坐，不觉精神恬然。《翼谱丛谈•袁石公兰言》说：“晓风凉月，竹中窗下，置兰一本，令美人持《离骚》朗诵数过，则经云、声、香、味、触、法，当此境般般出，何能不五蕴皆空？”

夏之莲。苏州向为人文之邦，自古就有以缸盆碗钵等莳养荷花的习惯。一种是大容器栽植，可置于庭院或檐下观赏，明代吴宽《盆荷初开适值风雨对之感叹》诗云：“一面红妆拥翠盘，风风雨雨不胜寒。园门半掩无人到，我独怜渠只自看。”每到夏秋，闲庭曲院，粲如流绮，花韵流香，可免荡桨溯流之辛，却也能求得一片清凉世界（图 5-34）。明人柯潜的《吟室盆荷》咏述了盆栽荷花的基本培育过程：“瓦缸满注春泉碧，谷雨晴时分藕植。地切云霄雨露多，抽

图 5-34　〔宋〕佚名《桐荫玩月图》中庭院的盆栽荷花（北京故宫博物院藏）

叶如盘高数尺。薰风初试花两三，叶底参差红未酣。盛夏繁开十馀朵，越罗蜀锦光相涵。”周瘦鹃先生在《莲花世界》一文中说：“细种的莲花，我们大都是种在缸里的，每年清明节前几天，总得翻种一下，将枯死的老藕去除，把多余的分出来另种，一缸可分作二三缸。”并分享了他缸荷种植的经验。当时苏州人潘季儒先生擅种缸荷，有层台、洒金、镶边玉钵盂、绿荷、粉千叶等名种，令人叹为观止。

另一种则为碗钵等小器培植，以供案头清供。中国最早的盆植瓶插荷花与东汉末佛教传入的“宝瓶莲花”的持瓶盛花有关。到了魏晋南北朝，佛教盛行，在北魏石窟寺和画像砖上，经常能看到“宝瓶莲花”的图像。《南史·晋安王子懋传》载：其母病危，“请僧行道，有献莲华供佛者，众僧以铜罂盛水，渍其茎，欲华不萎”。至晋室南渡，大量士族的南迁，在江南这片文化土壤中逐渐注入了士族精神、书生气质。王羲之《柬书堂帖》：“荷华想已残，处此过四夏，到彼亦屡，而独不见其盛时，是亦可讶，岂亦有缘耶？敝宇今岁植得千叶者数盆，亦便发花相继不绝，今已开二十余枝矣。颇有可观，恨不与长者，同赏相望。”王羲之盆栽的是一种重瓣荷花品种，这是目前所见盆栽荷花的最早文字记录。

沈复在《浮生六记·闲情记趣》中说：“以老莲子磨薄两头，入蛋使鸡翼之，候雏成取出，用久年燕巢泥加天门冬十分之二，捣烂拌匀，植于小器中，灌以河水，晒以朝阳，花发大如酒杯，叶缩如碗口，亭亭可爱。”这是明清人的养碗莲之法，高濂在《遵生八笺》中也有类似的记述。到了现代，苏州出现了一些莳养碗莲的高手，如周瘦鹃先生的老友卢彬士，“是吴中培植碗莲的唯一能手，能在小小一个碗里，开出一朵朵红莲花来。每年开花时节，往往以一碗相赠，作爱莲堂案头清供”。（图 5-35）常熟人杨廙有《可园赏荷，卢彬士先生引观所植佳种及钵莲，赋呈一首》诗云：“天怀澹定卢居士，钵纳莲花赋小园。入室几人穷宛委，当门一水自潺湲。风荷露柳宜秋赏，苦茗寒泉与客温。却羡邻苏通寤寐，知翁诗境薄西昆。”

图 5-35　苏州园林中的盆栽荷花（左彬森摄）

夏之茉莉。夏天的茉莉常常是苏州人家室内陈设的植物，“夏夜最宜多置，风轮一鼓，满室清芬”（《长物志·花木》），正如计成所云“分香幽室”。茉莉［*Jasminum sambac*（L.）Aiton］又名末利、末丽、没丽等，是木樨科茉莉（素馨）属的常绿灌木，枝细长呈藤木状，单叶对生，花白，重瓣，香浓。西晋嵇含在《南方草木状》一书中说：“耶悉茗花、末利花，皆胡人自西国移植于南海。南人怜其芳香，竞植之。陆贾《南越行纪》曰：‘南越之境，五谷无味，百花不香，此二花特芳香者，缘自胡国移至，不随水土而变，与夫橘北为枳异矣。’彼之女子以彩丝穿花心，以为首饰。”茉莉花原产于印度及斯里兰卡，可见引种到我国已有2000多年的历史了。现在苏州女子在夏天还沿用了这种佩花的传统，但多以白兰花用铁丝穿花心缀于胸前。耶悉茗花即与茉莉同属的素馨（*Jasminum grandiflorum* L.），又称野悉蜜花，叶为对生的羽状复叶，但“末利花似蔷蘼之白者，香愈于耶悉茗”（《南方草木状》卷上）。皮日休《吴中言怀寄南海二同年》一诗中有“退公秪傍苏劳竹，移宴多随末利花”之句，可证早在唐代就已引入苏州了。《广群芳谱》卷四十三引《丹铅总录》：“茉莉花见嵇含南方草木状，称其芳香酷烈，此花岭外海滨物，自宣和中名著，艮岳列芳草八，此居一焉，八芳者，金蛾、玉蝉、虎耳、凤毛、素馨、渠那、茉莉、含笑也。”到了北宋宣和年间，茉莉花已列为“艮岳”八种芳香植物之一，名声显著，宋徽宗赵佶的《听琴图》（见图5-4）中陈设在奇石之上的盆景，有研究者认为就是茉莉花。朱勔为造艮岳而主持苏杭应奉局，利用负责“花石纲”之便，将广东、福建一带的茉莉花等花木移来苏州，从而形成花市。到了南宋，范成大尤重茉莉花，他在《次王正之提刑韵，谢袁起岩知府送茉莉二槛》诗中云：“千里移根自海隅，风帆破浪走天吴。散花忽到毗耶室，似欲横机试病夫。”（其一）不畏千里，从天涯海角，历经风浪，移种到吴地，就像花朵飘散在毗耶城（古印度之城）的室内，聊以慰藉（图5-36）。“燕寝香中暑气清，更烦云鬓插琼英。明妆暗麝俱倾国，莫与矾仙品弟兄”（其二），茉莉花香，好似美人的靓妆，透着暗香，给炎蒸的暑气带来一片清凉，也用不到与暑月宴盘中矾山去争高下了（宋代士大夫暑月宴客，常在盘中堆上明矾，放置在席上以像冰雪，称为矾山）。

图5-36 〔北宋〕赵昌《茉莉花图》（日本私人藏品）

清代吴县人吴翌凤有《玉漏迟·茉莉花》词曰："素葩浑未放，攀枝检摘，春纤亲数。贮向冰瓷，一霎芳心齐吐。潋滟兰汤浴罢，髻云挽、翘簪钗股。临睡去。卸来犹惜，枮安衾具。　　记湖上每招凉，有粉面儿郎，轻摇柔舻。小结花篮，递挂画船斜柱。夜阁罗帱映月，梦回处、未残宵鼓。纨扇举。霏霏细香闻取。"

光绪年间，出现了以花窨茶的花茶，而以茉莉花茶为最，近人汪东《踏莎行》词序云："虎丘山塘居民皆种花，称花农。初供闺中玩饰，俗尚既变，业遂中落。近专摘取焙茶，倾销海外，获利至数亿，比户皆中人产矣。所用者异而成败随之，兹事虽小，可以喻大。为制花农曲。""俗尚既变，业遂中落"，茉莉花由花赏到窨茶，到当下，茉莉花茶已逐渐淡出茶市了。

秋之菊。菊花是秋季室内陈设观赏的主要花卉（图5-37）。《长物志·花木》云："吴中菊盛时，好事家必取数百本，五色相间，高下次列，以供赏玩，此以夸富贵容则可。若真能赏花者，必觅异种，用古盆盎植一枝两枝，茎挺而秀，叶密而肥，至花发时，置几榻间，坐卧把玩，乃为得花之性情。"

顾震《看菊》诗云："移得东篱菊满堂，招邀裙屐为花忙。曲屏护处香弥冷，细竹扶将干不伤。插髩任看风落帽，捲帘尤爱月窥墙。休疑昨夜寒飚急，此卉由来是傲霜。"顾禄《清嘉录》卷九记载："畦菊乍放，虎阜花农已千盎百盂担入城市。居人买为瓶洗供赏者，或五器、七器为一台。梗中置熟铁线，偃仰能如人意。或于广庭大厦，堆叠千百盆为玩者。绉纸为山，号为菊花山。而茶肆尤盛。"

图5-37　耦园厅堂花几上陈设的菊花

冬之水仙。冬天除了梅竹等插花之外，水仙是最常见的案头观赏花卉。水仙（*Narcissus tazetta* L.）是石蒜科水仙属的多年生草本，具膜质有皮鳞茎；花呈伞形花序，花被白色，芳香；副花冠浅杯状，淡黄色。《本草纲目》："此物最宜卑湿处，不可缺水，故名水仙。"（卷十三）《长物志》说："水仙二种，花高叶短，单瓣者佳。冬月宜多植，但其性不耐寒，取极佳者移盆盎，置几案间。"

（《花木》）单瓣水仙又称金盏银台，花色纯白，副冠呈黄色；重瓣者则称作玉玲珑。《学圃杂疏》亦持此论：“凡花重台者为贵，水仙以单瓣者为贵。短叶高花，最佳种也。宜置瓶中，其物得水则不枯，故曰水仙，称其名矣。”（《花疏》）凡是花卉，一般都以重瓣者最为珍贵，而水仙却以单瓣者为贵。《汝南圃史》说：“水仙叶如蒜，故一名雅蒜。一茎数花，花白，中有黄心如盏状，俗呼金盏银台。其中花片捲皱密蹙，一片之中，下轻黄，上淡白，如染一截者，乃千叶，通谓之水仙。然单瓣者贵，黄山谷诗曰：‘何时持上紫辰殿，乞与宫梅定等差。’其见重如此。”（卷之九）黄庭坚原诗为：“折送南园栗玉花，并移香本到寒家。何时持上玉辰殿，乞与宫梅定等差。”（《吴君送水仙花并二大本》）栗玉花是水仙花的别称，玉辰殿则是指帝王的宫殿，贫寒之家的香本水仙，什么时候也能上帝王的宫殿，和宫中的梅花比一比，评定一下等级次序。不过在明代王路所撰的《花史左编》中就有“唐玄宗赐虢国夫人红水仙十二盆，盆皆金玉七宝所造”的记载。《群芳谱·花谱》云：“水仙花以精盆植之，可供书室雅玩。”并说亦有开红花的水仙。《花镜·花草类考》：“拂林国有红水仙，花开六出，亦异品也。”拂林国即东罗马，红水仙即红口水仙（*Narcissus poeticus* L.），亦称口红水仙，它的特征是浅杯状的副冠边缘为橙红色，可见早在唐代已传入我国。

《汝南圃史》卷之九云：“故吴中水仙唯嘉定、上海、江阴诸邑最盛，而插瓶亦用盐，最可久。宋培桐曰：‘如种在盆内者，连盆埋入土中，候开花取起，频浇梅水，则精神自旺。’”明清人认为水仙喜盐碱，所以插瓶宜碱水养。清代汪灏《广群芳谱》记载：“水仙，江南处处皆有之，惟吴中嘉定为最，花簇叶上，他种则隐叶内耳。”（明清时期嘉定县属苏州府）现在苏州的水仙则大多来自福建漳州，雕刻成各种造型（图 5-38），或剥去鳞茎外侧的枯鳞茎皮至白色鳞茎，水养，供厅堂或书斋案头清供（图 5-39）。“偷

图 5-38　留园案几上陈设的水仙花

图 5-39　退思园厅堂陈设的水仙花

将行雨瑶姬佩，招得凌波仙子魂。幽韵清香两奇绝，小窗斜月伴黄昏”（宋喻良能《戏咏书案上江梅水仙》），凌波仙子是水仙花的别称，瑶姬则是巫山之神，唐代李贺有“看雨逢瑶姬”的诗句；同时瑶姬又是花草之神，常指色白如玉的花，此处借指开白色花的梅花；水仙和梅花都是冬春开花的植物，将二者一起配置在案桌之上，清香宜人，幽韵无尽。康熙帝玄烨《见案头水仙花》诗云：“冰雪为肌玉链颜，亭亭如立藐姑山。群花只在轩窗外，那得移来几案间。”群花只是生长在室外，而亭亭如立、玉肌冰清似藐姑山上仙子的水仙花却移来了几案间作清供。

红果。盆栽观果植物也是苏州园林中冬季室内陈设观赏的品名之一，《遵生八笺·燕闲清赏笺》说：“百花之外，更有结子花草，青红蓓蕾，可移盆中蟠簇，虽严冬不凋者有二十二种，俱堪斋头清玩。”并举例如盆栽虎茨（虎刺）、地珊瑚、金豆橘、雪下红等。以雪下红为例，它是一种藤本植物，“生子类珠，大若芡实，色红如日，粲粲下垂，积雪盈颗，似更有致，故名”。这里所说的“雪下红”（*Viburnum japonicum* Spr.）是一种忍冬科荚蒾属的植物，《花镜·藤蔓类考》云：“雪下红一名珊瑚珠。叶似山茶，小而色嫩。藤本蔓延，茎生白毛。夏末开小白花结子，秋青冬熟，若珊瑚珠，累累下垂。其色红亮，照耀如日，至于积雪盈颗，似更有致。”

石菖蒲。石菖蒲（简称菖蒲）是古人最常见的案头之物（图 5-40），盆栽观赏约始于北宋，苏轼有《石菖蒲赞并叙》，并用山东文登弹子涡石养水仙。南宋陆游、谢枋得（字叠山）等均有菖蒲诗咏。明初苏州人王汝玉作有《潘宅菖蒲歌用谢叠山先生韵》：“窗间娟娟晓凝翠，耳畔蔌蔌寒流声。我闻长生有奇术，便宜寡欲遗尘缨。”《长物志》“盆玩”条云：“乃若菖蒲九节，神仙所珍。见石则细，见土则粗，极难培养。吴人洗根浇水，竹剪修净。谓朝取叶间垂露，可以润眼，意极珍之。余谓此宜以石子铺一小庭，遍种其上，雨过青翠，自然生香。若盆中栽植，列几案间，殊为无谓。”将栽种菖蒲的小小盆盎扩展为整座净铺石子的庭院，此种雅致也可算是奢靡到了极致。

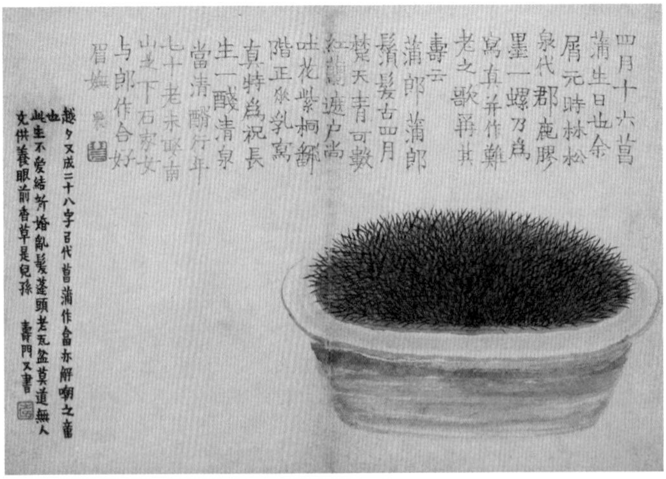

石菖蒲（*Acorus tatarinowii* Schott）是天南星科的多年生草本植物，主要栽植品种有金钱蒲（*Acorus gramineus* Soland.）、黄金

图 5-40 〔清〕金农《花卉图册》之菖蒲（浙江省博物馆藏）

图 5-41　曲园菖蒲

姬、银边菖蒲等。石菖蒲又称九节菖蒲，根茎芳香，叶常绿，呈剑状，初夏抽肉穗状花序，花小淡黄色；《学圃杂疏·花疏》说：“菖蒲以九节为宝，以虎须为美。江西种为贵……不惟明目，兼助幽人之致。”（《陶朱公书》《群芳谱》都说：四月十四菖蒲生日。）细叶变种都可用作盆栽观赏（图 5-41）。

屠隆在《考槃馀事》“盆玩笺”中说：“至若蒲草一具，夜则可收灯烟，朝取垂露润眼，诚仙灵瑞品，斋中所不可废者。须用奇古昆石，白定方窑，水底下置五色小石子数十，红白交错，青碧相间，时汲清泉养之，日则见天，夜则见露，不特充玩，亦可辟邪。他如春之兰花，夏之夜合，秋之黄密、矮菊，冬之短叶水仙、美人蕉，佐以灵芝，盛诸古盆，傍立小巧奇石一块，架以朱几，清标雅质，疏朗不繁，玉立亭亭，俨若隐人君子，清素逼人。”菖蒲具有收灯烟、露润眼的功效，又可辟邪，对于古代读书人来说，真是天赐良物，因此是书斋中不可多得的仙灵瑞品。而一年四季中将春兰、秋菊、夏之夜合、冬之水仙等种植于盆盎之中，或佐以灵芝，或傍立奇石，置之书案之上，宛如隐逸高士相伴。

高濂在《遵生八笺》中对于书斋清供，也持类似观点，特注重花草六种：春天用鼓盆种兰，并配上奇石一块。夏天则用方圆大盆，种夜合二株，当花开到四五朵时，置以朱几观赏；或者黄萱三二株，亦可看玩。秋天宜取开黄蜜二色的菊花，以均州大盆或者饶窑白花圆盆种之；或以小古窑盆，种三五寸高菊花一株，旁边立以小石，置于几案。冬季则以方圆盆，种短叶水仙单瓣者佳；或者种美人蕉，立以小石，佐以灵芝一棵，但须用长方旧盆，才能相称。并且认为“六种花草，清标雅质，疏朗不繁，玉立亭亭，俨若隐人君子。置之几案，素艳逼人，相对啜天池茗，吟本色古诗，大快人间障眼”《遵生八笺·燕闲清赏笺》。

此外，以前的苏州园林花圃中，也常培植文竹、天门冬、万年青以及苏铁等观叶类植物，将它们陈设在园林的厅堂或小轩的案几上。文竹［*Asparagus setaceus*（Kunth）Jessop］和天门冬［*Asparagus cochinchinensis*（Lour.）Merr］都是百合科天门冬属的多年生攀援植物。文竹，四季常青，有节似竹，叶纤秀丽，翠如羽毛，姿态文雅潇洒，

图 5-42　文竹

图 5-43　〔明〕仇英《万年青》（藏处不详）

历来受到文人和大众的喜爱，常陈设在案头（图 5-42）。天门冬俗名万岁藤，又称武竹等，细叶有刺，蔓生，夏生白花，亦有黄花及紫花者，秋结黑子，朱熹《天门冬》：“高萝引蔓长，插楥垂碧丝。西窗夜来雨，无人领幽姿。”万年青［*Rohdea japonica*（Thunb.）Roth］是百合科万年青属的多年生草本，叶基生；穗状花序，花淡黄色；浆果，熟时红色（图 5-43）。记得东山一带造房子，上梁时梁上必挂万年青，放置糕点和放鞭炮。（古代建屋上梁时，有一种用以颂祝的骈文称上梁文。高启《上梁文》因有“龙蟠虎踞”四字，朱元璋疑为歌功张士诚，被连坐腰斩。）《汝南圃史》卷之十一云：“蒀，即千年蒀，叶阔丛生，深绿色，冬夏不枯，又名万年青。吴中家家植之，以其盛衰占兴败。有造房、治圹诸吉事，连根叶取置顶上，以为祥瑞。结姻聘币，剪绫绢肖千年蒀，与吉祥草、葱、松四形，并供盆中，大小不一。”说明苏州一带家里多种万年青（图 5-44），以它的生

图 5-44　万年青

长好坏来预测家境的兴败、吉凶。它不单单是用作于造房移居，一切喜事都要用它，结婚聘礼则用绫绢剪成万年青图样以代替。

万年青与吉祥草等几种常绿植物配置在一盆之中，形成了高低错落、四季常青的景象，寓意吉祥。吉祥草［*Reineckia carnea*（Andr.）Kunth］是百合科吉祥草属的多年生草本植物，叶条形至披针形，穗状花序，花粉红色，芳香。因其名吉祥，古代还常作清供之物，“取伴孤石、灵芝，清供第一”（《花镜》）。葱（*Allium fistulosum* L.）则是大家都熟知的烹饪调料，现在城市居民还常在阳台上盆栽，以供生活所需。葱属百合科葱属，叶圆筒状，中空；伞形花序球状，多花，白色。葱色四季青翠，能和美众味，所以又叫和事草，清代张问陶有“味毒枉加和事草”的诗句。

苏铁（*Cycas revoluta* Thunb.）俗称铁树，作为盆景常陈设在园林的厅堂或轩斋案桌上；作为盆栽植物，则常将它对置在门厅前。它是裸子植物门苏铁科的常绿木本植物，大型羽状叶集生于柱状茎的顶端；夏天在柱端抽出花穗，雌雄异株，雄球花圆柱形，黄色［图 5-45（a）］；大孢子叶密生淡黄色或淡灰黄色绒毛；种子红褐色或橘红色［图 5-45（b）］。原产热带，所以在江南一带不常开花，开花则寓意着吉祥和瑞兆，故有“千年的铁树开了花”之语。曾住苏州报觉寺的南宋禅师释师体在圆寂时，曾作《辞众偈》云：“铁树开花，雄鸡生卵。七十二年，摇篮绳断。”可见铁树开花之难见。

（a）苏铁雄花

（b）苏铁种子

图 5-45　苏铁

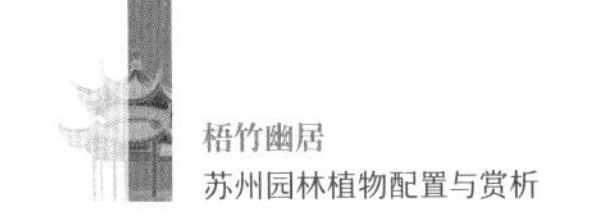

二、红豆鹤瓢，可供幽斋闲把玩

植物除了用于在室外庭院配置和室内陈设观赏之外，它们的果实由于成熟时所散发出的芳香或殷红色种子而置于室内案几上陈设或观赏，如木瓜“香极醲酽，以一二枚置坐隅，清芬满堂，可经数月的”（《北墅抱瓮录》），或作果盘陈设。

橘。橘（*Citrus reticulata* Blanco）亦称柑橘（图 5-46），南朝刘峻在《送橘启》中说：“南中橙甘，青鸟所食。始霜之旦，采之风味照坐，劈之香雾噀人。”橙甘即柑橘，青鸟是传说中的神鸟，神鸟所食，一定不是一般之物，在下霜的早晨采摘，将它放置在室内，则风味照座，满堂生香，剖之则香雾溅人，正如苏东坡《浣溪沙·咏橘》所言：“菊暗荷枯一夜霜，新苞绿叶照林光。竹篱茅舍出青黄。 香雾噀人惊半破，清泉流齿怯初尝。吴姬三日手犹香。”一夜经霜，菊暗荷枯，而橘却开始变黄而味愈美；青黄相间的橘林之中，竹篱茅舍掩映。采之，擘开橘皮，芳香的油腺如雾般喷溅，初尝新橘，汁水在齿舌间如泉般流淌。苏州的洞庭东西两山盛产柑橘，其花亦香，细如点雪，深可爱玩（图 5-47），而其果，一经吴中的美女之手，则三日犹香，尽得吴橘之味矣。

香橼。香橼（*Citrus medica* L.）古称枸橼、香圆等，陈植先生在《长物志校注》“蔬果”中辨析道：“古代文献中，香橼（*Citrus medica*）常与香圆（*C. wilsonii*）相混，苏州所产实为‘香圆’，而非香橼，其品种约有粗皮香圆、癞皮香圆、细皮香圆等三种。”香橼是常绿灌木或小乔木，香圆则为常绿乔木，二者均属芸香科柑橘属，枝有短刺，春夏开花（图 5-48），果大而芳香，置之案头，清香袭人。抗金名将韩世忠之子韩彦直在《橘录》卷中记载：“香圆木，似朱栾，叶尖长，枝间有刺，植之近水，乃生。其长如瓜，有及一尺四五寸者，清香袭人，横阳多有之。土人置之明窗净几间，颇可赏玩。”说明至少在宋代就有将香橼作为案头清供了。到了明代，已成为文人雅士的

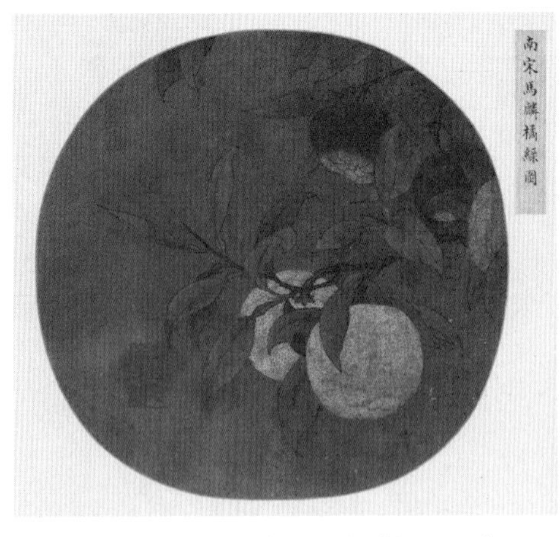

图 5-46　〔南宋〕马麟《橘绿图》
（北京故宫博物院藏）

图 5-47　柑橘之花

一种风尚，《长物志•蔬果》说：“香橼大如杯盂，香气馥烈，吴人最尚。”（图5-49）吴人即苏州人，说明苏州人最喜欢香橼了。明代人特别讲究香橼陈设的配盘，屠隆在《考槃馀事》卷三“香橼盘”中讲：“香橼出时，山斋最要一事，得官、哥、定窑大盘，青冬磁龙泉盘、古铜青绿盘、宣德暗花白盘、苏麻尼青盘、朱砂红盘、青花盘、白盘数种，以大为妙。每盘置橼二十四头，或十二、十三头，方足香味，满室清芬。其佛前小几，上置香橼一头之橐，旧有青冬磁架、龙泉磁架最多，以之架玩，可堪清供。否则以旧朱雕茶橐亦可，惟小样者为佳。”（《遵生八笺》中有同样的记载）李时珍在《本草纲目》卷三十“果之二”中记载：枸橼“虽味短，而香芬大胜，置衣笥中则数日香不歇”。衣笥是盛放衣服的竹器，可见香橼在古代还是熏衣添香的佳品。

今耦园东墙的筠廊廊亭内，镶嵌有一块《抡元图》碑（图5-50），画面中绘有三个香橼垂挂于枝叶之间。抡元是指古代科举考试中选第一名，画中三个香橼寓意“连中三元”。并有清代王文治七言诗题一首：“映日香分优钵花，悬枝色现黄金界。柿柑风岭合舆儓，橙橘霜湖徒摈价。曾闻此种生南天，瘴雨湔之炎日晒。磁盆髹几伴高斋，一入题评价增倍。”在阳光的映照下，香橼的果香可与优钵罗花分香；悬挂在枝头黄金般的颜色，宛如天堂的反照；和它相比，像柿、柑这样低微的果品只配生长在霜风野岭（舆和台是古代十等人中两个最低微等级），橙、橘也只能生长在被摈斥掉价的霜风湖尾。而生长在南国的香橼通过炎日的晞晒和瘴雨的洗礼之后，被清供在雅斋瓷盆髹几之上，经文人品题后，它的身价更是培增。王文治在《抡元图》的跋语中说：“庚辰礼闱，座主蒋文恪公于闱中写《抡元图》。揭晓后，凡及门之能诗者皆命是题咏，治亦附名帧末，即作此也。顷守临安，值宾兴之岁，爰默仿是图，并录拙诗

图5-48　香圆之花

图5-49　苏州人喜欢香橼、北瓜等作案头清供（大石金生藏品）

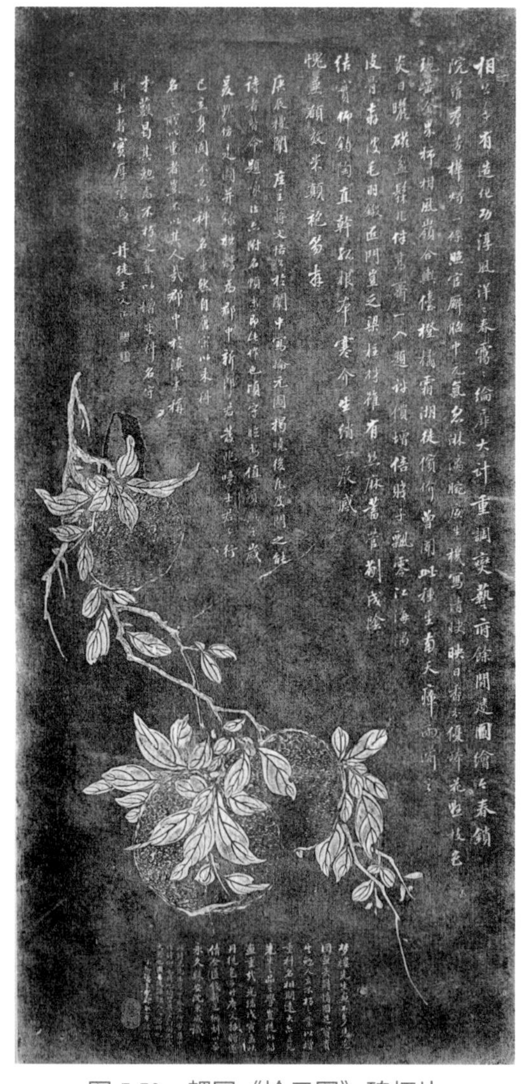
图 5-50　耦园《抡元图》碑拓片

图 5-51　佛手

为郡中新郎君发兆。”文恪是蒋溥的谥号。蒋溥是常熟人，是大学士蒋廷锡的长子，官兼礼部尚书，掌翰林院事，东阁大学士兼户部尚书；善画花卉，深得家传。礼闱一般指礼部，因科举考试之会试由礼部主办，故名；座主是进士对本科主考官或总裁官的称谓。庚辰应该是乾隆二十五年（1760 年），那次聚会，蒋溥作图，门生能诗者作诗，王文治此诗就作于那时，他于乾隆二十九年（1764 年）出任云南临安知府，正值乡试（宾兴），便默仿先师蒋溥《抡元图》及将原来的题咏录于其上，为新的及第者（新郎君）讨个吉利。图碑中还有耦园园主沈秉成的题记，从中可知，《抡元图》是光绪四年戊寅（1878 年）孟秋由丹徒人包丹（字广文）所赠，沈秉成聘请篆刻名家金匮（今属无锡）钱新之上石成碑。

香橼变种较多，尤以佛手最为著名。佛手［*Citrus medica* Linn. var. *Sarcodactylis*（Noot.）Swingle］，又称佛手柑，李时珍说：“其实状如人手有指，俗呼为‘佛手柑’。有长一尺四五寸者，皮如橙柚而厚，皱而光泽，其色如瓜……而清香袭人。南人雕镂花鸟，作蜜煎果食，置之几案，可供玩赏。”（《本草纲目》卷三十“果之二”）其形如人手指，其色金黄，故名佛手（图 5-51）；南人即南方人，还在香橼上雕镂花鸟，这是一种工艺品了。《学圃杂疏•花蔬》云：“香橼，花香实大……置实盘中，盈室俱香，实佳品也。闽中乃无之，而以佛手柑名。

近闻洞庭人亦有种而生者，吾圃中尤不易植也。”在明代，现在的洞庭东、西山就有人种植佛手，并能结果。清高士奇晚年在平湖筑江村草堂（即北墅），当地人送了他二株佛手，并授以他培育之法，因培溉得法，“枝叶密茂，三四月发花，紫白色，开落相继，至十月不断。每树止留实五六枚，长俱半尺，大可一围馀，经冬鲜润。养至次年之夏，异香清馥，迥出物表。意特爱之。令人图其根、叶、花、实之状，装为小卷，而题诗于后，以纪其盛焉。”佛手的形、色、香及其存放时间长，历来受到文人墨客的青睐，玩之不足，则图之（图 5-52）。《红楼梦》第四十回写刘姥姥进大观园，探春因素喜阔朗，因此她住的三间屋子并没有隔断，“当地放着一张花香梨大理石大案，案上磊着各种名人法帖，并数十方宝砚，各色笔筒，笔海内插的笔如树林一般。那一边设着斗大的一个汝窑花囊，插着满满的一囊水晶球儿的白菊”，西墙上当中挂着米芾的画，左右挂着颜真卿的墨迹，案上陈设大鼎，“左边紫檀架上放着一个大观窑的大盘，盘内盛着数十个娇黄玲珑大佛手”。白菊和佛手，一白一黄，点缀于什锦架上，以取得色彩上的对比和相互衬托。清人施钰《辛丑再过除夜》诗云：“案列黄橙佛手柑，花开绿萼水仙含。村斋度岁无长物，书味也从澹处参。”则用黄橙、佛手和水仙作为岁朝清供，也是对淡泊人生的一种领悟。

图 5-52　〔清〕马荃《花卉蝴蝶图卷》中的佛手（藏处不详）

【小知识】柑橘、柚、香圆、香橼

均为芸香科柑橘属常绿木本植物，枝有刺，单身复叶，叶缘有钝齿，有透明油点，芳香。花白色或背面紫红色，芳香。

柑橘（*Citrus reticulata* Blanco）又称橘子、桔子（桔，是橘的俗字。桔本指桔梗，一种多年生草本植物），为芸香科柑橘属常绿小乔木。单身复叶，翼叶通常狭窄，叶端常凹。花单生或 2 ～ 3 朵簇生；果淡黄、朱红或深红色。

柚［*Citrus maxima*（Burm）Merr.］为乔木，嫩枝、叶背等被柔毛，

嫩枝扁，有棱。单生复叶，翼叶较大，叶端钝或圆，有时短尖，多为总状花序，花蕾多为淡紫红色，果大。品种多，如文旦等。

香圆（*Citrus grandis* × *junos*）是柚的杂交种，叶形及质地与柚相似，但翼叶窄。果顶稍凹陷，有明显环圈，蒂部有放射沟，香气浓。宋林洪《山家清供》卷之上“香圆杯”：“谢益斋（奕礼），不嗜酒，常有‘不饮但能著醉’之句。一日，书馀琴罢，命左右剖香圆作二杯，刻以花，温上所赐酒以劝客。清芬霭然，使人觉金樽玉斝皆埃溘之矣。香圆似瓜而黄，闽南一果耳，而得备京华鼎贵之清供，可谓得所也。”苏州园林及绿地中栽植的大多为此种。

香橼（*Citrus medica* L.）又名枸橼，灌木或小乔木。茎枝多刺，常为单叶，叶基无翼叶，多为总状花序，果皮淡黄色，有香气。

葫芦。葫芦［*Lagenaria siceraria*（Molina）Standl］是葫芦科一年生的攀缘草本植物，夏花秋实，状如大小重叠的两个圆球，嫩时可食，干老后可作盛器或供玩赏。它的品种很多，《群芳谱·蔬谱》说：“葫芦，匏也，一名蔛姑。蔓生，茎长，须架起则结实圆正，亦有就地生者。大小数种，有大如盆盎者，有小如拳者，有柄长数尺者，有中作亚腰者……陆农师曰：‘项短大腹曰瓠，细而合上曰匏，似匏而肥圆者曰壶。’”《遵生八笺·燕闲清赏笺》在“盆栽小葫芦”条目中说：“以葫芦秧种小盆，得土甚浅，至秋结子，形仅寸许。择其周正者，只留一枚，垂挂可观。霜后收干佩戴，用为披风钮子，有物外风致。”《汝南圃史》在介绍苏州一带的葫芦时说：“匏与葫芦实有别。今吴中皆呼葫芦，唯圆扁如石鼓者，名‘金盘葫芦’；上细下坠者，名‘长柄葫芦’；上尖、中细、下圆如两截者，名‘摘颈葫芦’，又名‘药葫芦’。各种俱大小不一。”（卷之十二）还有一种颈长如鹤颈，故称鹤瓢，常作茶具酒器，《世说新语·简傲》记载：西晋吴郡吴县人陆机刚到京都洛阳时，经张华推荐，和弟陆云去拜访刘宝（字道真），刘喜欢喝酒，正值守孝期间，双方行礼过后，没有说什么话，刘宝只是问：“东吴有长柄壶卢（葫芦），卿得种来不？”陆氏兄弟特别失望，很后悔拜访他。元末明初长洲宁真观道士李睿（又名李德睿，字士明）从一位青城道士手中得到鹤瓢，并凭此自号为鹤瓢山人，并将其居名为鹤瓢山房，高启作有《鹤瓢赋》序：“宁真馆李高士，遇青城黄老师遗一瓢，其形肖鹤，刳为饮器，名曰鹤瓢。”王彝《鹤瓢志》：“道士李睿畜瓢一，昂首修颈，而腹果然其状肖鹤，以为勺则大，以为壶则曲，乃瓠（刳）其腹，出其犀，空然以为瓢，而全其为鹤之状，因字之曰‘鹤瓢’”。徐贲有诗序曰：“师有酒瓢如鹤形，因扁居曰‘鹤瓢山房’。”诗则有“酒瓢怜似鹤”句咏之，袁华、姚广孝等均有诗咏。

图 5-53 〔明〕商喜《四仙拱寿图》中手握及身系葫芦的铁拐李（台北故宫博物院藏）

葫芦因其藤蔓绵延，结子繁盛，因此在民间常以葫芦藤蔓喻作“子孙万代”，作为吉祥之物，常供于案头，或并镌刻成各种图案。葫芦除了作为实用器（如贮水、贮酒容器）外，作为道教的圣器之一，还有一种驱邪纳福的象征意义，如“暗八仙”（即八仙的法器）之一的葫芦，是铁拐李的法器（图 5-53），被广泛应用于园林建筑装饰、装折以及门窗、铺地等处，如亭子的葫芦宝顶、葫芦形状的洞门以及葫芦图案等。在民间则常陈设于轩斋，以避邪（图 5-54）。明代于慎行有《纪赐》诗四十首，其十二首诗题为《元旦赐门神挂屏、葫芦等物，岁以为常》，说明当时春节还有将葫芦挂于门上以辟邪的风俗。

在中国古代婚俗中有一种“合卺”的仪式，《礼记·昏义》：“妇至，婿揖妇以入，共牢而食，合卺而酳，所以合体同尊卑，以亲之也。”也就是将葫芦一剖为二瓢，用彩线系住柄端，新婚夫妻各执一瓢，斟酒以饮。瓢合而为一，即合卺。隋唐以后，行礼时，新郎新娘互饮一瓢，称之为“交杯酒”。南宋诗人陆游《刘道士赠小葫芦》诗云：“葫芦虽小藏天地，伴我云山万里身。收起鬼神窥不见，用时能与物为春。”葫芦正是有了贮水的实用价值和驱邪的文化含义，宋代以后的行旅、移居图式中多带有葫芦，如马远的《晓雪山行图》、禹之鼎的

图 5-54 葫芦（大石金生藏品）

图 5-55 〔清〕禹之鼎《移居图》中的葫芦形象
（北京故宫博物院藏）

《移居图》（图 5-55）等，都可以见其形象。

“小小葫芦三寸高，蓬莱山下长根苗。装尽五湖四海水，不满葫芦半截腰”（《韩湘子全传·第十五回》），葫芦是仙境的象征，被看作是神仙栖息之地；它又称壶卢，藏有长生不老之药，而园林被看作是壶中天地，因此葫芦与园林有着不解之缘。

红豆。红豆树一类的种子也是古代文人喜欢收藏或馈赠的佳品，明代旅行家徐霞客说：“其子如豆之细者而扁，色如点朱，珊瑚不能比其彩也。”（图 5-56）史学家陈寅恪在抗战时期随清华大学南迁昆明，在一鬻书市场上曾得到一颗钱谦益红豆村庄的红豆，便重读牧斋《初学集》，并撰写了一代名著《柳如是别传》。他在书中详细介绍了得到红豆的经过：因在报纸上看到一则卖旧书的广告，然而皆为“劣陋之本”，看卖书者接待殷勤，便询问是否有其他物品，“主人踌躇良久，应曰：‘曩岁旅居常熟白茆港钱氏旧园，拾得园中红豆树所结子一粒，常以自随。今尚在囊中，愿以此豆奉赠。寅恪闻之大喜，遂付重值，藉塞其望。自得此豆后，至今岁忽忽二十年，虽藏置箧笥，亦若存若亡，不复省视。然自此遂重读钱集，不仅藉以温旧梦，寄遐思，亦欲自验所学之深浅也。’”并作《咏红豆》诗，他在诗序中说：“昔岁旅居昆明，偶购得常熟白茆港钱氏故园中红豆一粒，因有笺释钱柳因缘诗之意，迄今二十年，始克属草。

图 5-56 作者珍藏四十年之红豆

适发旧箧，此豆尚存，遂赋一诗咏之，并以略见笺释之旨趣及所论之范围云尔。”其诗云：“东山葱岭意悠悠，谁访甘陵第一流。送客筵前花中酒，迎春湖畔柳同舟。纵回杨爱千金笑，终剩归庄万古愁。灰劫昆明红豆在，相思廿载待今酬。”

东山、葱岭代指钱谦益和柳如是（杨爱是她初名之一），他们有嘉定、杭州之游，写尽其浪漫之事。钱谦益弟子归庄著有《万古愁》一文，从盘古开天地一直写到清兵南下，明朝灭亡；这与日军侵华可谓是中华民族的两大劫难。作者因目睹红豆，二十年后最后著成了《柳如是别传》，并一直保存，视此红豆为珍品：“红豆虽生南国，其开花之距离与气候有关。寅恪昔年教学桂林良丰广西大学，宿舍适在红豆树下。其开花之距离为七年，而所结之实，较第一章所言摘诸常熟红豆庄者略小。今此虞山白茆港钱氏故园中之红豆犹存旧箧，虽不足为植物分类学之标本，亦可视为文学上之珍品也。”

其他如灵芝等也常供案头陈设，以示吉祥（见图 5-1）。灵芝（*Ganoderma Lucidum* Karst）是多孔蕈（灵芝）科的多年生隐花植物，因一年开三次花，《楚辞》称之为三秀。东汉班固《灵芝歌》：“因露寝兮产灵芝。象三德兮瑞应图。”《群芳谱》说：“芝，瑞草也。一名三秀，一名菌蠢。”《花镜•藤蔓类考》云：“灵芝一名三秀，王者德仁则生……其形如鹿角，或如伞盖，皆坚实芳香，叩之有声。”古人认为吃了可以长生，故视为瑞草，“雅人取置盆松之下，兰蕙之中，甚有逸致，且能耐久不坏”。（图 5-57）

图 5-57 〔明〕沈周《芝石图》（台北故宫博物院藏）

〔清〕恽寿平《瓯香馆写生册》之凤仙花（天津博物馆藏）

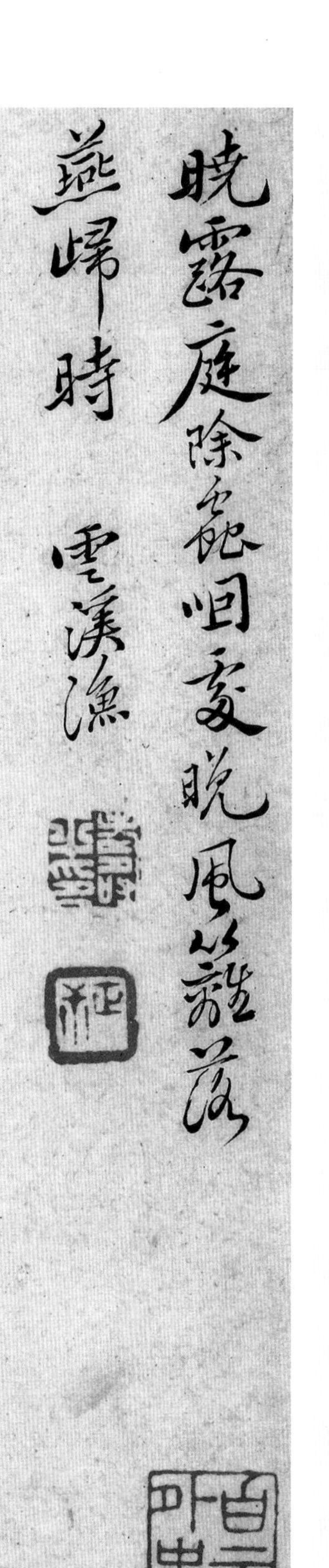

第六章

从雅遵时——园林花木的雅赏与时序

欧阳修在安徽滁州太守任上时，在琅琊山的幽谷之中筑随心、醉翁两亭，命幕客谢某杂植花卉其间。当谢某问他要种什么名品之花时，欧阳修于纸尾写道："深红浅白宜相间，先后仍须次第栽。我欲四时携酒去，莫教一日不花开。"（宋蔡絛《西清诗话》卷下）天天都开花似乎不太可能，但一年四季有花可赏倒也不难，春天桃李红白，间植垂柳风流，其下杂植兰蕙夹竹、红蓼紫葵，则能春色无边；秋时东篱庭砌，三径盆盎，栽植各色花木，自春迄冬，四时之景不同，而欣赏游观，自能怡情。《园冶•墙垣》说："从雅遵时，令人欣赏，园林之佳境也。"

第一节　春天花木的雅赏与时序

英国哲学家弗兰西斯•培根曾设想，"在皇家花园的经营中，应该一年之中每个月都有花圃；在其中可以每月各有当令的美丽的花木"，并开列了一系列的适宜于伦敦气候的花木，"但是我的意思是显而易见的，就是你可以按着各地方的出产而享有一种'永久的春天'也"。在这位大哲学家生活的那个时代，中国江南一带的城市早已是园圃相望，从花茂树，给人以四时之游乐了。苏州人喜欢赏花，唐伯虎说："江南人尽似神仙，四季看花过一年。"（《姑苏杂咏》四首之三）

一、槛逗花信，嫣红艳紫百花春

春天是百花齐放的季节，"春风吹园杂花开，朝日照屋百鸟语"（韩愈《感春》）。春季，梅花占于春前，牡丹殿于春后。我国古代自小寒至谷雨的四个月，八个节气一百二十日，每气为三番。将每五日为一候，共分二十四候，每候以一种花为信风。梅花风打头，楝花风打末。楝花竟，则立夏。

小寒：一候梅花，二候山茶，三候水仙；
大寒：一候瑞香，二候兰花，三候山矾；
立春：一候迎春，二候樱桃，三候望春；
雨水：一候菜花，二候杏花，三候李花；
惊蛰：一候桃花，二候棠梨，三候蔷薇；
春分：一候海棠，二候梨花，三候木兰；
清明：一候桐花，二候麦花，三候柳花；
谷雨：一候牡丹，二候酴醾，三候楝花。

李渔认为："花之最先者梅，果之最先者樱桃。若以次序定尊卑，则梅当王于花，樱桃王于果。"（《闲情偶寄•种植部》）苏州园林中春天开花的木本植物尤以梅花、山茶、迎春、海棠、牡丹为多，前三者多在冬春开花。攀援植物则以紫藤、蔷薇、木香为主，而一朝春事则以芍药、荼蘼为末，宋人王琪有诗云："开到荼蘼花事了"。（《暮春游小园》），吴锡畴亦云："清明上巳多愁雨，芍药荼蘼各殿春。"（《临川忆旧》）草本类则有虞美人、兰花、菜花等，依次可赏。

菜花。菜花一般多指油菜花，即芸苔（*Brassica campestris* L.），它是十字花科芸苔属的二年生草本植物，茎粗壮，直立，总状花序呈伞房状，花鲜黄色，花瓣4枚，呈十字形排列。种子用于榨油，是主要油料植物之一。清袁枚《随园诗话》卷七说："张翰诗：'黄花若散金'，菜花也。通首皆言春景，宋真宗出此题，举子误以为菊，乃被放黜。"在读书人眼中，只有菊花才是黄花。其《补遗》卷八又记载："鳌沧来刺史，从太仓寄近作见示《菜花》云：'绕村种菜春环屋，铺地黄金人住家。若论生材求济世，万花都合让斯花。'"菜花花时，宛如铺地黄金，既实用，又寓意吉祥。

明周文华说："二月开黄花，如铺锦，骚人韵士都携酒赏之。"（《汝南圃史》卷之十二）并多有诗咏，如宋范成大之"蝴蝶双双入菜花，日长无客到田家""梅子金黄杏子肥，麦花雪白菜花稀。日长篱落无人过，惟有蜻蜓蛱蝶飞"（《四时田园杂兴六十首》）；明初高启之"柱桐里中君始归，菜花满园黄蜂飞"（《菜莛为余唐卿赋》）；清宋荦之"游鱼雨后撇波声，宛转溪桥拄杖行。一段斜阳明野岸，菜花时节正宜晴"（《春晚过沧浪亭四绝句》其一）等。

"南北园看菜花"曾是晚清苏州的传统习俗，南园是在现在沧浪一带，后废为菜垅。北园在阊门内，旧名苏家园，因明万历间御史苏怀愚筑园在此而得名，后夷为场圃。这两处，晚清时春天菜花极盛，暖风烂熳，一望如黄金，到处是芦棚茶桌，笑语喧杂。晚清吴园（即今拙政园中部）有菜花楼，李鸿裔有诗云："楼中琼树歌，楼外芜城泪。春风若有知，黄金为布地。"而今苏城赏菜花之地则比比皆是（图6-1）。

图6-1　天平山林下的菜花

游春玩景。苏州人春天冶游，俗称游春玩景。《吴郡岁华纪丽》一书中所描述的十二个月的时序习俗中，光春天二月就有元墓探梅、百花生日、玉兰房看花，三月有画舫游、踏青、山塘清明节会、清明开园、荡湖船、游山玩景、南北园看菜花、谷雨看牡丹、虎阜花市等习俗。如“百花生日”条说：“今吴俗以二月十二日为百花生日……是日，闺中女郎为扑蝶会，并效崔元微护百花避风姨故事，剪五色彩缯，系花枝上为彩幡，谓之‘赏红’。虎丘花农争于花神庙陈牺献乐，以祝神釐，谓之‘花朝’。是时春色二月，花苞孕艳，芳菲酝酿，红紫胚胎，天公化育，肇始于兹。故俗以是日晴和，占百果之成熟云。”《酉阳杂俎》续集记载有唐代天宝年间崔玄微（避康熙帝玄烨讳，改玄为元）制作朱幡，遮挡风神（风十八姨）护花的故事。农历二月正是枝头现蕾、花苞孕艳之时，百花盛开就肇始于此。袁景澜在《百花生日赋》中说：“俗纪生申之节，芳萼初胎，春逢圻甲之辰，农书乍献。祝携酒盏，种成红豆千双；悬遍彩幡，护锡金铃十万。维时烟草萦隄，新革泛沚。春到二分，尘香十里……颂冈陵于芳圃，峰涌螺青；设帨佩于璇闺，怀投燕紫。于是祝花长寿，庆日如年……亭台则暖集笙簧，林樾则灿成罗绮。”生申是指西周申国国君申伯的诞生之日，《诗•大雅•崧高》：“维崧降神，生甫及申。”后泛指生日。百花生日那天，百姓游玩，文人作赋，祝花长寿，庆日如年。

清明节开园。苏州有清明节开园的风俗，各家私人园林向民众开放，一直到立夏为止。此时“春暖昼长，百花竞放，园丁索看花钱，纵人游览，士女杂遝，罗绮如云。园中花木匼匝，亭榭奇巧，畜养珍禽异卉，静院明窗悬名贤书画，陈设彝鼎图书玩器，扣砌名花，彩幕防护风日，笙歌戏剧，妆点一新。寻芳讨胜之子，极意流连。随处有赶卖香糖果饵，皆可入口。项屑玩具，诱悦儿曹。俗于清明日开园放游人，至立夏节为止”（《吴郡岁华纪丽》卷三）。游赏园林尽管要花些“看花钱”，但还是挡不住游人如织。而园林也是经过精心打扮，装点一新，使游之者物有所值。

二、元墓看梅，万枝破鼻飘香雪

元墓原称玄墓，相传东晋青州刺史郁泰玄葬于此，故名；后避圣祖康熙帝玄烨之名讳，改名元墓。元墓和邓尉山为一山两称，北称邓尉山，南名元墓。元末一泓万峰和尚居于此，故又称万峰山。其势三面临太湖，风景绝胜。康熙三十五年（1696 年）江苏巡抚宋荦游此，题为“香雪海”。现在香雪海存有乾隆御题诗碑。

明清之时，游光福邓尉、玄墓诸山，必坐船先至虎山桥。顾宗泰《游虎山桥记》：“光福之西，属以玄墓，延以铜井，山势蟠蜿，太湖委注。其堤之达于山者，上有虎山桥。两峡一溪，桥卧偃蹇。山舒水迟，曲有幽趣。林壑之美，可取者十八九，莫若虎山桥。山行必少水，而桥之中通西崦，泓然为波，湾然为渡，冲融窈窕，澹涵太虚；翠映黛流，岚光倒出，环村落而益邃，引塔影而独绝，洵清游所宜历者矣。溪崦十余里，至青芝山麓，方春二月，泛舟随溪，堤与溪埒，多梅花，几二三百本，或列或横，或断或续，白英如云，香气蓊勃。俛入崇峦，缭青萦碧，濛然蔼然，俾过者神移焉而不能去。噫！虎山，玄墓诸山之一也，幽而僻，奥而旷，有桥以束溪，为嵁为岩，为陂为塘，为林为卉，阴翳芳霭，回巧效媚。昔人比以武林西湖，是其果有仿佛者乎？维崦之滨，可以讨春，维桥之侧，可以游息。发兹清唱，天机荡漾，春波芳风，襟抱渊冲。孰引我于花林而伫赏烟岑，恐妙景之一往而不可得追也，爰记以赠同行者。”虎山桥之林壑之美和梅花之美，足可以与杭州西湖相抗衡，花时游人如织。

玄墓山上有圣恩寺，康熙二十八年（1689 年），玄烨南巡至邓尉山圣恩禅寺，当时八十四岁住持济石禅师率众僧迎接，御书“松风水月”，帝夜宿圣恩寺四宜堂中。圣恩寺后面有太湖石形成的奇石，与山体相连，自然天成，俗称“真假山”，邵长蘅《玄墓探梅记》：“石玲珑类人工镂凿，故名。凡物往往以假冒真，兹石独以真冒假。”世界上只有“以假冒真”者，这里却冒出个“以真冒假”者，亦为奇事一桩。

苏州现在的观梅胜地很多，除香雪海外，远郊的洞庭东、西两山，自古就有盛名，如西山的林屋洞景区；近郊的虎丘山风景区中的冷香阁、上方山石湖景区的梅园等（图 6-2），清初归庄受友人相邀，由昆山坐船到洞庭东山的郑薇令园林中观梅，“园中梅百余株，一望如雪，芳气在襟袖。临池数株，绿萼，玉叠（蝶），红、白梅相间，古干繁花，交映清波”（归庄《洞庭山看梅花记》），也是座不折不扣的梅园了。

图 6-2　洞庭东山之梅林

三、玉兰山房，一树繁葩看不足

玉兰山房位于虎丘后山。其玉兰，一说为北宋朱勔从福建移植而来，一说则为虎丘高僧所植。在清代，这是一株可与吴梅村笔下的拙政园山茶花相媲美的名花，是吴中士大夫游观之所。《吴郡岁华纪丽》“玉兰房看花”条说：“玉兰花早于辛夷，花开九瓣，色白微碧，香味似兰，一干一花，花落从蒂中抽叶，异于他花。一树万蕊，不叶而花。吴中虎阜山后玉兰山房之树，宋朱勔自闽所构，未及进御，移植于此。明天启间，为大风所摧，后复寖长。乾隆初，翠华临幸，时尚未花，吴民窖火烘之，雪蕊齐放，老干被灼枯萎。今孙枝已高数丈，花时素艳照空，望之如云屋琼台，诚胜观也。”明清诗人多有吟咏，清代沈德潜有《虎丘玉兰歌》五首，其一云：“虎丘山背玉兰树，千春疑有神明护。臃肿拳曲仍高撑，腹空嵌石天工铸。花开冷艳漫云衢，覆盖招提遍琼璐。行人高望眩银海，清气逼人难久注。”彭启丰诗云：“山塘游人花市簇，花满僧房照廊屋。芳菲旧本已成围，绰约新妆看不足。名籍辛夷吐晚烟，光兮玉蕊迎朝旭。南渡移来积岁年，西堂劫后留乔木。姮娥合队舞霓裳，姑射翩跹润膏沐。轻阴正值养花天，风雨不来半含蓄。支公好事屡招邀，蔬笋清斋胜游续。树下张筵可四重，品茶联句香风逐。白发看花有几人，闲吟倚树堪娱目。拈来便可比优昙，散去何须恋薝蔔。”花开之季，好事者在树下可设宴品茶，可见当时赏花之盛（图 6-3）。现在的玉兰花不只在园林中配植（图 6-4），引得游人如织，即使是一般的绿地也是很常见的春花树种了。

图 6-3　虎丘玉兰山房之白玉兰（左彬森摄）

图 6-4　网师园之玉兰

四、谷雨牡丹，能陪芍药到薰风

清代顾禄《清嘉录》卷三：“牡丹花俗呼‘谷雨花’，以其在谷雨节开也。谚云：‘谷雨三朝看牡丹。’无论豪家名族，法院琳宫，神祠别观，会馆义局，植之无间，即小小书斋，也必然栽种一二墩，以供玩赏……郡城有花之处，士女游观，远近踵至。或有入夜穹幕悬灯，壶觞劝酬，迭为宾主者，号为‘花会’。”苏州的牡丹栽植和赏花之风可见一斑。蔡云《吴歈》云：“神祠别馆筑商人，谷雨看花局一新。不信相逢无国色，锦棚只护玉楼春。”玉楼春是牡丹名种，宋人尤重之，北宋周师厚《洛阳牡丹记》云：“玉楼春，千叶，白花也。类玉蒸饼而高，有楼子之状。元丰中，生于河清县左氏家。献于潞公，因名之曰玉楼春。”可知玉楼春是开白花的重瓣品种，楼子是形容花冠重迭的复瓣之花；潞公即北宋名臣文彦博；玉楼春因献于名臣才得以名贵。白牡丹不为唐人所重，这从唐诗中便可看出，如裴士淹《白牡丹》：“长安年少惜春残，争认慈恩紫牡丹。别有玉盘乘露冷，无人起就月中看。”白居易《白牡丹》之“白花冷澹无人爱，亦占芳名道牡丹”及“怜此皓然质，无人自芳馨。众嫌我独赏，移植在中庭”等。但到了宋代就一值千金了，张邦基《墨庄漫录》卷二：“洛中花工，宣和中以药壅培于白牡丹，如玉千叶、一百五、玉楼春等根下，次年花作浅碧色，号‘欧家碧’。岁贡禁府，价在姚黄上。尝赐近臣，外廷所未识也。”当时玉楼春比传统名种姚黄还要贵。到了清代，苏州的神祠别馆也能普遍栽种了，现在的苏州园林中都能看到它的身影（图 6-5）。

图 6-5　拙政园绣猗亭下配植的白牡丹

苏州种植牡丹的规模，在宋代与洛阳无异。北宋末年的朱勔在阊门内的花圃植有牡丹数万本。元代陆友仁在《吴中旧事》中记载：“吴俗好花，与洛中不异，其地土亦宜花，古称长洲茂苑，以苑目之，盖有由矣。吴中花木，不可殚述，而独牡丹、芍药为好尚之最，而牡丹尤贵重焉。旧寓居诸王皆种花，往往零替，花亦知之。盛者惟蓝叔成提刑家最好事，有花三千株，号‘万花堂’。尝移得洛中名品数种，如玉碗白、景云红、瑞云红、胜云红、玉间金之类，多以游宦不能爱护辄死，今惟胜云红在；其次林得之知府家有花千株，胡长文给事、成居仁太尉、吴谦之待制家种花，亦不下林氏；

史志道发运家亦有五百株，如毕推官希文、韦承务俊心之属，多则数百株，少亦不下一二百株，习以成风矣。至谷雨为花开之候，置酒招宾就坛，多以小青盖或青幕覆之，以障风日。父老犹能言者，不问亲疏，谓之‘看花局’。今之风俗不如旧，然大概赏花，则为宾客之集矣。”史志道发运就是南宋初年的史正志，他的住宅就在现在的网师园址，当时也植有牡丹五百株，可知苏州栽培牡丹早在两宋就习以成风。同样，元代平江（即苏州）人高德基在《平江纪事》中讲到：“花木之妖，世固有之，未有如平江牡丹之甚异者，致和戊辰八月，铁瓶巷刘太医家牡丹数株，各色盛开，开凡三度。初开者，若茶盂子大，中间绿蕊，有神佛之状，数日乃谢。第二度开者，若五升竹箩，花蕊成人马形，奈有半月之久。第三度开者，只如酒盏大，其蕊细长，若幡幢旗帜状，而罗衫紫与粉红楼子甚多，三日而萎。观者日数百人，栏槛尽皆摧毁，不可止遏。”可谓奇品迭出，观者无数，以致损坏设施。

曲园中的牡丹花还有一段动人的故事，俞樾在《春在楼随笔》卷七中说：

光绪二年，余在杭州。而吴下曲园中牡丹将放，内子姚夫人徘徊花下，口占一诗。其末二名云：“东风莫轻放，留待主人来。”余归，为余诵之，今忘其全诗矣。偶阅《太平广记》卷一百八十一载卢储在官舍迎内子，有庭花开，乃题曰：“芍药斩新栽，当庭数朵开。东风与拘束，留待细君来。”此与内子诗意，适遥遥相对。内子作诗，初不知有卢诗也。卢储娶李翱女，即所谓第一仙人许状头者，其事至今艳称之。而庭花之咏，知之者鲜，故表出之。想见此两人者，真神仙眷属也。余与姚夫人四十年伉俪，虽未足比美古人，亦庶几其万一。自夫人亡，而余久不至曲园，几于芜废，追惟畴曩，为之凄然。

卢储是唐宪宗元和十五年（820 年）的进士，在未考取进士前，入京曾投卷于尚书李翱，李翱因有事外出，将其诗文放在了桌案上，他的长女见了便说“此人必为状头”，状头即状元，李翱便招之为婿，第二年卢储果然状元及第。洞房之夜作《催妆》诗云：“昔年将去玉京游，第一仙人许状头。今日幸为秦晋会，早教鸾凤下妆楼。”后来卢储在官舍迎妻，又作了首《官舍迎内子有庭花开》诗：“芍药斩新栽，当庭数朵开。东风与拘束，留待细君来。”（斩新是崭新、全新的意思，细君则是古代对妻子的通称）卢储夫妇是真正的“神仙眷属”。俞樾与姚夫人从小青梅竹马，感情甚笃，从这牡丹花事中可见一斑。

第二节　夏季花木的雅赏与时序

相对春季而言，夏天开花的园林植物相对较少，但夏季开花植物的最大特点就是花期长，如水中之荷花、睡莲，陆生之紫薇、夹竹桃、石榴等，而且花色艳丽，给溽热的夏绿季节增添了一些色彩。夏日赏荷则是江南最流行的习俗。

一、池荷香绾，遥遥十里荷风

“江南好采莲，莲叶何田田。鱼戏莲叶下，鸥飞莲叶边”（孙蕡《采莲曲》），在江南，有水的地方一般都有荷花的生长，无论是江南水乡荷塘（图6-6），还是园林中的莲池，都是夏秋避暑的好去处。苏州赏荷之风历来盛行，远郊的洞庭西山有个消夏湾，是苏州传统的观荷胜地之一，这里曾是春秋时期吴王的避暑处，当地人善栽荷花，夏末初秋，一望数十里不绝，宋代范成大《销夏湾》诗云：“蓼矶枫渚故离宫，一曲清涟九里风。纵有暑光无著处，青山环水水浮空。”农历六月廿四是荷花生日，这一天，苏州葑门外的荷花荡，画船箫鼓，人山人海，人们竞相观荷纳凉，但往往是船多不见荷花开，最煞风景的是这天还常常会有雷阵雨，弄得游人只好赤脚而归，所以当时有“赤脚荷花荡”的民谣。然而在园林中赏荷，则优雅得多了（图6-7），每当花时，可盛邀几友雅聚，赏荷宴乐，品评赋诗，不亦乐乎？！如光绪二年（1876年）的农历六月二十日，重葺一新的网师园（当时称苏东邻），其主人李鸿裔（号香严）便招集怡园主人顾文彬、留园主人盛康、听枫园主吴云等一干友人前往赏荷。

“制芰荷以为衣兮，集芙蓉以为裳。不吾知其亦已兮，苟余情其信芳”（屈原《离骚》），荷花是完美人格的君子象征。因此，有园必有荷，光拙政园就有远香堂、荷风四面亭、藕香榭、留听阁、芙蓉榭等多处以荷花命名的建筑。“遥遥

图6-6　苏州相城之荷塘月色

图6-7　〔明〕尤求《荷亭消夏图》（藏处不详）

十里荷风，递香幽室”（《园冶·立基》），风动荷香，闲听荷雨，一洗人间衣尘。拙政园荷风四面亭因亭之四周池中栽植荷花（图 6-8），夏秋时节，满池荷花，叶擎波面，花则明静如拭，清露晨流，晴霞晚照，鲜妍动人，微风吹过，香芬带爽。抱柱有联曰：“四壁荷花三面柳；半潭秋水一房山。”上联借原济南大明湖前汇泉寺中刘凤诰的薜荔馆联：“四面荷花三面柳；一城山色半城湖。”下联出自唐末李洞《山居喜故人见访》“入云晴劚茯苓还，日暮逢迎木石间。看待诗人无别物，半潭秋水一房山”诗句。春柳夏荷，自是江南景色，秋水明静，房山倒影，宛然是一幅水墨江南。“月露暗从孤桂滴，水风犹猎败荷香”（北宋钱惟演《小园秋夕》），“小簟流云，深园落照，梦觉残荷香静”（清钱载《绮罗香》），即便是深秋荷残，尚留余香，王心一在《净业寺观水记》中记述：“一日，舍舆循涯而步，见有败荷如盖，余香乘风，来扑人鼻。”

历史上最富传奇色彩的观荷，非元代倪云林莫属。常熟城北陆庄有位富人叫曹善成，他在园中植有梧桐数百本，有宾客来便叫僮子洗梧，所以又称洗梧园。《常熟县私志》“福山曹氏”条载：“曹善成，至顺二年（1331 年），买地县治东北、醋库桥东，建文学书院。”又云：“福山曹氏，在胜国时，富甲江南，招云林倪瓒看楼前荷花。倪至，登楼，弦瞩空庭，惟楼旁佳树与真珠帘掩映耳。倪饭别馆，复登楼，则俯瞰方池，可半亩，芙蕖数十柄，鸳鸯鸂鶒萍藻沦漪，即成胜赏。倪大惊，盖曹预莳盆荷数百，移空庭，庭深四五尺，以小渠通别池，花满方决水灌之。水满，复入珍禽野草，宛天然。”赏荷不见荷，饭后空庭却成了水池，但见荷花盛开，鸳鸯戏于莲叶之间。为了邀请倪高士赏荷，便弄出这等花样来，可谓心思独出。曹氏还请杨维桢（号铁崖）赏海棠，

图 6-8 〔清〕吴儁《拙政园图》中的荷风四面亭（录自刘敦桢《苏州古典园林》）

而不见海棠，夜半则请铁崖看红妆二十四姝，上下一色，绝类海棠，谓“解花语”，弄得铁崖“极欢竟日而罢”。

【小知识】“解语花”

典出唐明皇说杨贵妃为“解语花”，意为善解人意之花，比喻聪颖可人的美人。《开元天宝遗事》载：“明皇秋八月，太液池有千叶白莲数枝盛开。帝与贵戚宴赏焉，左右皆叹，羡久之，帝指贵妃示于左右，曰：‘争如我解语花？’”这千叶莲花怎么比得上寡人的杨贵妃呢！《致虚阁杂俎》又载：杨贵妃在裤袜上绣了一对鸳鸯，唐明皇李隆基便戏道：“贵妃裤袜上，乃真鸳鸯莲花也。太真问何得有此，称上笑曰：‘不然其间安得有此白藕乎’。贵妃由是名裤袜为‘藕覆’。”此后，旧时女子的裤袜便有了“藕覆”的雅称。

郑逸梅在《清娱漫笔》中有“王雪岑一夜植芙蕖”的故事：说晚清洋务派人物张之洞在广州设立广雅书院，“时在炎夏，香涛（张之洞号香涛）葛衣凉鞋，坐水榭品茗，飒然风来，大有楚襄王兰台披襟之慨，便笑着说：‘真好境地。倘使池有芙蕖，那么风摇绿蒂，露湿红芳，岂不更飘飘欲仙么！’”这王雪岑默不作声，暗自计划，罗致现存盆莲数十盆，埋于池中。次日即请张之洞赏荷，“香涛很为惊讶，或往一观。果然白白红红，烂若披锦”，因问用什么方法而能速成如此？雪岑告以原缘，张之洞欣然道：“这比世俗传说高宗（即乾隆帝）南巡，（扬州盐商）一夜建喇嘛塔，更为简捷了当哩！”其实这王雪岑只不过是学了“倪云林观荷”典故罢了。他有《题顾景炎晴窗读画图》一诗：“花覆疏棂昼正长，牙签尽属待平章。池荷万柄千竿竹，举似家风秀野堂。水木清华罨碧楹，玉山雅集最知名。千秋遗韵留图绘，不愧风流继阿瑛。”

顾景炎，字树炘，世居上海，曾参加豫园大假山修复，并主持各厅堂陈列。苏州顾姓为吴中世家大族，元末明初时期的顾瑛（又名阿瑛、德辉，字仲瑛）是晋代名臣顾野王的后裔，他在昆山正仪有座园林叫玉山佳处（玉山草堂），园内种有并蒂莲，据传为了防被窃盗，他在池底放上钻有似莲蓬孔的石板，荷梗从石板孔中穿出，亦为一时之奇事。这和“竹林七贤”之王戎将李核钻孔，以防他人繁殖一样自共为双。1934 年，叶恭绰得到一方古砚，砚底有一朵阴刻的并蒂莲图案，并有铭曰“此花出于正仪东亭顾阿瑛故居”。荷花时节，他便会同几位好古之士，前往观瞻，并作《五彩结同心》一词，序曰：“昆山真义镇之东亭子为顾阿瑛玉山佳处故址之一。今岁池荷盛开，重台骈萼，并蒂至五六花。余偕姚虞琴、江小鹣、郎静山临赏。以其叶小藕窳而不结莲房，又花瓣襞积，卷如蕉心，正与吴中华山刘宋造像中所刊千叶莲同。因断为即天竺传来之千叶莲，盖花中如海棠、海石榴、山茶，凡舶来种恒现多层，此殆同例也。元末明初迄今已六百年，沦落荒村中，今始幸邀吾徒之一顾。感赋此阕，以属阿瑛，兼示同人。”其词曰：

前身金粟，俊赏琼英（注：小琼英，阿瑛姬人，今犹葬园中），
东亭恨堕风涡（注：园中分东亭子、西亭子，相距几十里，足征当时之宏侈）。
六百年来事，灵根在、浑似记梦春婆。
濠梁王气，同都消歇（注：明太祖徙顾于濠梁，盖忌之与沈万三同），
空回首、金谷笙歌。
无人际、红香泣露，可堪愁损青娥。

栖迟野塘荒溆，甚情移洛浦，影换恒河。
追忆龙华会，拈花笑、禅意待证芬陀。
五云深处眠鸥稳，任天外、尘劫空过。
好折供、维摩方丈，伴他一树桫椤（注：余新自吴门得桫椤一小株，亦天竺种也）。

并在古莲池旁盖了几间房子，雇人看护莲池。后经周瘦鹃先生建议，引种栽植于拙政园远香堂前。

园林赏荷在于“情趣”二字，苏州园林中的主厅大多为临水而筑的荷花厅，是夏秋纳凉赏荷花的绝佳之处。潘钟瑞《香禅日记》记光绪十四年七月初二：“同至艺圃观荷，入门，风香逆鼻，花开正盛，临池而坐，嗓茗对之。中有设席宴饮者，听其谈妙相庵观荷风景，盖金陵赴试之人也。”光绪十六年四月初二：“在挹辛庐吃茶，忽疏雨一阵，池中荷叶瑟瑟作声，俄而雨止，明珠的砾可玩。”植荷听雨是古人的一种雅趣，清赵执信有诗云：“最怜荷叶兼蕉叶，送尽风声复雨声。”现拙政园西部的留听阁（图6-9），取自晚唐诗人李商隐《宿骆氏亭寄怀崔雍衮》“留得枯荷听雨声”句意，《红楼梦》第四十回写贾母在藕香榭的水亭子上听曲，说“借着水音更好听”，从荇叶渚坐船到花溆的萝港：

图 6-9　拙政园留听阁的残荷景观（左彬森摄）

宝玉道：“这些破荷叶可恨，怎么还不叫人来拔

去。”宝钗笑道：“今年这几日，何曾饶了这园子闲了，天天逛，那里还有叫人来收拾的工夫。”林黛玉道：“我最不喜欢李义山的诗，只喜他这一句‘留得残荷听雨声’，偏你们又不留着残荷了。”宝玉道：“果然好句，以后咱们就别叫人拔去了。”

显然林黛玉比起宝玉、宝钗更懂得生活的诗意，只是黛玉将李商隐的“枯荷”改成了“残荷”。也许红学在当今是门显学，影响更大；抑或“残荷”比“枯荷”更富诗意，“留得残荷听雨声”已是广泛吟诵的诗句。

“暑饮碧洞”是旧时文人的夏天逸事之一。明初高启《碧筒饮》诗云：“绿觞卷高叶，醉吸清香度。酒泻正何如，风倾晓盘露。”所谓的“碧筒”是指碧筒杯或碧筒酒，唐段成式《酉阳杂俎·酒食》记载：北魏正始年间，齐州刺史郑公悫与宾客幕僚在三伏天常前往历城北避暑，“取大莲叶置砚格上，盛酒二升（一作三升），以簪刺叶，令与柄通，屈茎上轮菌如象鼻，传噏之，名为碧筒杯。”酒从荷叶心中顺叶柄而下，自然会带有荷香，所以唐诗有云：“酒味杂莲气，香冷胜于冰。轮囷如象鼻，潇洒绝青蝇。”（见《补注杜诗》卷二十七）东坡则云：“碧筒时作象鼻弯，白酒微带荷心苦。”（《泛舟城南，会者五人，分韵赋诗，得“人皆苦炎”字四首》其三）其酒略带苦涩。陈汝言诗云：“渠碗羹浮芹叶嫩，碧筒酒吸藕花香。”碧筒酒是苦还是清香，可能和荷花品种或诗人的心情有关。而沈复之妻芸娘在“夏月荷花初开时，晚含而晓放，芸用小纱囊撮条叶少许，置花心，明早取出，烹天泉水泡之，香韵尤绝”（《浮生六记·闲情记趣》），可谓与之有异曲同工之妙。

二、虎丘花市，帘内珠兰茉莉香

夏天除茉莉之外，苏州尚有珠兰花市，珠兰［*Chloranthus spicatus*（Thunb.）Makino］是真珠兰（珍珠兰）的简称，即金粟兰，属金粟兰科金粟兰属植物，为多年生常绿草本或半灌木花卉。明周文华对珍珠兰特别推崇，说“凡兰皆草非木，独珍珠兰不草不木，茉莉其枝叶而黍米珠其花，细时即为蕊，巨时即为开。一名赛兰，或名碎兰。幽芳酷似，油然袭人，殆楚畹之别宗也”（《汝南圃史》卷之九）。《花镜·藤蔓类考》云：“真珠兰一名‘鱼子兰’。枝叶有似茉莉，但软弱须用细竹干扶之，花即长条细蕊，蕊大便是花开，其色淡紫，而蓓蕾如珠……花与建兰同时，其香相似，而浓郁尤过之。好清者取其蕊，以焙茶叶甚妙。但其性毒，止可取其香气，故不入药。”《吴郡岁华纪丽》卷六记载：“吴中茶叶铺撮取其子，号为‘撇梗’，以为配茶之用。”

炎热的夏天，往往使人大汗淋漓，为防汗臭，保持体肤清新，就像现代人多用香水一样，所以一到六月里，苏州人女子浴后会将珠兰插于发髻，以“助芙蓉艳”。清人有诗咏之：“缚架支柔干，移盆就画担。惯滋清露润，不避暑风炎。”（王复《珠兰》）“提篮唱彻晚凉天，暗麝生香鱼子圆。帘下有人新出浴，玉尖新数地花钱。”（蔡云《吴歈》）。清初徐釚《蕙兰芳引•咏珍珠兰》词曰：“夏日恹恹，人睡醒、蕊兰芳馥。暮雨似潇湘，枝叶平分黛绿。旅怀无赖，倚桃笙、恰逢新沐。待携来床伴，细裛清芬簌簌。　　盆内丁香，帘前栀子，是儿堪续。更翠钿斜簪，宜衬云鬟绣褥。越罗裁罢，手摇斑竹。只说他，香泛绿珠千斛。”夏天使人容易犯困，醒来却闻珠兰芳馥。暮雨打竹，淅淅沥沥，枝叶分外青翠。客居异乡，羁愁无聊，洗完头发，斜倚床席。携来床伴，珠兰清香，满室萦绕。丁香、栀子花开之后，只有珠兰堪续。它似翠玉斜插的簪花，最宜秀发、衾被相衬；千斛绿珠般的黍米状花蕊，似剪裁好的罗衣，手摇着湘妃竹扇，香泛满屋。《汝南圃史》说它“黍米珠其花，细时即为蕊，巨时即为开。一名赛兰，或名碎兰。幽芳酷烈，油然袭人，殆楚畹之别种也”，那珠兰便是兰花家族中的一员了。

三、夏花如灿，庭前能开百日红

夏天开花的植物一般花期都比较长，有的花能开到深秋，而且花色也比较艳丽，如草本之凤仙花，木本之紫薇、木槿等。

凤仙花。凤仙花（*Impatiens balsamina* L.）是凤仙花科凤仙花属的一年生草本植物（图6-10），节部常膨大，单叶互生，边缘有锯齿，叶柄基部有两个腺点。《汝南圃史》说，凤仙一名金凤，又名凤儿，花形宛如飞凤，故而得名。它的花期在夏秋季节，花色有浅、深、红、紫、洒金、纯白六七种，又有单瓣、重瓣之异（图 6-11）。又引《癸辛杂识》“取红色凤儿花并叶，捣碎，入明矾少许，以染指甲。初染色淡，连染三五次，色若胭脂，洗涤不去”，故又叫指甲花。它的果成熟后，“微触之即罅裂”，一经触碰，就会炸裂，

图 6-10　〔清〕恽寿平《瓯香馆写生册》之凤仙花（天津博物馆藏）

图 6-11　凤仙花

所以又有一个俗称叫急性子（卷之十“凤仙”）。江南人家房前屋后多有种植。

夹竹桃。夹竹桃（*Nerium indicum* Mill.）是夹竹桃科的常绿直立大灌木，叶常 3 ～ 4 枚轮生，狭披针形，侧脉密生而平行，花冠深红色或粉红色，栽培品种有白色、淡黄、斑叶等，花期长，夏秋为最盛（图 6-12）。《群芳谱•花谱》云：“夹竹桃，花五瓣，长筒瓣，微尖淡红，娇艳类桃花，叶狭长类竹，故名夹竹桃。自春及秋，逐旋继开，妩媚堪赏。”北宋邹浩《移夹竹桃》“将谓轻红间老青，元来一本自然成。叶如桃叶回环布，枝似竹枝罗列生”一诗，写出了夹竹桃的枝叶轮生的形态特征。明代苏州人尤喜栽种此花，《汝南圃史》卷之七说：“此花出于南方，今吴中盛行。”夹竹桃本是岭南植物，但一到苏州，因它的花期长，“夏开淡红花，一朵数十萼，至秋深犹有之”，故而深受欢迎。王稚登有诗云：“章江茉莉贡江兰，夹竹桃花不耐寒。三种尽非吴地产，一年一度买来看。”（《茉莉曲六首》其六）王世懋在《学圃馀疏•花疏》中说：“夹竹桃与五色佛桑俱是岭南北来货。”佛桑即扶桑。他有《咏夹竹桃》三首，其一云：“名花踰岭至，婀娜自成阴。不分芳春色，犹馀晚岁心。绛分疏翠小，青入嫩红深。本识仙源种，无妨共入林。”以前苏州园林中有较多的夹竹桃，如留园的揖峰轩、冠云沼等，后因生长过速、枝条柔软，影响景观效果而去除，不过现在苏州城内的小街、河道之侧常常能见到它的身影（图 6-13），可谓“枝枝上苑啼红颊，叶叶清潭写翠蛾”（王世贞《夹竹桃》）。

木槿。木槿（*Hibiscus syriacus* Linn.）是锦葵科的落叶灌木或小乔木，单叶互生，具深浅不同的 3 裂或不裂，品种较多，花大，单瓣或重瓣，有白、粉红、堇紫等色（图 6-14）。《汝南圃史》卷之八云：“木槿，一名朝菌。五月开花，花如小葵，叶如小桑。《八闽能志》云：‘木槿有白、有紫、有粉红。又有一种花莹白如玉，中心无紫色者，

图 6-12　夹竹桃之花

图 6-13　苏州古城河岸上的夹竹桃

名蕣英。郭璞云：蕣英不终朝，言朝开暮落也。’”又说：“仲夏应阴而荣，《月令》取之以为候，或呼为‘日及’。陆机赋云：‘如日及之在条，常虽及而不悟。’”（《文选》卷十六陆机《叹逝赋》作“譬日及之在条，恒虽尽而弗悟”）《本草纲目》卷三十六“木之三”说：“此花朝开暮落，故名日及。”《诗经·郑风·有女同车》中有“有女同车，颜如舜华”句，舜华即木槿花，将女子的容颜比作木槿花，它还是韩国的国花。自古以来，木槿常作篱笆用，南朝沈约《宿东园诗》中就有“槿篱疏复密，荆扉新且故”之句咏之。文徵明在《拙政园图咏》中的“若墅堂”一诗中有“流水断桥春草色，槿篱茆屋午鸡声”句。吴宽在《记园中草木二十首》中有《槿》一诗：“南方编短篱，木槿每当路。北地少为贵，翻编短篱护。”现在的江南尚能见到用木槿常作篱笆的农家院落，苏州园林中偶有栽植。

与木槿同属的扶桑（*Hibiscus rosa-sinensis* Linn.），又称朱槿，是锦葵科木槿属的常绿灌木，单叶互生，阔卵形，边缘具粗齿或缺刻，花玫瑰红色或淡红、淡黄等，多夏天开花，红花者如日光所烁，疑若焰生，一丛之上，日开数朵，朝开暮落，花期很长，至仲冬始歇。朱槿古称佛桑花，《汝南圃史》卷之八引《广州府志》云：“佛桑与木槿花稍相似，叶似黄桑差小，州人呼为‘小牡丹’。其色殷红，大如盏，有数种，白者、青者、小红者、楼子者，四时皆有花。东坡诗曰‘焰焰烧空红佛桑’是也。”并说：“今吴中亦有佛桑花，自南方移来，色亦殷红，唯易冻死。僧绍隆诗云：‘朱槿移栽释梵中，老僧非是爱花红。朝开暮落浑闲事，始信人间色是空。’”现苏州园林中多作盆栽观赏（图 6-15）。

图 6-14　木槿

图 6-15　扶桑花

第三节　秋季花木的雅赏与时序

《诗经·小雅·四月》：“秋日凄凄，百卉具腓。”秋天冷风凄凄，草木凋零，它虽然是一个寂寞的季节，然而也是万物成熟之季。秋果寒花，枫柏霜红，亦可令人寄兴幽深，放怀闲逸。《吴郡岁华纪丽·吴俗箴言》云："春初西山踏青，夏则泛舟荷荡，秋则桂岭九日登高，鼓吹沸川以往。"足可冶游。

一、九月重阳，东篱菊蕊晚节香

元末高启的诗友张羽在《送人之平江投刺李守》一诗中说："送君何处游，一剑古苏州。螃蟹黄花节，鲈鱼碧水秋。"三秋桂子，黄菊晚香，鲈蟹味美，秋天正是赏菊、吃蟹、食鲈鱼的季节，即《园冶·借景》所谓的"冉冉天香，悠悠桂子，但觉篱残菊晚"的佳景（图6-16）。苏州的秋天有个木犀市，《清嘉录》记载："俗呼岩桂为木犀，有早晚二种，在秋分节开者曰早桂，寒露节开者曰晚桂。将花之时，必有数日鏖热如溽暑，谓之'木犀蒸'，言蒸郁而始花也。自是金风催蕊，玉露零香，男女耆稚，极意纵游，兼旬始歇，号为'木犀市'。"桂花开时，苏州的天气必有几天燠热，却是出游赏花的好时节，并形成了特有的木犀市。桂花开后菊花香，接下来便是东篱赏菊的最佳时节了。

图6-16 〔明〕吕纪《桂菊山禽图》（北京故宫博物院藏）

菊 花（*Chrysanthemum morifolium* Ramat.）是我国的传统花卉，在现代植物分类学中，属菊科菊属，是一种多年生宿根草本植物；单叶互生，柄短，叶缘有缺刻和锯齿；茎端分枝，头状花序，花冠有舌状、筒状、丝状等，因杂交起源，故花色丰富，有红、黄、白、紫等，尤以黄色为多（图6-17）。花可入药，亦作饮料，有镇静、解热作用。

图6-17 菊花

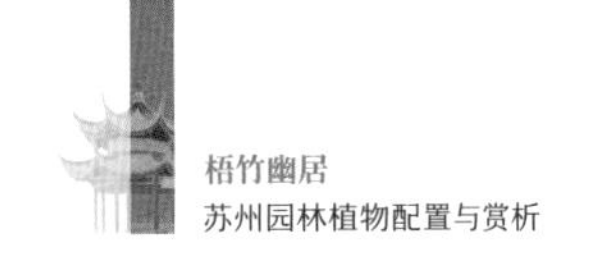

菊花在中国已有3000多年的栽培历史，菊花古代称鞠，《礼记•月令》说：季秋之月，“鞠有黄华”；史正志在《菊谱》前序中说：“菊，草属也，以黄为正，所以概称黄花。”所以又有黄菊、黄花的别称。鞠有“穷尽”的意思，到了秋天，百花凋敝，独有菊花盛开，“不是花中偏爱菊，此花开尽更无花”（元镇《菊花》）。李渔说：“菊花者，秋季之牡丹、芍药也。”又说：“从来种植之书，是花皆略，而叙牡丹、芍药与菊者独详。”菊花有耐寒傲霜而不萎谢的特点，所以便成了古代“隐逸者”的代名词，“采菊东篱下，悠然见南山”，在中国士大夫阶层心目中，陶渊明是一等一的崖岸自高的隐士。同时，菊花也是坚强不屈的精神象征，“菊残犹有傲霜枝”（北宋苏轼《赠刘景文》），“傲霜菊蕊冷犹香”（宋曹勋《和英上人见寄》），无一不是其品质的写照。因此，历史上种菊、艺菊、赏菊、写菊、咏菊、对菊、采菊、友菊之风盛行。

南宋胡少沦《菊谱序》曰：“尝试述其七美：一寿考，二芳香，三黄中，四后凋，五入药，六可酿，七以为枕，明目而益脑，功用甚溥。”（《百菊集谱•杂识》）其中芳香、黄中、后凋是菊花的自然属性；五行中秋天属金，以黄色为中央正色，故曰黄中，白色则次之。其余四美则是菊花的实用功能，如寿考：菊有寿客、延寿客、延龄或延龄客等别称，汉代《神农本草经》记载“菊花久服能轻身延年”；如可酿：菊花酒有“壮筋骨，补髓，延年益寿，耐老”的功效。“朝饮木兰之坠露兮，夕餐秋菊之落英”成为历代文士孤高坚贞的品格象征。史正志说：“菊苗可以采，花可以药，囊可以枕，酿可以饮，所以高人隐士，篱落畦圃之间，不可一日无此花也，陶渊明植于三径，采于东篱，裛露掇英，泛以忘忧，钟会赋以五美，谓‘圆华高悬，准天极也；纯黄不杂，后土色也；早植晚登，君子德也；冒霜吐颖，象劲直也；杯中体轻，神仙食也’。其为所重如此。”他所说的钟会是三国时期曹魏人，是著名书法家钟繇的幼子，少时聪慧，博学精名理，司马昭倚为谋主，嵇康等被诛，皆出其谋；后因谋反被诛，著有《菊花赋》。

到了宋代，出现了专门研究菊花的《菊谱》。苏州人尤其爱菊，现存的宋代三部《菊谱》[1]中，史正志的《史氏菊藉》介绍了当时苏州地区的28个菊花品种；并在“后序”中记载：王安石写了首《残菊》诗：“黄昏风雨打园林，残菊飘零满地金。折得一枝犹好在，可怜公子惜花心。”欧阳修见了，便戏王安石道：“秋花不比春花落，为报诗人仔细看。”王安石听了之后笑笑道，这是欧阳修“不学之过也”，岂不见《楚辞》中就有“夕餐秋菊之落英？”史正志的观察则是“菊之开也，既黄白浅深之不同，而花有落者，有不落者，盖花瓣结密者不落，盛开之后，浅黄者转白，而白色者渐转红，枯于枝上。花瓣扶疏者多落，盛开之后，渐觉离披，遇风雨撼之，则飘散满地矣。”

1　最早者为刘蒙《菊谱》（北宋，1104年），记有菊花35个品种。南宋史铸的《百集菊谱》为集谱。

范成大菊谱即《范村菊谱》，记载有36个品种，他在《菊谱》序中说：

山林好事者或以菊比君子，其说以谓岁华婉娩，草木变衰，乃独烂然秀发，傲睨风露。此幽人逸士之操，虽寂寥荒寒中味道之腴，不改其乐者也……又其花时，秋暑始退，岁事既登，天气高明，人情舒闲。骚人饮流，亦以菊为时花，移槛列斛，辇致觞咏间，谓之“重九节物”。此虽非深知菊者，要亦不可谓不爱菊也。爱者既多，种者日广，吴下老圃，伺春苗尺许，时掇去其颠，数日则歧出两枝，又掇之，每掇益歧。至秋则一干所出，数千百朵，婆娑团栾，如车盖熏笼矣。人力勤，土又膏沃，花亦为之屡变。

“山林好事者”多为处于江湖之中或退离仕宦的士大夫，菊花那种“傲睨风露”“独烂然秀发”的品格正好反映出了他们内心孤高清芬的“幽人逸士之操”，所以种菊、赏菊，“不改其乐”（图6-18）。

菊花开时，正值中国的传统节日重阳节，故而被称作“重九节物”。“爱者既多，种者日广”，苏州园林人自然总结出了一套种菊的技法；加上“人力勤，土又膏沃”，所以“花亦为之屡变”，品种丰富。范成大《吴郡志·土物下》记载：菊“吴下尤盛。城东西卖花者，所植弥望，人家亦各自种植圃者”，反映了苏州当时菊花种植之盛。

此外，北宋宣和三年（1121年）的进士沈庄可说：“吴门菊自有七十二种。”并介绍了苏州的艺菊技术（《百菊集谱》卷三）。南宋嘉定六年（1213年）苏州人沈竞在《菊名篇》中则记述了地方诸州及禁中（宫苑）大园子的90多个菊花品种（《百菊集谱》卷二）。此外，如明代黄省曾著有《艺菊书》，张丑之父张应文著有《彝斋艺菊谱》等。可见苏州人不但喜欢种菊，而且多有著述，进行理论总结。

苏州人赏菊，最早大约盛行于士大夫阶层，流风所及，逐渐波及民间。西晋陆云就有“思乐芳林，言采其菊”诗句；到了中唐，独孤及《九月九日李苏州东楼宴》诗云：

图6-18　〔明〕沈周《盆菊幽赏图》（辽宁省博物馆藏）

“是菊花开日，当君乘兴秋。风前孟嘉帽，月下庾公楼……”韦应物则有“一为吴郡守，不觉菊花开。始有故园思，且喜众宾来”之诗（《九日》），表达了他作为苏州刺史，见菊花盛开，便有了故乡之思，好在众多嘉宾前来赏菊，得以慰藉的心情。陆龟蒙尤爱白菊，“我怜贞白重寒芳，前后丛生夹小堂。霜朵暮开无绝艳，风茎时动有奇香……”（《重忆白菊》）北宋景佑四年（1037年）蒋堂任苏州太守，修葺郡府池馆，作《和梅挚北池十咏》，其六云：“池上有丛菊，繁英满旧蹊，金刀惜频剪，粉蝶得幽栖。醉卉谁同插，香笺手自题。遥思清赏处，野步岸东西。”池上丛菊，繁英满蹊，那是舍不得经常剪的缘故，所以才引得粉蝶幽栖；是和谁一起共插了醉色的菊花，并自题了诗笺？想想当年幽雅的景致，最留恋的还是溪边两岸的丛菊，表达出了诗人对苏州郡府中的溪岸悠闲自得的赏菊情思。范成大在《重九泛石湖记》中记述了他于淳熙六年（1179年）重阳节，坐在石湖别墅的千岩观下赏菊饮酒的情致，“菊之丛中，大金钱一种，已烂熳浓香，正午薰入酒杯，不待轰饮，已有醉意”。并作《水调歌头》，有“万里吴船泊，归访菊篱秋”之句咏之。宋末苏州人宋无《吴中菊花盛开》诗云：“菊花三百六十种，处处名园花不同。安得化身千百亿，一花著取一吟翁。”说明苏州菊花品种之丰富，而每处名园中菊花品种各有不同，相互争奇斗艳，这又给赏菊之人各有所取，一花一咏。明清二代，苏州文人赏花十分流行，吴宽在《过相城为沈陶庵和天全翁赏菊之作》一诗中云：“神仙中人寿且康，老年见客才下堂。幅巾飘飘映华发，导我直过东篱傍。庵居春风定先到，已见菊苗三寸长。浩歌渊明饮酒章，悠然依旧虞山苍。”（图6-19）并已由文士文人

图6-19 〔明〕唐寅《东篱赏菊图》（上海博物馆藏）

阶层走向民间，而赏菊奢侈之风，历代少见。《吴郡岁华纪丽》“菊花山”条说：菊花“近日品尤繁衍，千奇百变，名状难悉。节交寒露，各种尽开。虎阜花农，分植盆盎，担入城中，居人买为瓶罍供赏，累器为台。梗中置熟铁线，偃仰能如人意。或于广庭大厦，堆叠千百盆，绉纸为山，号菊花山，而茶肆尤盛。”虎丘花农将盆栽菊花挑到城市叫卖，这对居住在城市里的人来说，便于购买，也普及了市民对菊花的认知和室内的瓶罍供赏。

汉代以降，我国就有重阳节登高、佩茱萸、饮菊花酒的习俗，以避灾厄。西晋周处《阳羡风土记》载：“九月九日，律中无射而数九，俗尚此日，以茱萸烈气成熟色赤，折其房以插头髻，云辟除恶气，而御初寒。（又曰：‘世俗亦以此日，折茱萸。’费长房云：‘以插头髻云辟恶。’）”苏州人好游，自然也有重阳登高的风俗，明袁宏道有诗云：“苏州三件大奇事，六月荷花二十四。中秋无月虎丘山，重阳有雨治平寺。”（清张大纯《采风类记》卷二“苏州府下”）重阳有雨则预示着来年丰稔。苏州人登高在现在上方山石湖景区的吴山治平寺，申士行《吴山登高》：“郡人齐出唱歌曲，满头都插茱萸花。”清代邵长蘅《冶游》：“何许更登高，吴山黄花节。”黄花节即重阳节。《吴郡岁华纪丽》卷九说：“喧阗日夕，或借登高之名，遨游虎阜，箫鼓画船，更深乃返。”《吴郡志·风俗》：“重九以菊花、茱萸尝新酒，食栗、粽、花糕。”

【小知识】孟嘉落帽

《晋书·孟嘉传》记载：九九重阳节，孟嘉随桓温游龙山，登高赏菊，忽来一阵风把他的帽子吹落了，他却浑然不知；桓温想奚落他，乘孟嘉去上厕所之际，捡回帽子，让咨议参军孙盛写了一张字条，压在帽下，以嘲弄孟嘉。孟嘉回来看见字条，就写了段文字以作答，“其文甚美，四坐嗟叹”，后来以“孟嘉落帽”形容才子名士的才思敏捷，洒脱有风度。巧合的是，苏州旧俗中就有“吴山脱帽戏牵羊”一说，即从治平寺攀登吴山岭，快落帽之风，寺前牵羊赌彩，为摊前之戏，称之“博羊会”。

周瘦鹃在《赏菊狮子林》一文中记载：“（苏州）大型的菊展，是在狮子林举行的。凡是苏州市各园林的菊花，几乎都集中于此，大大小小数千百盆，云蒸霞蔚地蔚为大观。”1973年在留园首次举办全市菊展，20世纪80年代起，苏州市每年都办菊展，成为苏城秋冬一大盛事，并有展品参加历届全国菊展。

二、庭散秋色，凤儿花杂雁来红

由夏入秋，花事渐了，江南的落叶树种在脱叶之前，经霜而叶色徒变，或红或黄，所谓“霜叶红于二月花”。《闲情偶寄·种植部》说：“草之以叶为花者，翠云、老

图 6-20　恽寿平《花卉册》中的秋色（十样锦、万寿菊、秋海棠等）（藏处不详）

少年是也；木之以叶为花者，枫与柏是也。枫之丹，柏之赤，皆为秋色之最浓。”翠云草［*Selaginella uncinate*（Desv.）Spring］是一种卷柏科卷柏属的多年生常绿蔓生草本植物，“因其叶青绿苍翠，重重碎蹙，俨若翠钿云翘，故名”（《花镜•藤蔓类考》），现常配植在岩石园、水景园或盆栽观赏。

南宋宋伯仁《秋花》诗云：“凤儿花杂雁来红，更有鸡冠弄紫茸。”凤仙花由夏开到秋，又与雁来红和紫茸般的鸡冠花相遇。《长物志•花木》云：“吴中称鸡冠、雁来红、十样锦之属，名‘秋色’。秋深，杂彩烂然，俱堪点缀。然仅可植广庭，若幽窗多种，便觉芜杂。鸡冠有矮脚者，种亦奇。”苏州人喜欢在庭院中栽植这类秋色植物（图 6-20）。

鸡冠花。鸡冠花（*Celosia cristata* L.）是苋科青葙属一年生草本植物，叶片卵形、卵状披针形或披针形，花多数，极密生，呈扁平肉质鸡冠状、卷冠状或羽毛状的穗状花序（图 6-21），花被片红色、紫色、黄色、橙色或红色黄色相间。《汝南圃史》卷之十说：“鸡冠花，佛书名‘波罗奢花’。开高三五尺，叶似苋而尖，亦可食。其花褊而舒长，状类鸡冠，有紫、白、淡红三色，亦有红、白相间者。就中又有如缨络者，各种形状不一……又有矮鸡冠，种自金陵来，栽置阶下，若侏儒然，一名‘寿星鸡冠’。此花秋深与雁来红、十样锦争奇竞秀，极为圃中点缀。”

雁来红。雁来红（*Amaranthus tricolor* L.）即老少年，是苋科苋属的一年生草本植物，茎直立，少分枝，因秋天北雁南来时，顶叶变为妖红似花，故名，又称秋色。它的叶色、生性、花期等多有变化，有雁来黄、十样锦、老来少等名称或变种（图 6-22）。《群芳谱·卉谱》云："老少年一名雁来红。红、紫、黄、绿相兼者，名锦西风，又名十样锦，又名锦布衲，以长竹扶之，可以过墙，甚壮秋色。"作者王象晋并没有对雁来红和十样锦做辨析。李时珍说："茎叶穗子并与鸡冠同，其叶九月鲜红，望之如花，故名。吴人呼为'老少年'。"（《本草纲目》卷十五"草之四"）。《汝南圃史》卷之十云："雁来红，俗呼老少年。春分下种，出后移栽，高六七尺。感秋气，其茎端新叶层簇，鲜红可爱，愈久愈妍。别有纯黄者。"并引《毗陵志》所云："雁来红，似藋而叶端色黄，即玉树后庭花。又有一种名映日红，其叶尽赤。"推断"似藋而叶端色黄者"是十样锦，而映日红为老少年，"十样锦叶绿，初出时与苋无辨，秋深秀出新叶，红、黄相间。老少年叶初出后乃正红"。十样锦因杂有多种颜色而得名，老少年（雁来红）深秋脚叶深紫色，顶叶大红色，"脚叶深紫而顶红"，因此二者的区别还是很明显的。另有一种雁来黄，"每于雁来之时，根下叶乃绿，而顶上叶纯黄。其黄色更光彩可爱，非若老叶黄落者比"（《花镜·花草类考》）。

古代对雁来红的诗咏很多，明代周文华认为元代人周翼（字之羽）所作的《雁来红》一诗最为绝唱："朔雁南来塞草秋，未霜红叶已先抽。绿珠宴罢归金谷，七尺珊瑚夜不

图 6-21　鸡冠花

图 6-22　〔清〕王武《花卉册》之鸡冠花和雁来黄（天津市艺术博物馆藏）

图 6-23　〔明〕沈周《朱草秋深图》中的雁来红（藏处不详）

收。”边塞草秋，北雁南归，雁来红虽未经霜打，却叶红先抽；西晋石崇筑金谷园，有爱妾绿珠，美而艳，善吹笛，后为孙秀所逼，坠楼而死；《世说新语·汰侈》记载：石崇与王恺争豪斗富，王恺将晋武帝所赐的二尺左右高的珊瑚树给石崇看，石崇看后，拿铁如意敲敲，随手打碎了；王恺既惋惜，又以为他是妒忌自己的宝物，一时声色俱厉；石崇便叫手下把家里的珊瑚树全都拿出来，有三尺四尺高，光彩夺目的就有六七株，王恺看了，惘然若失。明末清初吴嘉纪《醉咏雁来红》：“悄然独立听啼鸿，枝影攲斜庭户中。尔倚寒风吾倚酒，老来颜色一般红。”（图 6-23）清代毕沅曾割清初慕家花园之半筑园并营建有灵岩山馆，他在《老少年》一诗中说：“梦抵年华月抵愁，无花偏占一庭秋。嫦娥怜尔风情在，也放清光照白头。”晚清郑文焯租居壶园，其《绛都春·赋壶园雁来红》词曰：“鹃魂一片。怪小墅绿阴，都被愁染。鸿阵悄来，凄紧西风黄昏院。茜裙残缕吹香远。却醉入、秋娘心眼。梦回沟水，红情自老，误他题怨。　还见。披烟浣露，正灯暗绛屏，和泪妆点。霜信曼催，吴锦飘零无人剪。可怜生是江南晚。更解替、幽花肠断。几回立尽斜阳，故山冷艳。”

壶园中的雁来红，叶艳似春之杜鹃、锦绣之吴锦，给小墅带来一片秋色，足以慰人秋天之心郁。

“商女不知亡国恨，隔江犹唱后庭花”，这是大家熟知的诗句，南宋王灼在《碧鸡漫志》“后庭花”条说：“吴蜀鸡冠花有一种小者，高不过五六尺（尺一作寸），或红，或浅红，或白，或浅白，世目曰‘后庭花’。”后来明代徐光启在《农政全书》卷五十九也说：“后庭花，一名雁来红，人家园圃多种之。叶似人苋叶，其叶中心红色，又有黄色相间，亦有通身红色者，亦有紫色者；茎叶间结实，比苋实差大；其叶，众叶攒聚，状如花朵，其色娇红可爱，故以名之。”南宋末的董嗣杲《后庭花》诗云：“有叶无花孰与同，鬃谁指作雁来红。翠梢润色攒秋瓣，玉树遗歌入野丛。”

图 6-24　爬山虎（留园涵碧山房）

在秋色植物中，还有一种攀附于墙垣之上的爬山虎［*Parthenocissus tricuspidata*（Sieb. & Zucc.）Planch.］爬山虎又名地锦、爬墙虎，系葡萄科地锦属落叶藤木，春夏之时，绿叶如染，叶叶鳞次，微风过去，如作碧波万顷；而若秋冬之际，霜叶殷红（图 6-24），灿然可观。

三、天平秋艳，醉颜几阵丹枫

农历十月天平山看枫叶，曾是苏州人的习俗之一，现在已成为一年一度的天平山红枫节。《清嘉录》卷十说：“郡西天平山，为诸山枫林最胜处。冒霜叶赤，颜色鲜明，夕阳在山，纵目一望，仿佛珊瑚灼海。”《吴郡岁华纪丽》卷十也有类似的记载：“郡西天平山，枫林最胜。当九钟奏响，青女陨寒，万叶露鲜，几于珊瑚灼海。”（图 6-25）“九钟奏响”指的是霜降，《山海经·中山经》说，丰山有九口钟，霜降而鸣；青女则是传说中掌管霜雪的女神，即霜神，《淮南子·天文》：“青女乃出，以降霜雪。”枫叶经霜，黄尽皆赤，故名丹枫。

祖国山河处处锦绣，我国有很多的红叶观赏胜地，但所观赏的红叶植物却各不相同，如北京香山的红叶树种主要是漆树科黄栌（*Cotinus coggygria* Scop.，图 6-26），而南方如南京栖霞山、长沙岳麓山以及苏州天平山的红叶树种大多为枫香，但近代则多引种日本的槭树类树种作色叶树种。枫香（*Liquidambar formosana* Hance）为金缕梅科枫香属落叶乔木，古称香枫、灵枫等，《尔雅》云“枫摄摄”，《汉书》注云：“风则鸣，故曰‘摄’。”枫叶遇风而鸣，摄摄作响，所以又称摄摄。它单叶互生，呈掌状三裂，

图 6-25　天平山高义园枫香

图 6-26　黄栌

叶缘有锯齿（与鸡爪槭之单叶对生自有不同），蒴果集成球形花序，俗称路路通。《花镜》：“汉时殿前皆植枫，故人号帝居为枫宸。”汉代宫庭多植枫树，所以枫宸常指帝王的殿庭。

天平山看枫叶，其最胜处是范仲淹祖坟（俗称“三太师坟”）前，有大枫树九枝，“非花斗妆，不争春色，尤称丽景”，俗称九枝红。“郡人每赁山轿，结伴往游。夕阳在山，纵目鸡笼诸山，丹林远近，烘染云霞，四山松、栝、杉、榆，间以疏翠，岩壑亭台，俱作赤城景象，信奇观也”（《吴郡岁华纪丽》卷十），苏州人喜欢轧闹猛，常结伴白相。“数树丹枫映苍桧，天工解作范宽山”（南宋陆游《九月晦日作四首》其四），红叶在常绿树种松柏等的衬托下显得格外鲜艳。

天平山枫树相传为范仲淹十七世孙范允临，在明代万历年间（1573—1620 年）弃官还乡重修天平山祖茔时，从福建带回的 380 株枫香幼苗栽植于此。清乾隆七年（1742 年）十月，李果与友人同游天平山赏红叶，有《天平山看枫叶记》，曰：

泛舟从木渎下沙可四里，小溪萦纡，至水尽处登岸，穿田塍行，茅舍鸡犬，遥带村落。纵目鸡笼诸山，枫林远近，红叶杂松际，四山皆松、栝、杉、榆，此地独多枫树，冒霜则叶尽赤。今天气微暖，霜未著树，红叶参错，颜色明丽可爱也。历咒钵庵，过高平范氏墓，岩壑溢秀，楼阁涨彩。折而北，经白云寺，憩泉上，升阁以望，则天平山色峻嶒，疏松出檐楯，凉风过之，如奏琴筑，或如海涛响……客有吹笛度曲者，其声流于林籁，境之所涉，情与俱适，不自知其乐之何以生地。

枫叶在叶色变化过程中，常由青转黄，然后由黄变橙、变红、变紫，所以人称“五彩枫”或“五色枫”。有的还呈现出嫩黄、橙红、浅绛、深红等色，宛如春花争艳；

有的即使是同一片叶，因在色素变化过程中存在差异，也往往一部分变红了，而另一部分还是青色或黄色、橙色，其色彩变化之丰富，犹如彩蝶群舞，晚霞缭绕。

南宋杨万里《秋山》诗云："梧叶新黄柿叶红，更兼乌臼与丹枫。"除了枫香和槭树之外，秋叶红艳或鲜黄的树种还很多，叶呈红色的如乌桕、黄连木、柿树、卫矛等，呈黄色的如银杏、无患子、梧桐等。

乌桕树是因为乌鸦喜欢吃它的果实（种子），陆龟蒙《偶掇野蔬寄袭美有作》诗："行歇每依鸦舅影"，所以才有其名。乌桕［*Sapium sebiferum*（L.）Roxb.］是一种大戟科植物，《花镜•花木类考》说"一名柜柳"，叶呈菱状卵形，叶基有 2 个腺体，春秋叶红，妖艳夺目，《长物志•花木》云："（乌桕）秋晚叶红可爱，较枫树更耐久，茂林中有一株两株，不减石径寒山也。"即使在积水中，其生长如往常，叶色也红，冬春叶落后，满树种子宛若积雪（图 6-27）。"乌桕赤于枫，园林九月中"（陆游《明日又来天微阴再赋》二首其一），其叶艳胜似春天二月花了。乌桕多生长于山坡、水畔，多植以护堤，江浙一带水乡尤多。

此外，园林中还有一类植物，如樟树、珊瑚树［*Viburnum odoratissimum* Ker-Gawl. var. awabuki（K. Koch）Zabel ex Rumpl.，又称法国冬青］、杜英（*Elaeocarpus decipiens* Hemsl.，图 6-28）等树种的老叶亦呈红色，会形成色彩斑斓的树冠景象。

（a）乌桕（拙政园）

（b）乌桕（种子）

图 6-27　乌桕

图 6-28　杜英

第四节　冬季花木的雅赏与时序

明代王逵《蠡海集》说：“二十四番花信风自冬至后三候为小寒十二月之节气，一候梅花，二候山茶，三候水仙。”晚明程羽(字荩臣)在《清闲供》“花历”条中说：“十一月：蕉花红，枇杷蕊，松柏秀……花信风至。十二月：蜡梅坼，茗花发，水仙负冰，梅香绽，山茶灼，雪花六出。”它们都是冬季主要的观赏花木。

一、雪中四友，深苑香冽蕴春讯

冬季万木凋零，因此人们对冬季开花的植物格外宠爱，如梅花（古人常将梅花与蜡梅统称为梅花），“万花敢向雪中出，一树独先天下春”（元杨维桢《梅》图 6-29），这是一种人格力量的象征。清宫梦仁《读书纪数略》卷五十四“物部”中将玉梅、蜡梅、水仙、山茶列为“雪中四友”，而现在多将梅花与山茶、迎春、水仙称为“雪中四友”（玉梅即梅花），这四种植物都是能在冰天雪地中开放出灿烂之花，古人多有题咏，北宋韩琦《迎春》：“覆栏纤弱绿条长，带雪冲寒折嫩黄，迎得春来非自足，百花千卉任芬芳。”别看迎春花枝条纤弱，它却能冲寒冒雪，开出艳丽的嫩黄之花（图 6-30）。明初苏州人徐庸《题画》诗云：“山茶水仙春满堂，梅花如雪凝清香。”唐寅《题画》诗亦云：“磬口山茶绿萼梅，深红浅白一时开。分明蛮锦围屏里，露出佳人粉面来。”冬日里，磬口蜡梅、山茶、绿萼梅一齐开放，犹如蛮锦织成围屏中的佳人。

梅花。我国古代文人喜欢将梅花与山茶相配，或再点缀水仙、南天竺等（图 6-31），以度岁寒。北宋朱长文《次韵司封使君和推官早梅山茶》诗云：“嫩跗黏绛蜡，轻朵插珠钿。雪里心偏苦，花中达最先。玉阶香馥郁，烟野蕊联娟。托植虽然别，黄金子

图 6-29　雪中梅花（网师园）

图 6-30　雪中迎春（留园）

并圆。”嫩跗即娇嫩的花萼，绛蜡指红烛；嫩萼黏附在似红烛般的花瓣上，嫩嫩的花朵就像妇人发髻上嵌珠的花钿；尽管生长在雪地里，花时苦寒，也是花木中开花最早的，配植在庭前阶除，香气馥郁，犹如烟雾迷蒙的郊野盛开的花蕊，媚妩联娟（微曲之貌）。

古人赏梅之法，一是野外，李渔说：“山游者必带帐房，实三面而虚其前，制同汤网，其中多设炉炭，既可致温，复备暖酒之用。”二是园林，“园居者设纸屏数扇，覆以平顶，四面设窗，尽可开闭，随花所在，撑而就之”。三是家居，“若家居所植者，近在身畔，远亦不出眼前，是花能就人，无俟人为蜂蝶矣”(《闲情偶寄•种植部》)。

蜡梅。李渔说：“蜡梅者，梅之别种。”北宋晁补之《谢王立之送蜡梅五首》其三诗云：“上林初就诏群臣，紫蒂同心各自新。谁见小园深雪里，破春一萼更惊人。”其四云：“诗报蜡梅开最先，小奁分寄雪中妍。”小园深雪之中，蜡梅花黄醒目（图 6-32），开花比梅花还早。紫蒂应该是檀心蜡梅

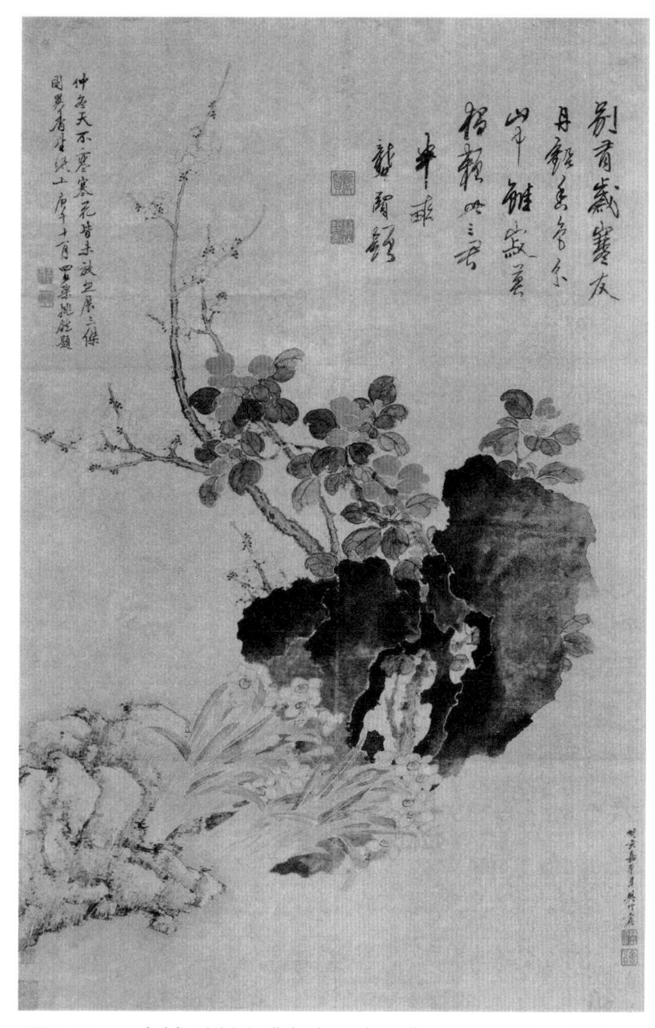

图 6-31　〔清〕樊圻《岁寒三友图》中的梅花、山茶、水仙（天津市艺术博物馆藏）

图 6-32　雪中蜡梅（网师园）

了，范成大《梅谱》说：“色深黄，如紫檀，花密香浓，名檀香梅，此品最佳。”

山茶。清代王又曾《金缕曲》词曰：“蜡色黄梅高似屋，南烛子垂狐尾。更配取、山茶红翠。插向铜瓶妆闹扫，算明姿、总逊云裳丽。想标格，看江水。”将蜡梅、南天竺（南烛子）与山茶相配，则色彩更加丰富。李渔对山茶十分推崇：“花之最能持久，愈开愈盛者，山茶、石榴是也。然石榴之久，犹不及山茶；榴叶经霜即脱，山茶戴雪而荣。则是此花也者，具松柏之骨，挟桃李之姿，历春夏秋冬如一日，殆草木而神仙者乎？又况种类极多，由浅红以至深红，无一不备。其浅也，如粉如脂，如美人之腮，如酒客之面；其深也，如朱如火，如猩猩之血，如鹤顶之珠。可谓极浅深浓淡之致，而无一毫遗憾者矣。得此花一二本，可抵群花数十本。”（《闲情偶寄·种植部》）

拙政园内的山茶则在历史上长期享有盛名。清初拙政园曾归海宁人、大学士陈之遴所有，内有三四株宝珠山茶，连理交柯，“每花时，巨丽鲜妍，纷披照瞩，为江南所仅见”，当时著名诗人吴伟业（号梅村）的一首《咏拙政园山茶花》长歌，以物起兴，借山茶而感叹其亲家翁陈之遴一家的命运兴衰：“拙政园内山茶花，一株两株枝交加。艳如天孙织云锦，赪如姹女烧丹砂，吐如珊瑚缀火齐，映如蝃蝀凌朝霞。”（《咏拙政园山茶花》）但陈之遴这位明朝降臣却忙于做清朝的官，从来没有履足过拙政园半步一睹自家山茶的风采，最后落得个家产籍没、全家流徙远戍辽东的结果，“折取一枝还供佛，征人消息几时归？”梅村虽为祝祷，但一切终成泡影。倒是名人名花造就了一代名园，三百年来骚人墨客对拙政园的山茶题咏不绝。因山茶花又名“曼陀罗”，所以清末补园主人张履谦在此建“十八曼陀罗花馆”，于馆前小院内植有“东方亮”“洋白”等山茶品种十八株。至今，山茶仍为拙政园的特色花卉之一（图6-33），而现在留园每年都有山茶花展。

图6-33　拙政园山茶花

水仙。水仙花期前接蜡梅，后迎梅花，为岁寒风物之一（图6-34）。李渔认为，水仙之花有四命，“冬以蜡梅为命”。南宋文学家楼钥《咏蜡梅水仙》赞之云：“二株巧笑出兰房，玉质檀姿各自芳。品格雅称仙子态，精神疑著道家黄。宓妃漫诧凌

图 6-34 〔明〕钱穀《梅花水仙图》（辽宁省博物馆藏）

波步，汉殿徒翻半额妆。一味真香清且绝，明窗相对古冠裳。”有仙姿之态的水仙和具有道家蜡黄之色的蜡梅相配，玉质檀姿，各自芳菲，实为怡情佳品。

苏州是水仙的故乡，在清代，苏州的水仙种植业极为发达，毕沅《水仙》诗云：“残腊香园昔杜门，冷泉手汲灌云根。此时对雪遥相忆，熨斗江村月一痕。”并注云：“邓尉山西村名熨斗柄，土人多种水仙为业。”主要产地为光福邓尉山西村一带。清初的屈大均在《广东新语》“草语”条中说：“水仙头，秋尽从吴门而至，以沙水种之，辄作六出花。隔岁则不再花，必岁岁买之，牡丹亦然。予诗：‘冬尽人人争买花，水仙头共牡丹芽。’”可见在清初，苏州的水仙还远销广东一带。宋代史浩《水仙花》：“奇姿擅水仙，长向雪中看。翠碧瑶簪盍，鹅黄粉袂攒。夜阑香苒苒，风过佩珊珊。著在冰霜里，姮娥御广寒。”晚明的文震亨认为，水仙置于几案间清供为佳。“次者杂植松竹之下，或古梅奇石间，更雅。冯夷服花八石，得为水仙，其名最雅，六朝人乃呼为‘雅蒜’，大可轩渠。”（《长物志·花木》）冯夷是传说中的黄河之神，天帝赐为河伯。文彭《题水仙》：“玉为风骨翠为裳，丽质盈盈试淡妆。最是雪残春欲去，满庭明月自吹香。”水仙花在明月下自己悠闲地散发着芳香，既有趣，又很有意境。

水仙常与文石相配置，陈设于几案之上，南宋许开《水仙花》：“定州红花瓷，块石艺灵苗。方苞茁水仙，厥名为玉霄。适从闽越来，绿绶拥翠条。十花冒其颠，一一振鹭翘。粉蕤间黄白，清香从风飘。回首天台山，更识胆瓶蕉。”在定州窑的红瓷盆中，将块石与水仙相配，境同仙居；绿色的茎干从中抽出，花开茎端，宛如白鹭振翅，微垂的花朵或黄或白，清香飘溢，不禁使人回想起天台山花瓶中的美人蕉了（胆瓶蕉为美人蕉中的一种）。水仙、灵石也是古代绘画的一种常见式样（图 6-35），乾隆帝题《题仇英水仙》诗云：“傍依文石俯清泉，香色晶晶总净娟。院体不存馀士气，

图 6-35 〔北宋〕赵昌《岁朝图轴》中的水仙灵石（台北故宫博物院藏）

图 6-36 留园叠石中配植的迎春花

画中悟得小乘禅。”并有小注曰：“英画多类院体，此顿独有士大夫气，乃其杰作也。”

迎春。迎春花是一种木樨科茉莉属的落叶灌木，一名金腰带，是因为其枝条“覆阑纤弱绿条长”，花色金黄如绶带的缘故。周瘦鹃在《初春的花》一文中说，古往今来人们常歌颂梅花，总说它开在百花之先，点缀春节，但有的春节梅花却未必开放，“独有迎春，却从不后时，年年灿灿漫漫地开放起来”，迎春之名可谓名副其实。正因迎春花与梅花花期相近，所以又有金梅的别称，因此便有了“僭客”的雅号。

迎春花具有不择风土、适应性强的特点，所以向为园艺者所好，在江南园林中，常被用作花篱，或点缀于池畔、石隙（图6-36）。《汝南圃史》卷之八说：“迎春栽岩石上，则柔条散垂，花缀于枝上，甚繁。”每值花时，总能见到它翠蔓临风、黄花满枝、“实繁且韵”的芳姿，《群芳谱·花谱》说：“人家园圃多种之。”

迎春花还适宜制作盆景观赏，明代王世懋《学圃杂疏·花疏》曾说：“余有一盆景，结屈老干天然，得之嘉定唐少谷，人以为宝。”

【小知识】迎春、南迎春、迎夏

三者均为木犀科茉莉（素馨）属的披散型灌木，小枝绿色，花黄色。

迎春（*Jasminum nudiflorum* Lindl.），落叶灌木，小枝四棱形；三出复叶对生。花单生，花先叶开放。

南迎春（*Jasminum mesnyi* Hance）又称云南黄馨，常绿或半常绿灌木，小枝四棱形；三出复叶对生。花较迎春花大，通常单生于具有总苞状单叶的小枝端，花瓣6裂，或半重瓣，三、四月开花（图6-37）。苏州园林中常配植在池岸。

迎夏（*Jasminum floridum* Bunge）又名探春花，羽状复叶互生，小叶3枚或5枚，聚伞花序或伞状聚伞花序顶生，花期五、六月。

图6-37　拙政园池岸配植的南迎春

二、虎丘窖花，腊月已见群花开

“逆风十日吹人倒，扑面黄尘吹浩浩。过雁犹啼冀北寒，怀人但唱江南好。寻芳径曲蜂声邀，到门香气空中飘。”这是清代吴锡麟的一首《花窖歌》。冬天，因为大多数植物处于休眠期，除了少数几种植物有花及果观赏外，世界一片萧条，但为了“莫教一日不花开”，便出现了窖花，类似于现代的温室培育的花卉。虎丘人善窖花，以牡丹、玉兰、梅花等鲜花，供人们新年陈设之需求。虽在腊月，却犹胜春天。《清嘉录》卷十一说：“冬末春初，虎丘花肆能发非时之品，如牡丹、碧桃、玉兰、梅花、水仙之类，供居人新年陈设，谓之‘窖花’。”冬春时节，虎丘的花店里既有春天的牡丹、玉兰等花木，又有梅花、水仙之类的冬天开花的品种，以供人们选用。《吴郡岁华纪丽》“窖花”条记述：“窖花始于马塍，亦名唐花。康熙初，山塘陈维秀始得窖薰之法，腊月中能发非时之品，如牡丹、碧桃、玉兰、梅花、水仙之类，鲜艳夺目，供居人新年陈设之需。”唐花又名堂花、窖花，南宋周密在《齐东野语》“马塍艺花”条中记载：

马塍艺花如艺粟，橐驼之技名天下。非时之品，侔造化、通仙灵。凡花之早放者，名曰‘堂花’（或作塘）。其法以纸饰密室，凿地作坎，缏竹置花其上，粪土以牛溲、硫黄，尽培溉之法。然后置沸汤于坎中，少候，汤气熏蒸，则扇之以微风，盎然春融淑之气，经宿则花放矣。若牡丹、梅、桃之类无不然，独桂花则反是，盖桂必凉而后放，法当置之石洞岩窦间暑气不到处，鼓以凉风，养以清气，竟日乃开，此虽揠而助长，然必适其寒温之性，而后能臻其妙耳。余向留东、西马塍甚久，亲闻老圃之言如此。

这种催花法，先要对地窖密室做好保温措施，再用加温的方法促成其提早开花，可达一月之久。桂花、菊花等都是短日照植物，要求秋凉日短，所以要放在阴凉的石洞岩窦处，同时鼓入凉风，催促其早日开花。杭州西湖边的东、西马塍是南宋时著名的花卉培植基地，这种催花技术应该由宋室南迁而引入的，然后传到了苏州。山塘陈维秀是培育堂花的高手，乾隆帝于庚子（即乾隆四十五年，1780 年）和甲辰（即乾隆四十九年，1784 年）二月，两次驾幸虎丘，当时正值春寒料峭之季，却要备各色鲜花供奉。多亏陈维秀用京城的“窨窖熏花法”，即在地上挖窨窖，以暖气熏蒸花，使花提前盛开。后来在乾隆四十九年（1784 年）九月，织造四德知府胡世铨和里人陈维秀等在虎丘试剑石东的梅花楼旧址上建造起了一座花神庙（图 6-38）。《虎丘花神庙记》记载：

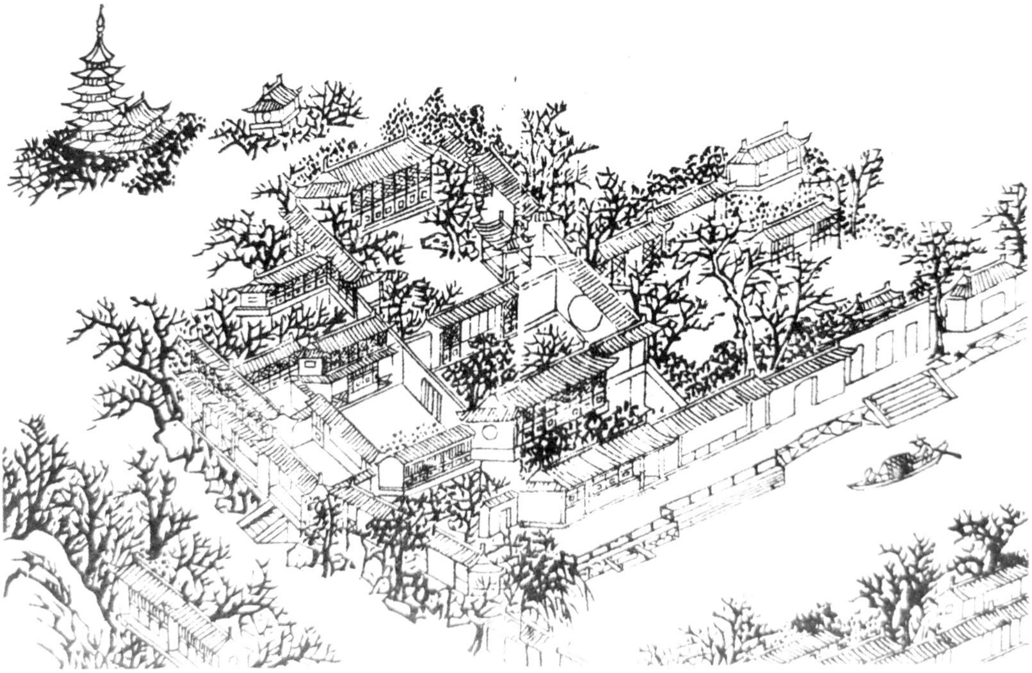

图 6-38　虎丘花神庙图（录自《虎阜志》）

花神庙在虎丘云岩寺之东、试剑石左。旧有梅花楼，基址久废。庚子春，天子南巡，台使者檄取唐花，以备选进，吴市莫测其法。郡人陈维秀善植花木，得众卉性，乃仿燕京窨窖熏花法为之，花则大盛。甲辰岁，翠华六幸江南，进唐花如前例。其繁葩异艳，四时花果，靡不争奇吐馥，群效于一月之间。讵非圣化涵濡，与华年仁寿，嘉禾岐麦，骈集图瑞，以奉宸游，而昭灵贶，曷克臻兹？郡人神之，乃同陈芝亭度其地，爰立庙殿三楹，环两廊，有庭有堂，并莳杂花，荫以秀石。斯庙之建，匪徒为都人士游观之胜，亦可见仁圣天子丰仁涉泽，化贲草木，维神有灵，是可志也。庙建于乾隆四十九年九月，落成于五十二年四月。

其实我国类似现代温室培育花卉的技术可追溯到秦汉时期。据史书记载，秦在骊山坑谷的温泉地热种瓜，到冬季瓜熟，便使人上书：瓜冬有实，秦始皇便诏令天下博士诸生去观看辩论，乘其不备，发动机关，以土埋之，这就是历史上的“焚书坑儒”史实。汉代，“太官园种冬生葱韭菜茹，覆以屋庑，昼夜燃蕴火，待温气乃生”（班固《汉书》卷八十八），到了唐宋时期，这种温室技术开始应用于观赏花卉，并一直沿用至清代，王士祯《居易录》卷三十三曰：“今京师腊月，即卖牡丹、梅花、绯桃、探春诸花，皆贮暖室，以火烘之，所谓‘堂花’，又名‘唐花’是也。”清末陈曾寿晚年侨居上海，鬻画自给，其《斋中红梅水仙山茶瑞香海棠牡丹玉兰盛开》诗云：“园丁担花来，一笑分薄俸。火速三春妍，并作斗室供。隔年水仙梅，贞秀出冰冻。多香不相袭，并妙难伯仲。”虽是隆冬年节，因有窖花，而斋中红梅、水仙、山茶、瑞香、海棠、牡丹、玉兰盛开，犹如春天。

唐寅《江南四季歌》云：

江南人住神仙地，雪月风花分四季。
满城旗队看迎春，又见鳌山烧火树。
千门挂彩六街红，凤笙鼍鼓喧春风。
歌童游女路南北，王孙公子河西东。
看灯未了人未绝，等闲又话清明节。
呼船载酒竞游春，蛤蜊上市争尝新。
吴山穿绕横塘过，虎邱灵岩复元墓。
提壶挈盒归去来，南湖又报荷花开。
锦云乡中漾舟去，美人鬓压琵琶钗。
银筝皓齿声继续，翠纱污衫红映肉。
金刀剖破水晶瓜，冰山影里人如玉。
一天火云犹未已，梧桐忽报秋风起。

鹊桥牛女渡银河，乞巧人排明月里。
南楼雁过又中秋，桂花千树天香浮。
左持蟹螯右持酒，不觉今朝又重九。
一年好景最斯时，橘绿橙黄洞庭有。
满园还剩菊花枝，雪片高飞大如手。
安排暖阁开红炉，敲冰洗盏烘牛酥。
销金帐掩梅梢月，流酥润滑钩珊瑚。
汤作蝉鸣生蟹眼，罐中茶熟春泉铺。
寸韭饼，千金果，鳌群鹅掌山羊脯。
侍儿烘酒暖银壶，小婢歌兰欲罢舞。
黑貂裘，红氆氇，不知蓑笠渔翁苦。

真所谓“草色花香，游人赏其真趣；桃开梅谢，达士悟其无常”（陈继儒《小窗幽记》卷一“醒”），在游赏中追寻生活的美和观赏乐趣，在花开花落的更迭中领悟世事。

主要植物索引

A

艾 246

B

八角茴香 199

八仙花 227

芭蕉 20 69 141 169 216

白花紫荆 32

白皮松 4 17 26 51 68 97 98 229

白英 189

柏（圆柏、桧柏）17 23 68 99 100 156 212

柏木 100

薜荔 72 73

C

糙叶树 44 95 194

侧柏 100

茶梅 115

茶树 114

茶条槭 106

菖蒲 246 256

柽（柽柳）72

池杉 14

臭椿 202 204

垂丝海棠 112 149

刺柏 100

葱 259

翠云草 290

D

大花紫薇 53

大叶黄杨 117

地钱 9

棣棠 223

滇山茶 114

丁子香 161

冬红山茶（美人茶）57

冬青 30 184

杜鹃 59 239

杜若 171

杜英 295

E

鹅毛竹 57

鹅掌楸 204

二乔玉兰 67 93 206

二月兰（诸葛菜）8

F

菲白竹 65

枫香 44 106 210 293

枫杨 18 107 191

凤尾竹 6

凤仙花 282

凤眼莲（水葫芦）13

扶桑（朱槿）284

佛肚竹 6

佛手 262

G

柑橘（橘）49 260 263
刚竹 6
枸骨 17 31 183 237
枸杞 187
贯众 10
光皮梾木 53
广玉兰 18 93
桂（桂花）43 94 128 178 213

H

孩儿莲 199
海棠 112 148
海州常山（臭梧桐）62
含笑 174
合欢 177
荷花 12 15 76 229 243 251 252 277
黑松 18 23 51 56 58 69 98 168
红豆杉 189
红豆树 197 266
红枫 49 106
红花檵木 4
红花羊蹄甲 32
红茴香 199
红叶李 127 225
厚壳树 204
葫芦 264
虎刺 19 236 256
花秆毛竹 148
花叶芦竹 14
华山松 97
槐树（国槐、守宫槐）29 211
黄金树 193
黄栌 293
黄山松 235
黄杨 117 229
蕙兰 26
火棘 189 237

J

鸡冠花 290
鸡爪槭（青枫）60 84 104 106 154 191 216
吉祥草 259
夹竹桃 51 72 283
箭竹 6
结香 173
金花茶 115
金钱松 57 99
金丝梅 61
金丝桃 61
金银花 132
金鱼藻（松藻）13
金钟花 61
锦带花 226
锦鸡儿 62
锦葵 247
锦松 98
景天 34
菊（菊花）254 285
榉（榉树）28 194
蕨 10

K

苦草（扁草）14

L

蜡梅（腊梅）83 85 158 163 186 243 297
兰（兰花）249
榔榆 193 194 238
老鸦柿 181
李 126
楝树 201
林檎 179
灵芝 267
凌霄 134
菱 12
瘤瓣兰（跳舞兰、文心兰）15
柳（垂柳）46 79
芦苇 14 78
罗汉松 99
络石 73

M

麻叶绣线菊 83
马尾松 167
麦冬 145
莽草 199
毛竹 6
玫瑰 222
梅（梅花）20 24 48 124 126 172 235 273 296
米兰 178
茉莉 253
牡丹 2 68 120 154 156 275
木本绣球 227
木芙蓉 80
木瓜 110 112 150
木槿（槿）283
木香 42 85 217 219

N

南天竺 20 153 158 185
南迎春（云南黄馨）301
南紫薇 53
女贞 30 62

P

爬山虎 293
盘槐（龙爪槐）92
枇杷 150
平枝栒子（铺地蜈蚣）189
瓶兰 180
葡萄 188
朴（朴树）51 194 216
铺地柏 100

Q

槭叶茑萝 8
蔷薇 42 72 219 222
琼花 225 226
秋海棠 19 290
秋葵 247
楸树 193
全缘叶栾树 190

R

忍冬（金银花）132
日本晚樱 127

日本五针松 99
日本绣球 227
日本樱花 127
瑞香 172
箬竹（阔叶箬竹）65

S

洒金东瀛珊瑚 4
三角枫 106
桑（桑树）31
山茶 42 112 114 152 298
山麻秆 4
杉 46 47
珊瑚树（法国冬青）295
芍药 122
肾蕨 10
十姊妹（七姊妹）42
石菖蒲 256
石榴 28 70 94 107
石楠 29
石蒜 8
石竹 236
柿树 181
书带草（沿阶草）145
蜀葵 247
蜀榆 205
水仙 254 298
水栀子 176
睡莲 12 76
松（松树）25 167
苏铁 259
素馨 253
桫椤树 9

T

苔藓 8 9
棠棣 32
桃 127
天门冬 257
贴梗海棠 112
荼蘼（酴醿、荼蘼）220

W

碗莲 252
万年青 258
文竹 257
乌桕 295
乌柿 181
无患子 33
梧（梧桐）101 169
五角枫 106

X

西府海棠 112
细叶小羽藓 9
香椿 204
香圆 260 264
香橼 260 264
小菖兰（香雪兰）15
孝顺竹（慈孝竹）6 7 43
杏 127
萱草 33

Y

雁来红 291

药蜀葵 217
野豌豆（薇）10
夜合花 176
银杏 52 55 62 206
樱花 64
樱桃 228
迎春 300 301
迎夏（探春花）301
柚子（柚）185 263
榆（白榆、家榆）28
羽毛枫 106
羽叶茑萝 8
玉兰（白玉兰）43 92 130 190 274
郁李 224
月季（黄和平）5 222
芸苔（油菜花）271

Z

枣（枣树）159
藻 11
皂荚 196
樟（樟树、香樟）3 21
柘（柘树）19
栀子花（薝蔔）26 174
枳椇 194
珠兰 281
竹 6 7 103 136 148 159 168
梓树 192 193
紫丁香 161
紫荆 32
紫藤 67 132 218
紫薇（白花紫薇）51 53 86 109
紫叶小檗（红叶小檗）4
紫玉兰（木兰）93
紫竹 6
棕榈 143 144 145

主要引用书目

[1] （周）诗经［M］. 朱熹，注 . 上海：上海古籍出版社，1987.

[2] （西晋）崔豹 . 古今注［M］. 四部丛刊三编，影印本 .

[3] （南朝宋）刘义庆 . 世说新语［M］. 徐震堮，校笺 . 北京：中华书局，1984.

[4] （南朝梁）沈约 . 宋书［M］. 钦定四库全书荟要，影印本 .

[5] （唐）段成式 . 酉阳杂俎［M］. 钦定四库全书，影印本 .

[6] （宋）邵雍 . 伊川击壤集［M］. 四部丛刊初编，影印本 .

[7] （宋）范成大 . 吴郡志［M］. 陆振岳，点校 . 南京：江苏古籍出版社，1999.

[8] （明）文徵明 . 拙政园图咏［M］. 卜复鸣，注释 . 北京：中国建筑工业出版社，2012.

[9] （明）王象晋 . 二如亭群芳谱［M］. 古籍在线 http：//www.guoxuemi.com/.

[10] （明）周文华 . 汝南圃史［M］. 书带斋影印本 .

[11] （明）李时珍 . 本草纲目［M］. 钦定四库全书，影印本 .

[12] （明）计成 . 园冶［M］. 陈植，注释 . 北京：中国建筑工业出版社，1981.

[13] （明）文震亨 . 长物志［M］. 陈植，校注 . 南京：江苏科学技术出版社，1984.

[14] （明）杨循吉等 . 吴中小志丛刊［M］. 陈其弟，点校 . 扬州：广陵书社，2004.

[15] （明）杨循吉 . 吴邑志［M］. 陈其弟，点校 . 扬州：广陵书社，2006.

[16] （明）高濂 . 遵生八笺［M］. 兰州：甘肃文化出版社，2004.

[17] （明）屠隆 . 考槃余事［M］. 陈剑，校点 . 杭州：浙江人民美术出版社，2011.

[18] （明）李日华 . 味水轩日记［M］. 上海：上海远东出版社，1996.

[19] （明）陈继儒 . 小窗幽记［M］. 王恺，注评 . 南京：江苏古籍出版社，2002.

[20] （清）古今图书集成：草木典［M］. 中华书局影印本，民国二十三年 .

[21] （清）陈淏子 . 花镜［M］. 伊钦恒校注 . 北京：中国农业出版社，1995.

[22] （清）全唐诗［M］. 钦定四库全书，影印本 .

[23] （清）徐崧，张大纯 . 百城烟水［M］. 薛正兴，校点 . 南京：江苏古籍出版社，1999.

[24] （清）顾震涛 . 吴门表隐［M］. 甘兰经，等校点 . 南京：江苏古籍出版社，1999.

[25] （清）汪灏等 . 广群芳谱［M］. 影印本 . 上海：上海书店出版社，1985.

[26] （清）李渔 . 闲情偶寄［M］. 单锦珩，校点 . 杭州：浙江古籍出版社，1985.

[27] （清）顾禄 . 清嘉录［M］. 王迈，点校 . 南京：江苏古籍出版，1986.
[28] （清）袁景澜 . 吴郡岁华纪丽［M］. 甘兰经，吴琴，校点 . 南京：江苏古籍出版社，1998.
[29] （清）张潮 . 幽梦影［M］. 肖凡，注评 . 南京：江苏古籍出版社，2001.
[30] （清）李斗 . 扬州画舫录［M］. 周光培，点校 . 扬州：江苏广陵古籍刻印社，1984.
[31] （清）顾文彬 . 过云楼日记［M］. 上海：文汇出版社，2015.
[32] （清）俞樾 . 春在楼随笔［M］. 方霏，点校 . 南京：江苏古籍出版社，2000.
[33] （清）谢家福，等 . 五亩园小志题咏全刻（外两种）［M］. 王稼句，点校 . 济南：山东画报出版社，2011.
[34] 范君博 . 吴门园墅文献新编［M］. 苏州市园林和绿化管理局 . 上海：文汇出版社，2019.
[35] 生活与博物丛书［M］. 上海：上海古籍出版社，1993.
[36] 朱剑芒 . 美化文学名著丛刊［M］. 上海：上海书店出版社，1982.
[37] 郑逸梅 . 清娱漫笔［M］. 上海：上海书店出版社，1984.
[38] 陈植 . 观赏树木学［M］. 北京：中国林业出版社，1984.
[39] 陈植 . 造园学概论［M］. 北京：中国建筑工业出版社，2009.
[40] 陈植，张公弛 . 中国历代名园记［M］. 合肥：安徽科学技术出版社，1983.
[41] 童寯 . 江南园林志［M］. 北京：中国建筑工业出版社，1984.
[42] 童寯 . 东南园墅［M］. 童明，译 . 长沙：湖南美术出版社，2018.
[43] 刘敦桢 . 苏州古典园林［M］. 北京：中国建筑工业出版社，2005.
[44] 陈寅恪 . 柳如是别传［M］. 北京：团结出版社，2020.
[45] 陈从周 . 园林谈丛［M］. 上海：上海文化出版社，1980.
[46] 陈从周 . 说园［M］. 北京：书目文献出版社，1984.
[47] 周瘦鹃 . 拈花集［M］. 上海：上海文化出版社，1983.
[48] 周瘦鹃，周铮 . 盆景趣味［M］. 上海：上海文化出版社，1984.
[49] 周瘦鹃 . 花木丛中［M］. 南京：金陵书画社，1981.
[50] 宗白华 . 美学散步［M］. 上海：上海人民出版社，1981.
[51] 王稼句 . 苏州园林历代文钞［M］. 上海：上海三联书店，2008.
[52] 苏州市园林和绿化管理局 . 苏州园林风景绿化志丛书［M］. 上海：文汇出版社，2012—2019.

[53] 赵厚均，杨鉴生．中国历代园林图文精选：第三辑［M］．上海：同济大学出版社，2005.
[54] 陈俊愉，程绪珂．中国花经［M］．上海：上海文化出版社，1990.
[55] 余树勋．中国古典园林艺术的奥妙［M］．北京：中国建筑工业出版社，2008.
[56] 朱钧珍．中国园林植物景观艺术［M］．北京：中国建筑工业出版社，2003.
[57] 曹林娣．苏州园林匾额楹联鉴赏［M］．北京：华夏出版社，1995.
[58] 张天麟．园林树木1600种［M］．北京：中国建筑工业出版社，2010.
[59] 潘富俊．草木情缘：中国古典文学中的植物世界［M］．北京：商务印书馆，2015.
[60] （英）佩内洛普•霍布豪斯．造园的故事［M］．北京：清华大学出版社，2013.
[61] （英）弗•培根．培根论说文集［M］．水同天，译．北京：商务印书馆，1986.
[62] （德）黑格尔．美学［M］．朱光潜，译．北京：商务印书馆，1979.
[63] （英）斯图尔特．世界园林：文化与传统［M］．周娟，译．北京：电子工业出版社，2013.
[64] （日）东山魁夷．与风景对话［M］．陈月吾，朱训德，译．长沙：湖南美术出版社，2005.

后 记

明代周晖在《金陵琐事》一书中记载："姚元白造园，请益于顾东桥。东桥曰：'多栽树，少造屋。'园成，名曰'市隐'。"姚元白即姚浙，明代浙江钱塘人，后迁居南京，顾东桥就是大名鼎鼎的苏州人顾璘。王献臣拙政园卅一景中，三分之二多为植物景致，这是明代园林的一种基本风貌，真所谓："会心处不必在远，翳然林木，便自有濠濮间想。"清代同光以后，城市人口密集，官僚财大气粗，大拆大建，园林建筑密度增大。沈秉成买下当时郭季虎的旧居涉园，兼并涉园西部的两三宅以及冯林一旧居，"大兴土木构成东西两园……然已改头换面，只一水阁尚依稀可认耳"（顾文彬《过云楼日记》），筑成了现在所见的耦园。在植物配置上，因园林庭院空间逼仄，因此更加注重形、姿、色、香、韵。为了达到园景速成的效果，不免引大树进园，不计工本。顾文彬造怡园，引小仓口尼姑庵的大可合抱的罗汉松，光福的碗口粗的五十本桂花和数百年的古柏、黄杨，窟窿山的大白皮松等大树种植于怡园之中，有的因枯死，不断补植，可见"荫槐挺玉"之难成。20 世纪 50 年代，在对这些园林的修葺中，部分植物景致已然改观，后又因植物生长不良或枯死，不断补植，渐成现今之貌。当下苏州古典的植物景致也在不断地更新完善，力求切题达意，这方面既有成功经验，也有待提升之处。

苏轼诗云："堂前种山丹，错落马脑盘。堂后种秋菊，碎金收辟寒。草木如有情，慰此芳岁阑。幽人正独乐，不知行路难。"山丹可食，秋菊祛寒，幽居独乐，忘却人生艰难，也不失为老来养生之道。然而随着工业文明的快速发展，农耕文化渐行渐远，对苏州园林植物配置的文心匠运更是日趋生疏。同时随着科技水平的提高，新的植物品种层出不穷，常被引种栽植于苏州古典园林之中，因此本书也难免罅漏或舛误。顾炎武说，著书譬犹铸币，宜开采山铜，不宜充铸旧钱，无奈笔者才匮力拙，不免剿拾旧钱，犹元代画家钱选之"锦灰堆"，名题虽可，实则难副，好在世有君子，可览教焉。

本书原为一讲授课件，初稿完成后，衣学领、詹永伟、王稼句、钱锡生、周苏宁等领导和专家提出了修改建议，周苏宁、程斯佳、时苏虹和出版社编辑为本书的出版付出了辛勤劳动，左彬森、茹军、王国良等为本书提供了精美照片（除署名外均为作者自拍），特此致谢！

癸卯四月上浣　记于吴郡蠡酌轩